U0120325

"蓝色福建　向海图强"丛书

蓝海福建

中共福建省委党史方志办　著

海峡出版发行集团 | 福建人民出版社
THE STRAITS PUBLISHING & DISTRIBUTING GROUP | FUJIAN PEOPLE'S PUBLISHING HOUSE

图书在版编目（CIP）数据

蓝海福建 / 中共福建省委党史方志办著. --福州：福建人民出版社, 2024.2

（蓝色福建　向海图强）

ISBN 978-7-211-09266-6

Ⅰ.①蓝…　Ⅱ.①中…　Ⅲ.①海洋经济—区域经济发展—研究—福建　Ⅳ.①P74

中国国家版本馆CIP数据核字(2024)第013987号

蓝海福建

LANHAI FUJIAN

作　　者： 中共福建省委党史方志办
责任编辑： 陈斯敏
美术编辑： 陈培亮
责任校对： 李雪莹
出版发行： 福建人民出版社　　**电　　话：** 0591-87604366(发行部)
地　　址： 福州市东水路76号　　**邮　　编：** 350001
网　　址： http://www.fjpph.com　　**电子邮箱：** fjpph7211@126.com
经　　销： 福建新华发行（集团）有限责任公司
印　　刷： 福州印团网印刷有限公司
地　　址： 福州市仓山区建新镇十字亭路4号
开　　本： 787毫米×1092毫米　1/16
印　　张： 22
字　　数： 331千字
版　　次： 2024年2月第1版　　2024年2月第1次印刷
书　　号： ISBN 978-7-211-09266-6
定　　价： 98.00元

前言

海涛澎湃，潮涌东南。福建依山傍海，海域辽阔，岸线曲折，港湾岛屿星罗棋布，海洋资源得天独厚，海洋文化遗产璀璨夺目。山与海的交响绘成了福建发展的醉美画卷，也谱写了福建特色鲜明的地域文化。闽山闽水，物华天宝。泱泱碧波里，漫漫海岸边，繁衍生息着千姿百态的海洋生物，也蕴藏着古朴雄浑的历史人文，更孕育了最具海洋精神的福建人。跨越山海，日啖海物、劈波斩浪的福建人在蓝色的田园里创造了独有的海洋文明，成为中华文明的星空中一颗耀眼的“蓝色之星”。

山海交响，向海而生。福建与大海密不可分，古时有言：“闽在海中”“海者，闽人之田也”。福建人自远古时期起就以海为家，跨越岛屿，捕鱼采贝，凿木成舟，出海远航，获取“渔盐之利、舟楫之便”。他们是中国的“海上马车夫”、中国的“世界人”，穿越古代、近代、现代，闯荡天下，生生不息。福建人向海而歌，于艰辛中锤炼百折不挠的筋骨，在交流中涵养开放包容的气度。海洋打开了福建人的视野，赋予其拓海扬帆、冒险开放、锐意进取的海洋气质与禀赋，不断奏响人海和谐共生的乐章。璀璨的海洋文化基因迸发出蓬勃的生命力。

开海航海，依海而兴。船舶制造及航海技术的发展为各大文明间的交往提供了便利，海上大通道为之打开，海港日益繁华。唐宋福建就已“梯航万国”“舶商云集”，成为古代海上丝绸之路发祥地和重要起点之一。唐代福州港“船到城添外国人”；宋代泉州港“涨海声中万国商”，被誉为“东方第一大港”，是宋元中国的世界海洋商贸中心；明初福州长乐太平港是郑和下西洋船队驻泊地和出洋地；明中叶漳州月港“海舶鳞集、商贾咸聚”，成为“天子南都”；清代厦门港发展成为“通九译之番邦”“远近贸易之都会”。

15世纪末16世纪初，随着地理大发现和新航路开辟，大航海时代拉开全球化序幕，贯通世界的海上航线开辟，东西方国家贸易联通，福建被认为是各国“进入伟大中国的立足点和跳板”。随贸易而来的是海洋殖民，郑成功驱逐荷兰殖民者收复台湾，使闽台区域连为一体，两岸一衣带水。明清鼎革之际，福建人过番出洋，开台湾、去东洋、走西洋、下南洋，凡有海水的地方就有福建人，有福建人的地方就有妈祖。海洋打开了福建人的“生活圈”“朋友圈”“文化圈”。

“晚清风流数侯官”，得风气之先的福建人如林则徐、严复、沈葆桢等发出近代海防海权意识觉醒的先声，为中华民族救亡图存和独立富强奋斗不已。历史昭示我们，“向海而兴，背海而衰；禁海几亡，开海则强”。

经略海洋，向海图强。中华人民共和国成立后，福建继续承载着探索开发海洋的传统，踏浪前行。海洋、海湾、海岛、海峡、“海丝”赋予福建向海发展的巨大潜力。实施“大念山海经”“山海合作”“建设海峡西岸繁荣带”“建设海洋大省”“建设海洋经济强省”等战略决策，福建海洋经济长足发展。2011年，国务院将福建列为全国海洋经济发展试点省份。2015年，《福建省21世纪海上丝绸之路核心区建设方案》发布，福建迎来续写丝绸之路辉煌传奇的历史机遇！

福建是习近平总书记关于海洋强国建设论述的重要孕育地和实践地。在厦门工作期间，他牵头研究制定《1985年—2020年厦门经济社会发展战略》，明确提出厦门港的发展定位。在宁德工作期间，他强调山、海、田一起抓，“靠山吃山唱山歌，靠海吃海念海经”。在福州工作期间，他提出建设“海上福州”战略构想，在全国率先发出“向海洋进军”的宣言。在省委省政府工作期间，他提出建设海洋经济大省、建设海洋经济强省的战略思路，推动出台一系列大力发展海洋经济的政策措施。

党的十八大以来，以习近平同志为核心的党中央作出了建设海洋强国的重大战略决策。福建省委、省政府一以贯之传承弘扬习近平同志在福建工作时关于海洋经济发展的重要理念和创新实践，以建设“21世纪海上丝绸之路核心区”为契机，统筹推进陆地和海洋、近海和深远海资源开发，培育壮大海洋新兴产业，围绕产业布局、科技创新、环境保护等领域持续发力。“海上福州”建设持续推进，“丝路海运”扬帆启航，“科技兴海”战略深入实施，福建海洋经济不断发展壮大。全省海洋生产总值保持10%以上的年增长速度，2018年首次突破万亿元，2022年达到1.2万亿元，水产品总量、水产品出口额居全国首位。海洋渔业、滨海旅游、海洋交通运输等主导产业优势明显。海洋经济已成为拉动福建经济增长的重要引擎和新增长点。

海洋是福建高质量发展的战略要地。2021年3月，习近平总书记来闽考察，明确指出要壮大海洋新兴产业，强化海洋生态保护，为加快建设“海上福建”提供了根本遵循。

海洋以无比广阔的胸怀，浩瀚无穷的力量，迎接八闽之帆踔厉奋发，勇毅前行，逐梦深蓝。新征程上，福建省委、省政府以习近平新时代中国特色社会主义思想为指导，全面贯彻习近平总书记来闽考察重要讲话精神，聚焦新福建建设宏伟蓝图大局和“四个更大”重要要求，坚持一张蓝图绘到底，加快建设“海上福建”，坚持陆海统筹、湾港联动，以海带陆、以陆促海，统筹陆地、海岸、近海、远海资源开发，完善“一带两核六湾多岛”海洋经济发展空间格局，大力发展深海养殖装备和智慧渔业，建设海上牧场，推进“福海粮仓”和“智慧海洋”建设，发挥海上大通道优势，推动海洋生态文明建设，推进海洋经济高质量发展，为全面建设中国式现代化福建篇章注入强劲的蓝色动能。

我们正在打开海洋新世界的大门。

目 录

世界临海国家海洋发展战略

大国海洋安全战略

中国沿海省市“十四五”海洋经济发展战略

福建海洋经济发展战略演进：依海而兴

福建海洋经济高质量发展：向海图强

福建建设海洋强省的名片：“海上牧歌”

世界临海国家海洋发展战略

21世纪是海洋世纪。随着经济全球化的迅速发展，海洋的战略地位日益突出，世界范围内兴起了一场以开发海洋资源、发展海洋经济为目标的“蓝色革命”。世界各临海国家由于所处的地理位置和环境不同，国内政治、经济、社会和文化等发展存在差异，其海洋发展战略也不尽相同，但核心目的都是要扩大管辖海域的主权权利，争夺海洋资源，壮大海洋经济，抢占海洋领域制高点。梳理和分析世界主要临海国家的海洋发展战略，对于建设海洋强国具有重要的经验借鉴和现实启示意义。

美国：定位海权　开发海洋　海上霸权　“美国优先”

美国走向海洋的最初目的是将海洋当作保护其国土安全的“护城河”。美国军事理论家马汉的“海权论”为美国称霸海洋奠定了理论基础，并很快形成了统治海洋的国家战略。经过两次世界大战和冷战后，美国成为世界第一海洋强国。为争夺海洋的控制权，历届政府都明确将海洋战略纳入国家整体战略之中。第二次世界大战结束后，美国的海洋发展侧重点逐渐从海洋军事、海上安全向海洋资源开发、生

《海权论》

态环境保护和海洋科学研究等方面倾斜。特别是随着以《联合国海洋法公约》为代表的现代国际海洋法律秩序的确立，美国逐渐把保障海上航运安全、提供海洋能源与资源供给、提升海洋环境保护能力、防止海洋生态灾害和应对海上突发事件等作为国家安全和战略的重要领域。

一、发展海洋权益，壮大海军力量

西奥多·罗斯福总统高度重视马汉的海权理论，在其任内美国最重要的任务就是发展海军，壮大海军。在罗斯福倡导下，通过实施海军建军计划，建造大型战舰设备，对海洋军队及战舰队伍实施优化管理，并对美国海洋发展历程、海军建设前景进行广泛传播，以宣传美国的海洋实力，扩大海洋军队建设在本国及世界范围内的影响力。罗斯福以发展海军为首要任务，在大西洋和太平洋部署实施了一系列海洋战略方针。到1907年，美国实现了对大西洋军队和太平洋军队的整编。罗斯福执政期间成功引领美国走上争夺海洋权益之路，使美国国民对海洋及海军的认识发生转变，对美国海军的重要作用重新定位，开启了美国海军发展史上第一个“黄金时代”，给历史转折时期的美国指出了一条从陆权到海权的前进之路。

托马斯·伍德罗·威尔逊总统上台后，提出了比罗斯福更强有力的海军发展计划。1916年，美国参众两院都通过了威尔逊签署的《大海军法案》，并决定在3年内建造156艘新战舰，主要任务是完成10艘战列舰和6艘战列巡洋舰的建造。第一次世界大战爆发之初，在威尔逊的授意下，美国有关部门提出扩建海军计划。1917年，美国正式宣布参战，为美国带来了发展海军的历史契机。在第一次世界大战中，美国借机扩大海军力量，扩充海军军备，强化沿岸防御，建立大洋护航体系，大大增强了美国在大西洋的远征能力。在之后的国际谈判中，美国总是占据优势并取得胜利，1922年《华盛顿海军条约》和1930年《伦敦海军条约》的成功签订使其取得了与当时的海洋霸主英国同等的地位。随着第二次世界大战的爆发，美国实现了称霸海洋的梦想，海军力量居世界第一位，国际影响力大大提高，跃居世界上海洋实力最强大的国家。

二、开发海洋资源，保护海洋环境

哈里·S. 杜鲁门总统高度重视海洋资源的开发利用，将美国海洋发展战略的重心由壮大海军事业调整为开发海洋资源。第二次世界大战之后，和平与发展成为时代的主旋律。各国开始将目光转向海洋中蕴藏的丰富的海洋资源。美国作为世界第一经济大国和海洋强国，为最大限度地维护自身利益，顺应国际局势潮流，对海洋的研究和开发逐渐从发展海权转向海洋资源开发利用。1945年9月，杜鲁门发布《杜鲁门公告》，主张美国对毗邻国家公海下大陆架地底及海床的自然资源进行管辖并实施控制，这开辟了世界各国对超过其领海区域的大陆架海洋资源提出主张的先河。随后众多海洋国家争相模仿，纷纷发表基于本国利益的大陆架主权声明。针对大陆架争端，1958年联合国《大陆架公约》诞生，具体规定并统一了海洋各国发展大陆架和底土资源的主张。1959年，美国科学院海洋学委员会制定了1960—1970年海洋学规划，提出美国需重视海洋学研究，加大力量向海洋领域发展，探索并开发利用深海海域自然资源。

林登·贝思斯·约翰逊总统主张对海洋资源和海洋环境进行合法保护与管理。1966年7月，约翰逊签署《海洋资源和工程开发法令》，催生了大量保护海洋环境的方针，为未来一段时期内美国海洋战略的制定指明了方向。之后，约翰逊基于使大学教育与海洋科研机构配合起来的目的，于1966年10月签署了《海洋补助金计划》，对研究与海洋资源开发利用、海洋生态环境保护有关的科研项目给予资金支持。同时，约翰逊政府另一重要举措是成立国家海洋政策机构——斯特拉特顿委员会。1969年，斯特拉特顿委员会提出了《我们的国家与海洋》报告，这是美国首个综合性海洋政策。该报告的建议有126条之多，包括众多合理开发利用海洋、保护海洋的举措，同时大力推进了众多海洋开发保护计划的发布和实施。1970年10月，斯特拉特顿委员会促使美国成立了国家海洋和大气管理局（NOAA），这为美国未来的经济、社会和环境作出了巨大贡献。

三、发展海洋经济，维持海洋生态

罗纳德·威尔逊·里根总统执政时期，美国海洋政策从保护海洋环境转变为发展海洋经济。里根鼓励美国积极参加太平洋地区的科学研究合作活动，自1982年起，美国就与澳大利亚、新西兰两国合作调查南太平洋的海洋资源，并取得显著成就。1983年3月，里根将美国专属经济区范围扩划到200海里，规定美国在其专属经济区内拥有勘探和开发矿产资源、利用和管理海洋资源、开发和利用海洋能等权利。之后又宣布1984年为“海洋年”，目的在于使美国国民广泛理解海洋在未来时期的重要性，以便对海洋合理开发利用进行推广和普及活动。

威廉·杰斐逊·克林顿总统倡导保护海洋生物多样性及海洋生态系统，确保海洋开发的可持续性。1998年6月，克林顿提出了海洋保护与开发的一揽子方案，具体措施包括建立可持续渔业、保护珊瑚礁、保护海滩和沿海水域、监测气候和全球变暖趋势等，并建议投入2.24亿美元用于这些举措的实施，投资金额中的大部分将用于维持海洋渔业的可持续发展，2000年至2002年间每年为各种海洋科学研究项目增加400万美元，另外拨发1200万美元的预算资金用于在大洋领域建立浮台观察站。同时，克林顿和戈尔许诺把近岸石油钻探禁令扩大到美国的大部分海岸线，以最大程度降低石油开采对海洋生态造成的负面影响。

四、实施海洋蓝图，强化海洋管理

2004年7月，美国出台了《21世纪海洋蓝图》，对海洋资源、海洋教育和文化、海洋生态管理等方面做出具体改进，这是完善美国海洋战略的里程碑式文件。2004年12月，为贯彻实施海洋蓝图，乔治·沃克·布什总统提交了《美国海洋行动计划》，并提出一系列重要举措，具体包括加强海洋工作的领导和协调，加强对海洋、沿海地区和五大湖的认识，加强对沿海和五大湖资源的利用和保护，管理沿海地区和江河流域，支持海洋运输，促进国际海洋政策的科学发展。此外，针对新时期国际海洋安全局势变动，布什政府发布《21世纪海上力量合作战略》，系统分析了美国面临的各种潜在海上威胁，提出了相应的海上合作政策，对于保卫国家安全、维护海洋利益具有十分重要的意义。

贝拉克·侯赛因·奥巴马总统上台后，海洋发展战略更是被提升到一个新高度。2009年6月12日，部际间海洋政策特别工作组成立，奥巴马宣布关于制订国家海洋政策及其实施战略的备忘录，并明确了任务，即：提高国家的管理能力，以维护海洋、海岸与大湖区的健康和提高其对环境变化造成影响的适应能力及可持续发展能力。2010年7月19日，奥巴马颁布新的国家海洋政策，成立美国国家海洋委员会，由美国环境质量委员会、科技政策局、海洋与大气管理局等27个联邦机构组成。2013年4月，美国《国家海洋政策执行计划》正式出台，提出6条措施：提供更好的海洋环境和灾害预测，共享更多和更高质量的有关风暴潮和海平面上升的数据资源，支持区域和地方政府兼顾自身权益自愿性地参与联邦政府海洋保护与发展计划，减少联邦政府批准其涉海产业和相关纳税者有关申请所耗费的时间与资金，恢复重要的海洋生物栖息地，提高预测极地自然条件和防止其对人类社会发展产生消极影响的能力。

《国家海洋政策执行计划》鼓励州和地方政府参与美国联邦政府的海洋决策，有3个亮点：一是强调科技的支撑作用，指出强有力的科技与制造能力可以帮助政府机构采取最佳的决策行动，也有助于提高国家的竞争力；二是更加关注北极的海洋环境，要求改善现有的沟通机制和方式，以有效降低海难事故和环境污染事故的发生率；三是重视国际合作交流，敦促美国尽早加入《联合国海洋法公约》，以保障美国军用船舶和民用船舶的航行权利和航行自由，扩大国家海洋经济的利益。2015年8月21日，美国国防部发布《亚太海上安全战略》，宣称亚太海上安全涉及太平洋、印度洋和东海、南海等海域，要维护海洋自由、遏制冲突和胁迫、推动对国际法和国际标准的遵守。

五、"让美国再度伟大""美国优先"

2017年1月唐纳德·特朗普总统上任后，主张"以实力求和平"，这与他的总统竞选口号——"让美国再度伟大"和"美国优先"是一致的。特朗普倡导重振美国"军事雄风"，确保美国牢牢占据在国际安全方面的主导地位，升级军事战略在外交政策中的作用。特别是特朗普政府提出加强美国海军实力，提议将美国海军的284艘军舰数量增加到350艘。从特朗普的表态来看，美国政府的海上安全战略逻辑可以概括为：建立强大的海上力量，构建基于美国利益的海洋秩序，从而巩固美国强大的海上霸权。特朗普政府更加重视极地领域的海洋战略研究，同年10月，美国海军与海岸警卫队共同发布了《重型破冰船设计与建造提案》，建议为满足美国经济和安全需求，至少新增两艘重型破冰船。同时，美国战略与预算评估中心发布了《保卫前沿：美国极地海洋行动面临的挑战与解决方案》，针对与中俄两国的竞争，分析提出美国的应对力量和未来的重点任务部署。此外，美国国家海洋和大气管理局发布了《2017年海洋渔业工作重点及年度指南》，提出实现渔业可持续发展、保护濒危物种的战略目标和主要任务。

俄罗斯：防御近海　进攻远洋　复兴海洋　抢滩北极

俄罗斯地跨欧亚两个大洲，绵延的海岸线从北冰洋一直伸展到北太平洋，还包括内陆海黑海和里海。俄罗斯独特的海洋环境加上独特的历史，孕育了俄罗斯独特的海洋战略。

一、近海防御，确保国家生存安全

苏联刚成立时，核心任务是立足本土防御，确保国家生存安全。为此，苏联将海洋战略的关键设定为解决国家的沿海防御问题，近海防御战略应运而生。主要从重建海军开始，以“小海军”和“小战”为主导思想。随着海军技术装备的改善，又增加了远海作战的相关内容。

1. 重建工农红海军

经过外国武装干涉和国内战争，苏联的经济遭到极度破坏，海军发展举步维艰。当时，国内外反动势力相勾结对苏联进行封锁禁运，苏联在比较困难的情况下开始建设苏联海军。1921年，俄共（布）第十次代表大会采取巩固国防的措施，提出“根据苏维埃国家总的形势和物质资源情况，采取复兴和加强红海军的措施是必要的”。由此开始了一系列重建海军的工作：使用沙俄旧舰队遗留下来的舰只，大规模选派团员青年充实海军舰队和选送海军军事学校学习，重建港口，复兴造船工业，将主要注意力集中在那些能够恢复并用来保护海岸免受敌人海上袭击的舰只上。在此期间，帝国主义列强通过华盛顿会议签署限制海军军备的《五国海军条约》，规定十年内暂停建造主力舰，以及各国海军的限额，并对今后主力舰总吨位进行限制。这从某种程度上为苏联海军发展争取了时间。

2. 确立“小海军”和“小战”指导思想

由于海军在第一次世界大战和国内战争中受到严重损失，在考虑到国家有限的经济和技术条件的基础上，苏联提出建立“小海军”的思路，即建设一支主要由潜艇、驱逐舰、鱼雷艇及其他轻型水面舰艇、海军航空兵和海岸炮兵组成的“小海军”，在预先准备好的水雷炮火阵地上巧妙使用这支小型船队兵力，击败数量上占优势的敌人，可靠保卫苏联海疆。由此，苏联确定了海军力量体系结构发展方向：以轻型水面和水下作战力量为主，加强沿岸和水雷阵地防御，建立岸基海军航空兵。并明确了舰队的基本任务：协同沿海地区陆军作战，与陆军共同防御沿岸海军基地和政治经济中心，破坏敌人的海上交通线。

1930年，苏联制定了第一部《海军作战条令》。该条令的重要内容就是陆海联合作战问题，规定海军作为国家武装力量不可分割的一部分，其主要任务是保卫国家沿海地区并协同陆军行动。条令主张采用大胆的主动进攻行动，不但要同敌人在海上作战，加强苏联的沿岸防御，还要协助红军部队作战，从海上或是江、河、湖泊上保证战斗的顺利进行。国内战争结束后，苏联军事思想和理论界根据苏联“小海军”的现实，为解决国家沿海防御问题，提出使用小型舰队（海军）与陆军协同反击帝国主义可能侵略，即苏联海军并不强大的舰队不脱离自己的基地，从不同方向对侵略者的主要目标实施迅猛的突击。这种“小战”作战理论是苏联近海防御战略的具体体现，是苏联在已经拥有一支小舰队的基础上陆海军协同作战的需要。其实质是弱小舰队防御，即以规模较小舰队力量与强大的海上对手的外来侵略进行斗争，舰队不脱离基地，使用各种力量从各个不同方向依次对敌主要目标实施快速突击。具体方法是在水雷火炮阵地上，水面船只、快艇、潜艇、航空兵和岸炮相互配合，对敌主要目标实施集中火力突击。在当时的历史条件下，苏联海军“小战”无疑是从苏联海军实际情况出发的先进作战理论，具有较强的实际应用价值和意义。

3. 建立远洋舰队

20世纪30年代初，海洋思想在苏联重新抬头。苏联领导人认为，没有强大的海军，苏联就不可能成为强国。随着海军在世界政治舞台上作用的不断增大，苏联认识到，必须建造能够在世界大洋中行动的舰艇。结束国内战争后，苏联通过一系列五年计划逐步恢复了国民经济，建立起较为强大的国防工业。1938年，苏共通过了用十年时间建立远洋舰队的决议，正式提出建设远洋大海军的规划，计划建造能和强有力的对手在公海进行单独作战的大型炮舰，使大型水面舰艇成为海军的基本力量；规定要在太平洋和波罗的海拥有强大的舰队，切实加强北方舰队和黑海舰队，并建立一支强大的、可与舰船编队协同行动的岸基航空兵。在卫国战争开始前，苏联海军建成了四大联合作战编队：北方舰队、波罗的海舰队、黑海舰队和太平洋舰队，另外还成立了多瑙河区舰队、里海区舰队、平斯克区舰队

俄罗斯黑海舰队首舰——“莫斯科”号导弹巡洋舰

和阿穆尔河区舰队。虽然苏联海军整体实力已经成为中等海军强国，但由于苏联地理环境限制，海军被分散在各个独立作战区内，在各个作战方向上始终处于劣势。

二、远洋进攻，开展美苏争霸

20世纪50年代，为适应全球战略的扩张需求，苏联开始提出系统的海洋战略理论。随着苏联建立起一支强大的远洋舰队，其逐步摆脱了被封闭于一隅、无法走出近海的局面，苏联海洋战略第一次呈现出全球性特点。实际上，苏联海洋战略的最初的目的是为了打破美国及其北约对欧亚大陆的包围态势，但随着苏联将与美国的对抗范围向世界无限扩展，苏联海洋战略也逐步完成了由“防御”向“进攻”的过渡，这成为苏联与美国争夺世界霸权的重要支撑。

1. 由近海防御向远洋进攻的转变

二战后，苏联所面临的国际局势随着冷战的开始而急剧恶化，面对美国沿欧亚大陆边缘地带对苏形成的围堵进攻态势，苏联不得不着眼破局。除保持既有陆权优势，形成对西欧的绝对军事压力外，如何根据全球形势，从海上打破封锁，确立有利的战略态势成为苏联的现实问题。1950年，斯大林决定重启被战争打断的“大舰队”计划，成立了与军事部平级的海军部，重新启用因“战时向盟军提供军事情报”的莫须有罪名被贬为远东军区主管海军副司令的库兹涅佐夫海军上将，并制定发展远洋舰队的五年计划，为海军向“远洋进攻型”转变打下了良好的基础。1953年斯大林逝世，赫鲁晓夫上台，首先终止了斯大林的“大舰队”计划，下令拆毁了几艘在建的大型巡洋舰，停止或削减了其他军舰建造计划，并将一些海军舰艇生产线转为民用。

2. 以“平衡”原则建设远洋海军

1962年古巴导弹危机的惨痛失败直接促成了苏联对海军发展的重视，“远洋进攻型海军”的发展理念在苏联军政界产生强烈的共鸣。戈尔什科夫所提倡的“平衡海军”理论开始正式成为苏联海上力量建设原则，即建设一支以能够完成重要战略任务的兵力为主导的远洋舰队。其他各兵种应根据任务需求和配置地点兵力编成结构合理的综合舰队，包括水面舰艇、潜艇、海军航空兵、辅助舰船、海军陆战队和海岸导弹炮兵等。各兵种的兵力兵器数量质量要协调发展，地区部署要优化有效，既能在核战争条件下作战，又能在其他条件下执行各种任务。

3. 确立远洋进攻战略方向

远洋进攻战略粗略分为欧洲和北大西洋、加勒比海和南大西洋，以及太平洋和印度洋四大战略方向，其中欧洲和北大西洋方向是重点。为保持重点战略方向的主要突击力量，苏联海军在保持北方舰队、波罗的海舰队、黑海舰队、太平洋舰队四大舰队划分的基础上，又成立了地中海和印度洋两大分舰队。北方舰队从巴伦支海，穿过挪威海，进入北海和北大西洋；波罗的海舰队突入北海，进入北大西洋；黑海舰队通过黑海海峡，进入地中海后，或通过直布罗陀进入大西洋，或经苏伊士运河和红海，进入印度洋；太平洋舰队或通过南千岛群岛直接进入太平洋，或穿过日本海进入太平洋，或穿过马六甲海峡进入印度洋。这样，苏联海军构建起从大西洋、地中海、红海、印度洋到太平洋的欧、亚、非弧形海上通道，建立起覆盖全球的海上战略联系。

4. 整体发展海洋事业

苏联海洋战略的核心是戈尔什科夫总结的“国家海上威力”，其作为一个体系，包括军事船队、运输船队、捕鱼船队和科学考察船队这四大组成部分。所谓的军事船队，即海军，是作为国家海上威力这一体系的组成部分，并在其中起着主导作用。苏联海上威力是巩固国家经济的重要因素之一，能加速科技发展，加强苏联人民同各友好民族和国家在经济、政治、文化和科学技术方面的交流。因此，苏联海洋战略十分注重海上威力的整体发展。

三、恢复海权，保障国家海洋安全

1991年底，苏联解体，冷战结束。叶利钦执政的八年正是俄罗斯转轨时期，俄罗斯虽基本完成了建立市场经济体制和民主政体的任务，但国内民生凋敝，无力顾及海洋事业的发展，特别是叶利钦明确表示“俄罗斯的问题不在海上，而在陆上，现在的国情和地缘政治形势不允许俄罗斯把有限的资源用在海上”，受这种思想的影响，苏联时期遗留下来的海洋资产迅速衰败。叶利钦执政后期，随着政权的逐步稳固，开始关注海洋，提出了俄罗斯海洋战略的基本架构，但俄罗斯国力孱弱，入不敷出，难以给予海洋战略以相应支持，海洋事业仍处于严冬之中。

俄罗斯地缘政治的变化极大压缩了其在世界经济和世界海洋中的活动空间，对俄罗斯海洋事业的所有组成部分，如交通、渔业、海军和科考船队、海上航运综合体和驻泊体系等产生了消极的影响。俄罗斯历史上的海洋强国地位已被动摇，沦为拥有各种近海力量的地区强国。此时，俄罗斯可能只有贸易船队能达到海洋强国的标准。而俄罗斯能被视为海上超级强国的则是基于其仍然强大的海上战略力量和3.9万千米的漫长海岸线，以及通往北冰洋、大西洋和太平洋的出海口。

面对困境，俄罗斯及时调整了国家战略，并对国家海洋战略和海军发展战略进行了相应修正。特别是1997年出台的《俄罗斯联邦世界海洋目标纲要》，基本解决了俄罗斯海洋事业所面临的战略性问题，通过政府令的形式集中俄罗斯各国家部委的力量，为保障俄罗斯在世界海洋中的国家利益和地缘政治利益创造条件。以该文件为起点，俄罗斯海洋战略得以全面重启。在具体操作过程中，《俄罗斯联邦世界海洋纲要》统一规划国家、社会和个人海洋事业的发展，并明确提出“综合解决研究、开发和有效利用世界海洋的问题，以实现国家经济发展和保障安全”的总体战略，即俄罗斯的海洋活动的核心就是实现其海洋领域的国家利益。具体而言，俄罗斯一切海洋活动都应当能够“根据国家目标和发展任务增强俄罗斯在世界海洋上的活动；确定俄罗斯近期在世界海洋活动的所要达成的具体目标；根据实际保障水平保证最大限度地协调并提高中央和地方相关部门的海洋活动”。

俄罗斯海洋活动的主要方向是为达成既定目标创造条件，这些目标是："实现和保卫俄罗斯国家利益和地缘政治利益；为沿海地区社会经济发展创造条件；稳定航运体系；提高海上各种活动的安全程度；保持和进一步发展同海洋问题相关的科技潜力"。需要"研究世界海洋，使用其资源潜力，发展海上交通线，保持俄罗斯与其海洋强国地位相称的海洋空间存在，保卫海上边界，监测生态环境和各种紧急情况，监测气候变化，以及解决其他对保障沿海地区和整个国家人民经济和安全具有独立意义的具体问题"。而这些问题又被分解为11个主要方向。

总体上，俄罗斯海洋战略发展规划是"三步走"战略，实施时间为1998年至2013年，以3至5年为一个发展周期。第一步（1998—2002年），主要解决法律、军事战略利益界定、渔业资源和海上交通线这四个方面的问题，目的是通过建立相应法律基础保证俄罗斯实现海洋权利，调解同邻国的海上争端，巩固国家安全、地区安全和全球安全，形成首批工作的科技基础，按配额向人民供应鱼类等海产品，保证必要的客货运输量。第二步（2003—2007年），主要解决海洋环境研究、包括北极和南极在内的海洋矿产资源、人文关怀、北极开发以及南极研究这五个方面的问题，目的是获得可开发的工业级矿产资源，满足沿海地区的能源保障，对沿海地区进行综合开发，监测并预测气候和天气变化。第三步（2008—2013年），是完成阶段，主要解决海上经贸问题、开发利用海洋及其资源的技术问题和建立国家统一海情信息系统的问题，目的是通过加强俄罗斯经济活力，巩固俄罗斯在世界商品和服务市场中的地位，通过使用全新技术强化深水能力拓展国家空间和能力，保证自然界的平衡，保持国家经济、生态和社会协调有序稳定发展。

四、复兴海洋，抢滩北极

自20世纪90年代后期以来，尤其是普京任总统后，俄罗斯积极调整了对外政策，富民强国成为基本国策，而其海洋发展战略也被提到了前所未有的高度。

2001年，普京授权起草《俄罗斯联邦海洋学说》，决心重振海洋事业，实现海上强国复兴。随后，又相继出台了多份战略性文件，这些文件构建起俄罗斯海洋战略的基本框架，其中最值得关注的是2015年普京批准的《2030年前俄联邦海洋学说》。2019年8月，俄政府批准新修订《2030年前俄联邦海洋活动发展战略》。如果说前一个文件是对俄罗斯海洋战略进行的整体性谋篇布局和全面部署的话，后一个文件则是具体化的行动计划和实施方案。两个文件前后相继，互为表里，构成俄罗斯海洋战略的核心主体和实施总纲。

除了整体性海洋战略外，俄罗斯政府在一些重点领域，相继制定和出台了相关战略，如联邦目标纲要《发展俄罗斯运输系统（2010—2020）》之子纲要“海上运输”（2015年6月）、《2030年前国家海洋军事活动政策基本原则》（2017年7月）、《2030年前俄联邦交通战略》（2018年5月修订）、《2035年前俄联邦造船业发展战略》（2019年10月）、《2030年前俄联邦渔业综合体发展战略》（2019年11月）、《俄联邦渔业综合体发展国家纲要》（2020年4月修订）等，几乎涵盖俄罗斯海洋各核心领域。而在北极事务上，俄罗斯政府更是密集性地发布多个战略性文件，如《2035年前北方海航道基础设施发展规划》（2019年12月）、《2035年前俄联邦北极国家基本政策》（2020年3月）、《2035年前俄联邦北极地区发展和国家安全保障战略》（2020年10月）等，使俄罗斯在北极地区的发展战略以及各项目标和举措更加系统化。

俄罗斯海洋战略分两个阶段实施，第一阶段为2020年及以前，第二阶段为2021—2030年。《2030年前俄联邦海洋活动发展战略》确定了俄罗斯海洋发展长期优先方向，包括修订完善规范海洋活动的相关法律制度；提高海上运输水平，保证国家运输独立和经济安全；开展海洋渔业现代化改造和技术革新；扩大对全球海洋矿产和能源资源的开采；对海洋环境、资源和空间、北极和南极地区开展定期科学考察；恢复对海洋环境和污染的全面监测；建立海洋活动可持续发展的科研基地；支持和发展海上力量，维护国家海洋权益；完善海洋信息保障系统；提高海上搜救能力；发展海洋医疗保健系统；等等。文件在海上运输、开发和保护世界海洋资源、海洋科学研究、海军活动、船舶制造、海洋人才教育和培养、海洋活动安全保障、海洋信息保障、海洋环保、沿海领土和水域综合发展、海洋国际法保障和国际合作等11个方面提出77条可量化的指标，并列出了滨海地区政府每年监督海洋战略执行情况的主要方向清单，内容具体，任务明确，目的在于提高俄罗斯海洋战略的执行效率。

同时，俄罗斯还制定了北极战略作为俄海洋战略的重要组成部分，有北极政策、北极战略、北极纲要三类文件，构建起俄罗斯北极战略的基本框架。俄罗斯希望通过对北极地区能源开发的经济收益，加快军事安全部署和海空搜救能力建设，借助北方海航道复兴改变其海权状况，巩固其在北极的地位、能力优势和法律主张。

2020年3月出台的《2035年前俄联邦北极国家基本政策》，是俄罗斯最新制定的统筹北极全方位发展的国家纲领性文件，是《2020年前俄联邦北极政策原则》的延续和拓展，也是整个国家海洋战略长期、系统的组成部分，其框架更加合理、内容更加丰富、措施更加全面。文件指出俄罗斯在北极地区的国家利益体现在六个方面，其中，保障北极地区作为国家社会经济发展的战略资源基地；保持北极地区作为和平与国际合作的区域；使用北方海航道，使其成为全年通航的国家海运干线和未来国际海上运输的主要通道，与《2020年前俄联邦北极政策原则》保持一致；此外，特别强调了确保俄罗斯主权和领土完整，保证俄罗斯北极地区人民高质量的生活和福利，保护俄罗斯北极地区少数民族的原始栖息地和传统生活方式。《2035年前俄联邦北极国家基本政策》把北极地区社会经济发展和基础设施建设摆在更加突出的位置，拟通过实施大型项目带动社会发展，特别是以自然资源开发加快基础设施建设进度。重视北方海航道的建设和发展，计划组建一支由破冰船、应急救援船和辅助船组成的船队，保障北方海航道和其他海上航道全年不间断、安全、经济、高效的航行。开展港口建设和现代化改造，实施一系列水文、气象、信息通讯等综合措施，使北方海航道成为有国际竞争力的国家运输动脉。

2020年3月，俄罗斯修订批准了“北极纲要”，10月发布了《2035年前俄联邦北极地区发展和国家安全保障战略》，是对《2035年前俄联邦北极国家基本政策》的具体落实，进一步明确了俄罗斯开发北极的时间表和路线图，细化了各地各部门开发北极的任务、进度和责任落实，其目的在于确保俄罗斯在北极地区的国家利益，逐项落实《2035年前俄联邦北极国家基本政策》设定的各项目标。《2035年前俄联邦北极地区发展和国家安全保障战略》以2024年、2030年和2035年为三个时间节点，划分出三个战略实施阶段，详述了每个阶段应达到的预期成果。“北极纲要”涵盖俄罗斯各部门拟在北极地区采取的具体措施，是俄罗斯实施北极区域战略规划的指南，具有很强的操作性和指导性。

英国：海上霸主 集体安全 追随美国 造舰战略

英国西临大西洋，东临北海，南隔多佛尔海峡和英吉利海峡同欧洲大陆相望，是一个典型的海洋国家。英国领土总面积达571万平方千米，国土面积仅为24.4万平方千米，而海外现存的14块领土使其领海面积达到了546.6万平方千米。英国作为曾经的海上霸主、老牌的海上强国，其海洋战略随时代的变迁而演进。

英国海洋战略的演进与完善始自16世纪末，英国在加莱海战中战胜西班牙“无敌舰队”，初步扩展了海上权力，参与到海上贸易与殖民地利益分配中。17世纪被称为荷兰的世纪，英国通过三次英荷海战挑战荷兰的海上霸主地位，在战略上消耗了荷兰的海上军事实力，最终在18世纪取代荷兰，成为海上霸主。17世纪末法国开始注重海权发展，在欧洲及其殖民地与英国屡次发生冲突乃至战争。英国海军在西班牙王位继承战争、奥地利王位继承战争、英法七年战争和与拿破仑时期法国海军的战争中均取得了最终胜利。在此期间英国形成了稳固的“舰队—商贸—金融”体系，为18世纪60年代的工业革命积累了资本财富，而工业革命带来的成就又反哺了英国海洋战略与海军建设，英国海权在19世纪达到巅峰。

从19世纪末至第二次世界大战结束，英国在两次世界大战中通过海权压制并战胜了新兴海洋强国德国。但同时，英国综合国力受到了巨大的消耗，其世界霸权与海上权力逐步被美国和平取代，其海洋战略也随之开始转型。当代英国海洋战略在继承传统，保持英国海洋军事实力的同时，运用英国独特的海洋地理优势，注重在《英国海洋法》的指导下统筹发展海洋军事、海洋科技、海洋经济等领域的做法，在宏观与微观上均值得借鉴。

一、丧失海上霸主地位，奉行集体安全政策

二战后，英国在内因与外因的共同作用下衰落为世界二流强国。内因是一战与二战严重消耗了英国国力，导致英国没有资本继续支持其“舰队—商贸—金融”体系。外因是英国殖民势力逐步被美国瓦解。早在1941年，时任英国首相丘吉尔在与美国总统举行大西洋宪章会议时就提出，英国明确美国并不仅仅因为正义参与二战，背后的秘密政策是通过二战肢解欧洲尤其是英国传统殖民势力并取而代之，但英国明知美国意图却不得不依赖美国对抗法西斯阵营。

战后美国在全球范围内大力推行其自由与民主的价值观，促使亚非拉一系列殖民地纷纷独立，暗中瓦解英国殖民势力。1956年发生的苏伊士运河战争就是很好的佐证。埃及在1953年独立后驱逐资本主义殖民势力趋向明显，在与英法两国谈判三年无果后，1956年7月26日单方面宣布将苏伊士运河收归国有，这触犯了英国在中东地区的利益底线。同年11月，英法联军出兵进攻苏伊士运河区域，虽在以色列陆军配合下取得战术层面上的胜利，但由于埃及陆军重兵包围，英法联军占领苏伊士运河的企图实质上无法达成，加之苏联方面的施压，英法部队最终撤离埃及。这次促使英法撤离的不仅仅是苏联，主要是美国。

美国于1956年11月1日在联合国大会上发起提案，要求苏伊士运河战争各方立即停火撤军。翌日，联合国大会以64票赞成、5票反对、6票弃权，通过了各方停火的997号决议。11月3日，美国表示应该立即成立联合国紧急部队进驻埃及，保证和监督各方停火。在整个事件的过程中，美方从一开始对出兵这一解决方式不赞同，到最后不惜与苏联一道对英国施压，这一系列做法背离了从一战以来相对稳固的英美同盟。美国不希望英国拥有对苏伊士运河的控制权，并借此次冲突从中调和，扩展自己在中东的势力范围，消减英国传统殖民势力在中东的影响。因此，美国谋求对英国殖民势力的瓦解是其自二战以来一以贯之的秘密战略方针。而英国经此失败后再无力有效控制其原有殖民地利益，维护海上贸易权力。

在内外因的共同作用下，英国已不能如前一般承担世界霸主的义务。因此，英国海洋战略不得不服务于英国冷战后的大战略——以英美特殊关系为轴心，奉行集体安全政策，继续开展海洋贸易维持利益来源，确保核威慑能力。前两项战略是英国根据自身实力变化不得已而为之，而后两项战略则更能体现英国的自主性，其中海洋战略在后两项战略中起到至关重要的作用。英国海外殖民地绝大部分丧失，因此英国海洋战略也随之调整，无须再维持庞大的海军力量。从20世纪60年代开始，英国取消了大量海军先进武器研究计划，裁减了大量武器装备，将剩余资金用来发展国内经济与民生，但值得注意的是，英国仍维持了一个高效的海军战时体系。在军事动员方面，英国政府与大量的小至100吨的船只大到数万吨的货轮邮轮签订战时征调合同，平时无须支付大量维护费用，战时也可迅速将其改装为军用船只，减轻了财政压力。在海军武器研制方面，英国坚持“核海权”的思想，把基础军工业转至民用范围内的同时，坚持自主研发，由皇家海军实施由美国提供导弹的“北极星”核潜艇计划，维持英国战略层面上所需的海军实力。

二、追随美国海洋战略，参与世界海权建设

1998年7月，英国发表了《战略防务评论》。其中，在海洋战略方面提出，在坚持既有政策的前提下全面接受美国的军事理论思想，强调与美国保持战略同步，共同开展必要的“联合作战”，海洋战略下的海军力量按照有能力进行一场较大的战争或同时进行两场中规模战争的要求发展。英国海军部根据《战略防务评论》中心指导思想制定了《海军战略规划2000—2015》，具体规定了海军舰队规模，核心海军船舰装备更新换代周期，以及强化先进海军武器装备研究，并制定如下规划：保留4艘“前卫”级弹道导弹核潜艇；攻击型核潜艇数量由12艘缩减为10艘；保持2艘服役航空母舰及1艘用于两栖作战的直升机母舰；将驱逐舰与护卫舰总数保持在32艘左右，其中包括45型驱逐舰、23型护卫舰和正在研制的“未

来海上战舰”；拥有航母舰载固定翼飞机、“野猫”直升机、“灰背隼”直升机、未来两栖支援直升机、武装直升机、预警直升机在内的全方位海军航空兵；保持2艘两栖攻击舰和5艘后勤登陆舰；保留22艘水雷战舰艇；拥有数量适当的支援舰船；按海洋作战要求，持续改进武器和探测系统能力，特别是重点提高防区外精确打击武器和相关搜索、制导系统的能力；加快信息基础设施建设，以适应高度集成的联合数字化战场空间的要求，重点提高平台级信息战能力。自1991年英国参与美国主导的海湾战争以来，这一核心海洋战略思想在阿富汗战争、伊拉克战争、利比亚战争与叙利亚内战中均得以体现。当代英国海洋战略的制定与发展基本达到了服务于英国国家战略的要求。

综上所述，英国在二战结束后，接受了其海上霸权流失不可逆转的结局，由被动接受逐步转变为主动推进英美海权的和平转移，进而形成追随美国海洋战略，参与世界治理与海权建设的现代英国海洋战略格局，延缓了英国综合国力的衰弱，维持了海上二流强国的地位，使英国在国际事务中仍能主动发挥作用。

三、重振军事科技实力，保障国家海洋安全

进入21世纪以来，由于国民经济和社会发展的需要，陈旧的海洋管理体制已使英国捉襟见肘，无法有效应对日益纷繁复杂的涉海问题和纠纷，海洋管理体制层面大刀阔斧的改革呼之欲出。英国在重视海军发展的同时，在海洋科技和海洋经济领域方面也投入了一定精力。2009年11月，英国政府颁布《英国海洋法》。该法律是英国海洋战略制度化、法律化的具体体现，由11个部分共325条组成。该法律既有宏观指导性条款，也包含微观的措施，可操作性极强。在这部法律中，可持续发展始终是其基本原则，重视综合协调与管理，依靠综合管理来统筹处理海洋事务；注重保护生物多样性；重视公众参与决策与管理，并强调公开与透明的原则。此外，该法建立了战略性海洋规划体系，要求制定具体的海洋政策，确立阶段目标，确立海洋管理具体办法，为配合相关各涉海领域海洋政策落实奠定

了基础。英国政府以《英国海洋法》为指导原则，近年来制定了包含海军、海洋经济与海洋科技在内的综合性极强的海洋战略。

1. 海洋军事战略

2014年5月英国政府发布《国家海洋安全战略》，规定英国皇家海军为英国海洋安全提供全方位保护，重点保护在任何国家船舶上的英国公民和享有英国权利的人、英国海域、悬挂英国国旗的船只、位于英国海域的海上基础设施（包括军事设施）、英国拥有的海上基础设施、英国商业贸易。英国皇家海军据此对自身义务进行了明确与规范：一是预防冲突，皇家海军致力于防止公海冲突；二是在海上提供安全保障，皇家海军有责任为其公民及其盟国努力维护公海安全；三是维护贸易安全，皇家海军有能力维护贸易安全；四是随时做好战斗准备，英国作

英国“伊丽莎白女王”级核动力航母

为北约与联合国的一员，皇家海军有义务为维护联盟及联合国利益随时战斗；五是保障英国海上经济安全，英国95%的贸易来源于海洋，英国如此依赖海洋而繁荣，如果没有皇家海军起到威慑作用，对经济的影响将是压倒性的；六是提供人道主义援助，这是英国皇家海军的海军精神核心。

为了使英国皇家海军更好地履行义务，捍卫英国国家利益，2017年9月6日时任英国国防大臣迈克尔·法伦向议会提交了《国家造舰战略：英国未来海军造舰计划》，对未来英国皇家海军装备进行了明确的预期与规定：以2014年下水的“伊丽莎白女王”级核动力航母为核心，配备45型防空驱逐舰、26型反潜护卫舰、31E型多功能护卫舰、未来两栖舰以及其他辅助舰船。该战略预期目标为全方位多层面提升英国皇家海军作战能力，在英国政府的引领下开拓海洋军事设备制造商与国际市场的合作并提升制造军事装备科技实力，促进经济繁荣发展。根据该战略，英国组建了涵盖国防部、财政部、基建部、国际贸易部与海军相关部门的跨政府部门赞助委员会、用户委员会和造舰项目战略委员会，统筹发展英国皇家海军军事力量。

2. 海洋经济与科技战略

英国早期海洋研究具有显著的分散管理和自由探索的特点。20世纪中期以来，以美国主导成功实施的三大科学计划（阿波罗计划、人类基因组计划和曼哈顿计划）为标志，人类正式步入“大科学”时代，科学的系统化和组织性更加突出。为了跟上新时代科技研究的步伐，英国海洋经济发展与海洋科技研究逐步形成战略，政府为海洋经济与海洋科技领域制定相关海洋战略，从宏观上为英国海洋战略的整体发展进行规划。2010年2月英国政府发布的《英国海洋科技战略（2010—2025）》，是英国第一部明确的海洋科技战略，确定了三个高层次的优先领域：了解海洋生态系统的运行规律；应对气候变化与海洋环境之间的相互作用产生的环境问题，着重调查海水酸化问题；维持和提高海洋生态系统的经济利益。未来重点开展海洋酸化、海洋可再生能源开发、海岸带灾害等研究。

为实现战略目标，英国政府从宏观角度制定政策，加强海洋科技工作的协调与配合，对项目资金使用进行持续监督追踪，主动与海事相关利益方沟通，成立事务管理委员会，协调各方共同发展。2010年3月，英国能源部根据《英国海洋科技战略（2010—2025）》制定了《海洋能源行动计划》。该计划的战略目标是到2030年之前，以英国海上风电能项目为发展目标，通过英国能源部对新型海洋科技能源发展的顶层设计为海洋能源发展制定详尽的微观规划，推动潮汐能与波浪能等海洋科技能源发展，建立海洋科技能源产业链，引导私有资金及其他国家投资，以在减少温室气体排放，强化清洁能源供应，提供就业岗位方面作出贡献。

2019年2月，英国宣布“2050海洋战略”，该战略侧重英国海洋经济与英国海洋科技的规划与发展，提出了两个短期目标与一个中期目标。短期目标：一是将英国打造成试验和开发自主船舶，以及吸引外来投资和国际业务的最佳场所；二是通过高科技，用虚拟现实技术以及增强现实技术培训英国与其他国家的相关海事人员，应对未来的人才需求。中期目标是在短期目标完成后，在英国港口建立一个创新中心，统筹发展海洋高科技事业。此外，英国政府承诺出台明确的海事计划，以便尽快实现零排放航运。

日本：扩张近海　扩大外贸　借“船”出海　争夺亚太

日本作为群岛国家，面积狭小，资源匮乏，灾害频发，战略回旋空间狭小。其国家现代化严重依赖国际市场和海外资源，需要在海上做文章，通过海洋求取发展空间。防范跨海攻击、保障海上交通、开发海洋资源、拓展海外利益是日本海洋战略的基本诉求。同时，近现代日本海洋战略又受社会历史环境的制约。作为典型的后发现代化国家，日本在国内形成了较为保守的政经体制与文化形态。在国际体系层面，近代日本崛起之时，西方主导的国际政治经济体系业已扩展到东亚。西太平洋海域也被纳入由英美相继主导的全球性海权体制中，这是日本海洋战略发展的基本背景。

由此，近代以来的日本海洋战略受到两方面因素的影响。首先是东亚大陆的地缘政治格局。大陆国家的强大被日本视为威胁，而其羸弱又常刺激日本的扩张野心。日本海洋战略同其对亚洲大陆的战略密切关联。其次是全球性海权体制的特征。相继主导东亚海域的英美既是日本可能的伙伴与依附的抓手，又是潜在的对手和敌人。一方面，日本的发展仰赖于海外，需要国际市场的开放和海上交通的安全。另一方面，日本又始终难以放弃其构建地区霸权的企图。这必然同体系霸权国及大陆强国产生矛盾，由此构成日本海洋战略的两难。明治维新以降，日本海洋战略在“武力征服”与“经贸立国”间摇摆，正是上述矛盾作用的结果。国内体制与国际环境的双重影响，塑造了日本处理海洋事务的方式。

一、扩张海外，夺取近海制海权

从明治维新到二战结束，日本大陆战略主要以机会主义式的海外扩张为主。

海洋战略从属于在东亚构建霸权的大陆政策。这一战略一度高歌猛进，最终却招致了陆海国家的联合打击，导致日本帝国的覆灭。明治维新后，日本迅速崛起为东亚强国。其基本背景在于中国内外交困，东亚原有格局走向崩溃，给予日本以可乘之机。同时，英美更多将俄国视为主要威胁，对日本采取了纵容乃至怂恿的态度。从明治维新到华盛顿会议的50年间，日本的海洋战略以中国和俄罗斯为假想敌，以夺取东亚近海制海权，实现“由海向陆”的扩张为目标，配合东北亚扩张的大陆政策，表现出明确的进攻性倾向。

日本海权理念产生于幕府末期欧美列强叩关的危机中。明治维新以降，日本汲取萨英战争和下关炮战的教训，高度重视海军。为求“耀皇威于海外”，明治政府举全国之力发展海上力量。明治天皇在1893年下诏：“朕兹省内廷之费六载，每岁三十万元；今特令百官，特情者除外，同时进其岁禄十分之一，以补舰艇制作之费。”这一时期，日本向国外订购的军舰就达十余艘，同时积极吸纳近代海军制度与战法。日本在甲午战争取胜后，获割地得赔款，尝到了跨海扩张的巨大利益，占领中国台湾，对海洋空间的认识扩展到太平洋。1890年，马汉《海权对历史的影响（1660—1783）》出版后，日本国内也掀起“海权风”。以佐藤铁太郎等为代表的一批人极力鼓吹“海主陆从论”。日本海军的进攻性理念日渐明确。同时，日本同英国结成同盟，避免了外交孤立。日俄战争中，日本海军取得了对马海战的历史性胜利。“海主陆从论”同“大陆政策”的龃龉进一步显现，但海权论始终未能占据主流。一方面，此时的东亚海域已为欧洲列强所染指，日本还无力与英美展开海上竞争。另一方面，甲午战争与日俄战争的胜利又使日本执迷于大陆侵略所得，不愿改弦易辙。

日俄战争后，美国成为日本海军的主要假想敌。同时，日本国内军国主义体制逐步定型。军部势力对政局的影响日益加深。陆海军间既竞争又勾结，竞相推动军备扩张。1907年日本首次制定的《帝国国防方针》，接受了海军对美“七成比例论”与“八八舰队”的构想。一战中，日本夺占德国在西太平洋上的三个群岛，海洋扩张从近海迈向大洋。一战结束后，日本对外扩张进入短暂调整期，国内自由派试图推行对英美协调的外交路线。同时，远东国际形势由过去的列强争雄演变为美日争斗。美国以《四国公约》取代英日同盟，并通过《九国公约》等约束日本。中国内部军阀混战的局面则为日本渗透提供了契机，其结果便是日本与英美的暂时协调。1922年2月6日华盛顿会议所签订的《五国海军协定》，限定了英、美、日、法、意五国海军主力舰的吨位与比例，由此进入了所谓的“海军假日”时代。1924年后，日本步入所谓政党政治时期，却始终未能形成有效对抗军部干涉政治的机制。日本海军内部的派系斗争中，主张“日美必战”的舰队派逐渐压倒主张节制的条约派。

面对1929年开始的世界性经济大萧条，各国竞相采取以邻为壑的保护主义政策，这对日本的打击尤为严重。同时，英国的战略收缩与美国的孤立政策也“鼓励”了日本的扩张。苏俄的复起更是刺激了日本发动侵略的紧迫感。1931年日本关东军发动九一八事变，发动侵略中国的战争，军部势力对政治的干涉日渐加深。相应地，日本的海洋战略走向了又一轮更为急剧的扩张冒险。1933年，日本退出国际联盟，正式脱离同英美协调的外交路线。1935年12月和1936年1月，日本相继撕毁《五国海军协定》和《伦敦海军条约》，开始大肆扩张海军军备。1936年“二二六兵变”后，军权已完全凌驾于政府权力之上。海军部也积极以各种方式干涉政治，试图与陆军分庭抗礼。1936年8月，广田内阁制定并通过《国策基准》，提出“筹划我民族和经济向南方海洋，特别是向外南洋方面发展”，要求海军“能足以对抗美国海军，确保西太平洋的制海权”。陆海军最终达成妥协，确定了北进的大陆政策与南进的海洋政策相“协调”的“南北并进”方针，海洋扩张战略推动国家战略走向更危险的轨道。

1937年日本发动全面侵华战争。战争进入持久战阶段后，日本国内市场狭小、资源贫乏的问题愈加尖锐。北进受阻于苏联后，日本企图利用欧洲战事，在东南亚获取资源。1939年后，日本开始南进，美国很快做出制裁反应。美国不断加大的禁运力度，促使军部势力冒险一搏。1940年8月，日本政府正式提出所谓“大东亚共荣圈”计划，不仅包括东亚大陆以及今天的东南亚地区，还包括澳大利亚、新西兰、印度等。1941年6月，日本内阁次官会议决定将每年7月20日定为"海之纪念日"，海洋扩张意识进入癫狂状态。1941年12月，日本海军偷袭珍珠港成功，其后"南进"一度势如破竹，更使其海洋野心膨胀到极点。但是，日本试图通过决定性偷袭行动打垮美国太平洋舰队的企图却没有得逞。"南进"后不到四年，称雄一时的日本海军被彻底消灭。在苏联大陆进击与美国海上包围之下，日本帝国在1945年8月走向了覆灭。

二、扩大外贸，提升海洋国力

太平洋战争的结局宣告了武力扩张型海洋战略的彻底破产。战后日本结束被占领状态后，在安全上始终依附美国。美国在西太平洋的霸权，构成了对日本的关键性约束。同时，经过战后改造，日本的政治经济体制被重塑。以非殖民化等为代表的全球性变革使得海上武力扩张再无可能。苏联长期的强势存在，与中国的全面统一与复兴，同样是促使战后日本保持和平对外政策的关键原因。冷战开始后，日本成为美国在亚太最重要的战略支点，美国全力扶持日本复兴。日美同盟是日本国家安全保障的基础。在日本战后重建和经济起飞时期，美国则保证了世界市场对日本的开放。美国主导下的战后自由主义国际经济体系，包括美国掌控下的国际海洋秩序，为日本推行贸易立国战略提供了宽松的国际环境。在反思近代教训的基础上，日本利用冷战的历史契机，采取了以贸易开发为核心的海洋战略，迅速提升了海洋基础国力。

1. 经贸立国的发展战略

战后，吉田茂推动的"轻军备、重经济"与"贸易立国"路线在日本政界占据主流。吉田茂指出，"日本是一个海洋国，显然必须通过海外贸易来养活九千万国民"。同时，日本在通商上的联系"不能不把重点放在经济最富裕、技术最先进而且历史关系也很深的英美两国之上了"。"吉田路线"成为战后日本海洋战略的基本指导。日本贸易立国的核心是利用国际市场，推动国内经济发展。一方面，日本尽力融入美国主导的资本主义世界市场，1952年加入国际货币基金组织（IMF）和国际复兴开发银行（IBRD），1955年加入关税及贸易总协定（GATT）；另一方面，日本确立了外向型的经济体制，1949年5月建立通商产业省（简称通产省）。此后，通产省根据国际经济形势变动，适时诱导国内产业结构和发展战略调整，海外贸易成为日本获得海外资源与利益的主要手段。

日本海岸线绵长，拥有众多优良港口。战前日本就已形成了较强的工业基础和人力资本储备，这些都为贸易立国和外向型经济战略创造了前提。同时，世界市场秩序的重整与殖民帝国体制的破坏，也为日本海外拓展创造了外部空间。日本政府在1958年专门设立了日本贸易振兴会，协调和推进对外贸易活动。经过努力，日本的对外贸易取得了高速增长。至20世纪80年代，日本已成为世界第二大对外贸易国。对外经济也逐步完成由贸易主导向投资主导的转变，与之相适应，日本的商船海运与造船业长期在世界首屈一指。

2. 逐步进取的海洋安保战略

在贸易立国的同时，日本不断调整海洋安保政策。一方面，日本政府利用冷战态势，依靠美国保护海洋安全，享受“搭便车”福利；另一方面，随着经济崛起，日本迎合美国战略需要，开始灵活地重建和发展海上武装。战后初期，日本安保战略沿吉田茂的“轻军备、重经济”路线展开。1948年5月1日，日本运输省仿效美国海岸警备队建立海上保安厅。很快，海上保安厅成为亚洲最先进的海上警察部队，其职能也从最初的维护海上治安，扩大到领海警卫、海洋调查、环境保护、海难救助等。主权恢复后不久，日本在美国积极策动下于1954年7月正式成立了海上自卫队。海上保安厅和海上自卫队两支海上力量，逐渐成为日本海洋安保的支柱。战后前期，日本的主要目标是发展经济，自卫队力量建设较有节制。

随着国际形势的变化，特别是由于自身经济高速增长，日本的海洋安保观念开始转变。高坂正尧于1964年发表《海洋国家日本的构想》，倡导建立适度军备条件下的“海上通商国家”模式，发展具有自身特色的海洋力量，引发热烈讨论。冷战背景下，日本海上武装逐步形成了自己的特色，配合美国战略需要，尤其强调保护海上交通线的能力。反潜护航更成为重中之重。1957年《国防基本方针》制定后，日本政府从1958年至1976年先后四次执行《防卫力量整备计划》，自卫队规模逐渐扩大。进入20世纪70年代，海上自卫队已形成完整的装备体系和作战体制，扫雷和反潜能力更跻身世界领先水平。其时，美国执行全球战略收缩，要求盟国分担责任。而且，日本经济对国际市场的依赖性增强，特别是1973年的石油危机对日本社会构成重大冲击，暴露了贸易立国的脆弱性，日本国内要求“自主防卫”呼声上升。1970年，日本在第一份《防卫白皮书》中正式提出“专守防卫”战略。此后，日本政府于1976年10月首制定《防卫计划大纲》，提出了“基础防卫力量”构想，海上自卫队则明确了“近海专守防御”的理念。

20世纪70年代中后期，冷战呈现苏攻美守之势。美国为减轻自身负担，进一步推动日本分担保卫关岛以西、菲律宾以北西太平洋辽阔海域的任务。进入20世纪80年代后，日本已不再满足做经济大国，对军事战略也做出进一步调整。除了依靠美国的核保护伞，更强调发展本国高质量的防卫力量。1980年，日本政府提出综合安全保障战略，海洋安保范围进一步扩大。在1983年出版的日本《防卫白皮书》中，提出其周围数百海里、海上航线1000海里左右的海域为日本防御的地理范围。同时，作战指导思想也从“近岸歼敌”调整为“海上歼敌”。与之配合，日本决定引进宙斯盾驱逐舰等，军备水平快速提升，逐渐超出了“专守防卫”的需求。海上自卫队由近海走向远洋，谋求“地区性制海权”的动向趋于明显。总之，冷战期间日本海洋安全战略实践的特点是：以日美同盟为基轴，适时适度扩展海上力量。军备发展服从经济发展需要，同时依靠经济与科技积累，配合和利用美国战略调整，渐进式地拓展自身实力与活动范围。冷战结束时，海上自卫队与海上保安厅实力在亚洲已首屈一指。

3. 不断推进的海洋资源开发

冷战期日本海洋战略的又一特征是较早开始重视海洋资源开发。这同20世纪70年代后日本经济的结构性调整有着密切关系。一方面，随着能源资源等全球性问题的显现，以及相关科技的进步，开发海洋资源被提上日程。另一方面，此前日本以重化工为主导的经济高速发展难以为继，需要谋求替代性新产业。开发利用海洋资源成为日本海洋战略的重点内容，出现了开发海洋的热潮，相关的基础能力建设全面迅速展开。

日本自20世纪60年代就开始制定明确的海洋开发规划，是世界上较早制定相关规划的国家之一。以相关规划为指导，日本初步形成了政府和产业界相配合，以海洋技术研究与海洋产业开发为先导，以沿海旅游业、港口及运输业、海洋渔业和海洋油气业为重点的海洋产业体系。日本各界尤其重视海洋资源勘探与开发技术的研究。1961年，设立了作为首相咨询机构的海洋科学技术审议会（后改组为海洋开发审议会）。1971年10月又成立了隶属于科技厅的海洋科学技术中心，成为海洋技术开发的大本营。经过多年发展，日本在海洋科技诸多领域占据了世界领先地位。在推进资源开发的同时，日本各界对于海洋环境保护也给予了高度重视，建立了较为严密的海洋污染预防和反应体系。日本还积极拓展海洋教育，以海洋相关人才培养、海事思想普及为重点，并逐步从高等教育拓展至市民教育。

总之，冷战期间，日本各界吸取战前教训，海洋战略以“贸易立国”为中心，努力利用战后相对开放的资本主义世界经济体系，发展和提升国力。配合经济主义外交路线，日本对于“海洋国家”的认识围绕经济建设需要，主要以通商贸易与海洋资源开发为中心。同时，日本根据环境变化，适度发展了自主性海上军事力量。依靠经济发展与技术进步，日本在海洋资源开发等方面的实力大为提升。依靠海外经贸成就了经济奇迹，在海洋利用与开发中也占据了先机，海洋战略的调整在日本战后复兴崛起的过程中扮演了关键角色，多领域全方位的海洋基础性能力建设也为冷战后日本海洋战略的调整做了准备。

三、“借船出海”，争夺亚太海洋权益

冷战终结对日本造成了巨大冲击。同时，东亚大国地缘角逐的重心从陆地向

海洋转移。1994年11月，《联合国海洋法公约》正式生效。随着大陆架及专属经济区等制度确立，亚太海域海洋权益争夺趋于激烈。在日方看来，虽然其国土面积仅38万平方千米，依公约却可宣称447万平方千米的管辖海域。在上述背景下，日本试图利用地理优势和强大的能力储备，从海洋寻找国家振兴新的突破口，参与海洋角逐的欲望空前强烈，圈占海洋空间，开发海洋资源成为日本新海洋战略的核心。

1. 新海洋立国战略的确立

冷战结束到伊拉克战争爆发，是日本新海洋战略的形成与准备阶段。日本逐步推进海洋立法，完善相关机构，调整日美同盟，加强社会动员，逐步树立了新的综合海权观。进入新世纪后，日本新的海洋战略迅速形成。扩张性的海洋政策及相关保障性法规连续出台，海洋管理部门加快整合，海洋勘探调查和开发节奏加快。其中，圈占海洋资源成为重点。

日本在海洋争端中的外交立场趋于强硬。一方面，日本出台了一系列支持海洋开发与扩张的法律和政策规划。在政、经、学各界有力推动下，日本国会于2007年4月通过《海洋基本法》，对日本有关海洋开发、科研、环保、安全等方面做出系统规定。《海洋基本法》提出了“海洋立国”的基本理念，强调日本“已经拥有了国土面积约12倍的世界屈指可数的管辖海域”，当务之急是保全“决定日本专属经济区及大陆架外缘的偏远海岛”。2008年3月，日本政府又依据《海洋基本法》制定了《海洋基本计划》，试图保持其在海洋技术方面的领先优势，保护开发离岛，发展海洋产业，充分利用海洋资源。在《海洋基本法》与《海洋基本计划》通过后，以圈占及开发海洋资源为中心，历届日本政府制定了一系列配套性法规政策。从立法时机及内容看，这些法案同近年来日本同周边国家的海洋权益纠纷有着直接关联。法制规划与圈占实践日益呈现出齐头并进的趋势。同时，日本加快完善了海洋政策组织管理机制。《海洋基本法》规定设置海洋政策担当大臣，增设由内阁总理大臣担任部长、海洋政策担当大臣为副部长的综合海洋政策本部，解决了以往海洋政策部门条块分割的问题，形成了制定、实施海洋安全、管理、开发政策的综合指导能力。日本已基本完成了向海洋大国迈进的立法规划、机构设置和人员配置等基础工作。

2. 新海洋立国战略的特征

日本新海洋立国战略以提升日本的政治大国地位和提振日本经济为根本目的，以维护、拓展和开发海洋资源空间，确保海上交通线安全为重点，以日美同盟架构下的国际海权合作及自身力量整备为支点，表现出以下鲜明的特征：

一是手段多样、重点突出。日本新海洋战略兼顾传统与非传统安全领域，以海洋资源和海洋空间的占有和利用为中心，包含了保护海洋权益，推进海洋调查与技术开发，参与并影响国际海洋安全秩序构建等多维目标，战略考虑更为综合多样。其中，对本国大陆架及专属经济区海洋的确权、勘探、开发成为重中之重。2008年7月，日本国会通过《日本国土形成规划》，要求各地在制定地方国土规划时将专属经济区和大陆架都包含在海域规划对象内加以利用和保护。11月，日本向联合国大陆架界限委员会提出延伸太平洋南部及东南海域大陆架的申请。2009年3月，日本制定《海洋矿产资源（能源）开发规划》，详细划定海底探矿及技术开发的具体步骤。同时，日本调整军力配置，加速配套的实力与体制建设。对海洋资源圈占与开发的极度热情与强硬进取姿态，造成了日本与邻国相关争端的激化。

二是具有强烈的进取性与强硬性。日本新海洋战略的推出，与其新民族主义与政治右倾保守化潮流密切关联，表现出强烈的扩张性与强硬性。一方面，日本政府千方百计扩张本国管辖海域。突出表现便是在偏远海岛及其周边海域建立低潮线保护区巡逻体制，将“无主”基点海岛国有化。另一方面，日本在各争议岛屿归属和海域划分问题上的立场日趋强硬，呈现出北争、西夺、南控的态势。“寸海必争”已成为日本海洋战略的指导思想。与之相配合，日本海上安保战略进行调整。日本近年两次修订防卫大纲，为海洋战略提供军事保障。最新版防卫大纲在战略方针上由此前的“机动防卫”进一步提升为“联合机动防卫”，将“有效遏制及应对”的重点进一步明确为应对岛屿攻击。同时，海上自卫队正朝着大型化和远洋化方向快速发展。随着直升机航母等的建造完成，其远洋投送与海外干预能力大为增强。此外，日本谋求海外军事基地的步伐也在加快。日本海上自卫队已是亚洲最现代化的海上军事力量，并得到了海上保安厅的有力配合。

三是突出海洋国家的身份，以中国为战略对手，加强日美同盟。进入21世纪，日本《防卫白皮书》等有关中国海洋活动的论述篇幅逐年扩大，评价趋于负面。日本试图采取各种措施防范中国走向海洋，在中日海洋权益争端中的态度也越发激烈。特别是近年来，日本一再激化钓鱼岛争端，严重破坏了中日战略互惠关系。安倍晋三二次上台后，以更强硬的手段应对中方的反制措施。中日两国围绕海洋的博弈前所未有地复杂尖锐化，与之相联系的是美日同盟的强化。在中国崛起的背景下，日本对美国的战略重要性有所提升。利用美国推动的亚太再平衡，日本试图“借船出海”，扩大海上活动范围，以求实现日美“共同领导海洋秩序”的梦想。从其大国化企图出发，日本提出了“同盟海权”概念，对配合美军在西太平洋及印度洋的各种军事行动异常积极。日本还试图通过主导亚太多边海洋安全架构对中国实施“动态遏制”，相继提出了“自由与繁荣之弧”，“日美印澳”安保对话等构想。日本更与美国紧密配合，支持菲律宾、越南等中国南海岛礁主权声索国，力促“南海问题”国际化。

韩国：创造有生命力的海洋国土

韩国位于亚洲东侧的朝鲜半岛南部地处北纬38°线以南，东邻日本海、西接黄海、南连朝鲜海峡，国土面积为9.96万平方千米。韩国拥有辽阔的领海，其海域面积约为国土面积的4倍，海岸线长2400千米，所属管辖海域面积达7万平方千米，海岛3200多个。

一、宣布领海主权，发展海洋产业

20世纪60年代初，韩国开始实施“国家经济政策”，到20世纪60年代中期，韩国经济开始崛起，海洋开发业也随之开始发展。1966年，韩国成立了渔业管理局，将战略的重点放在扩大现有海洋研究能力、加速海洋产业的发展上。1973年，韩国成立了海洋研究和发展研究所（KORDI），开始集中国家力量发展海洋科学和技术。为维护国家主权、加强海洋管理，韩国政府颁布了《海底矿产资源开发法》和总统令。1977年，韩国国会通过并颁布了《领海法》，正式将海洋纳入到国家的领海主权管理中来。国家的投入和政策法规的实施，显著促进了韩国海洋产业的发展。到20世纪80年代，韩国已成为世界第二大造船国和第三大远洋渔业国。在此期间，韩国政府认识到高层次协调管理的重要性。1987年，国会制定了《海洋开发基本法》，并组成了海洋开发委员会及海洋开发实务委员会等机构。到20世纪80年代末期，韩国国会共颁布了有关海洋事务的条令66项，目的在于解决海洋资源和环境管理部门之间的冲突和矛盾，提高海洋战略的实施效率。

二、加速开发利用，打造世界一流海洋强国

20世纪90年代以后，随着世界海洋经济的迅速发展，韩国加大了对海洋产业的投入力度，政府新的改革目标是加速产业的自由化和全球化。1996年，韩国组建了海洋水产部，并着手制定了海洋开发基本计划。为实现世界一流海洋强国的梦想，韩国发表了国家海洋战略《韩国21世纪海洋》，旨在解决食物、资源、环境、空间等紧迫问题及21世纪面临的挑战，并通过开发利用海洋成为超级海洋强国。《韩国21世纪海洋》，又称《21世纪三角洋韩国》还设立了由100个具体计划组成的6个特定任务目标，这些任务是：海洋资源可持续开发与海洋环境保护、海岸带综合管理、提高海运业竞争力、海上安全和防止海洋污染、旨在成为东北亚航运中心的枢纽港建设、海洋水产资源开发和水产品稳定供应以及加强海洋国际合作等。韩国力图通过开发利用海洋，发展海洋经济，成为超级海洋强国。

《21世纪韩国海洋强国展望》

1. 21世纪海洋发展的远景展望与目标

韩国21世纪海洋发展战略是以实施“蓝色革命”为基础，实现海洋强国为发展目标，将发达国家主张的“蓝色革命”作为现实政策加以执行，体现出实现海洋强国的意志。为实现21世纪海洋发展目标，该战略提出了创造有生命力的海洋国土、发展以高科技为基础的海洋产业、保持海洋资源的可持续开发三大基本

目标。海洋产业增加值占国内经济的比重从1998年占GDP的7.0%提高到2030年的11.3%。一是创造有生命力的海洋国土。旨在实现海岸带综合管理计划，加强环境保护措施，将全国的海岸带创造出有生命力的空间，特别是近岸水质从二或三级改善为一或二级，从而改善海岸带人居环境，使海岸带居住人口从2000年占全国人口33.5%增加到2030年的40.6%。二是发展以高科技为基础的海洋产业。旨在将海运、港口、造船、水产等传统海洋产业提升为以高科技为基础的海洋产业。采取措施将1998年相当于发达国家43%左右的海洋科学水平在2010年提高到80%，在2030年达到100%的水平，与发达国家同步。引导和培育海洋和水产风险企业、海洋观光、海洋和水产信息等高附加值的高科技产业。三是保持海洋资源的可持续开发。将水产品中养殖业产量所占的比重从2000年的34%提高到2030年的45%，启动开发大洋矿产资源。

2. 21世纪海洋发展战略推进措施

为实现21世纪韩国海洋发展战略三大基本目标，海洋水产部提出七大推进措施。

一是创造有活力的、生产力的、个性化的海洋国土。通过海岸带综合管理计划，综合管理全国不同区域、不同职能的海岸带，推进综合、系统的海岸带国土整合。将岛屿按不同类型进行个性化开发；建立近岸综合管理的信息化平台，实现海岸带综合管理；建立海洋管辖权协商战略及基本制度，确立有效的专属经济区管理体制；通过对海域的科学系统调查，实现与200海里时代相适应的海洋主权管理；推进和扩大远洋渔场及开拓海外养殖渔场，建立全球海运物流网，开拓南极及太平洋海洋基地等全球海洋基地建设。

二是恢复干净而安全的海洋环境。加强污染源治理基础设施的建设，明确环境管理的海域和建立海洋环境恢复方案，建立海洋废弃物的收集与处理系统，规划基于环境容量选定的废弃物排放海域；制定海洋环境标准及建立综合监视体系，建立科学的海洋环境影响评价体制，强化对有害化学物质的控制及系统管理；通过保护海洋环境的地区合作，努力实现海洋水质的立体管理，保护海洋生物的多样性，恢复海洋生态系统；建立可持续的滩涂保护和利用体制，开发赤潮警报及防治系统；系统分析及应对气候变化对海洋的影响；通过黄海海洋生态系的管理（YSLME）推进海洋生态系的保护；建立和实施国家海洋事故应急计划，开发油类污染的防除能力及技术；建立对海洋安全事故的有效管理体制，加强港口管制（PSC）及强化船舶安全管理，建立海上交通安全综合网，提高船舶工作者的安全管理能力，改进海洋污染影响评价及补偿制度；建立气象资料收集及预报体制，推进海洋事故综合预防管理体制的完善。

三是振兴高附加值的海洋科技产业。支持海洋和水产中小型风险企业技术开发。通过扶持风险企业创业孵化中心，培育海洋和水产风险企业；开发海洋生物有用物质、海洋生物新品种及促进深海养殖业发展。实现尖端深海调查装备及海洋休闲装备国产化，开发未来高附加值梦幻之船（Dream Ship）及亲环境型船舶，推进尖端海洋科学技术产业化；开发利用海洋作为休息空间及生活现场的海洋建筑及探查装备，推进超高速海面水翼船开发、新一代电推进系统船舶开发、超高速滚装船开发、大型观光游览船开发、15000标准箱超大型集装箱船的开发、破冰海洋调查船设计和建造技术的开发、个人水上摩托（Personal Watercraft）的开发、6000米深海无人潜艇（ROV）的开发等。利用因特网的虚拟物流市场，建立海运港口综合物流信息网；通过建立海洋和水产综合信息系统，创造海洋和水产信息产业的高附加值。加强海洋科学研究基地建设及强化支援体系，强化实施韩国海洋资助计划（Korea Sea Grant Program）；建立海洋观测与预报系统，健全海洋科学信息网络；推进国土前沿海洋观测基地建设，提高创造产业高附加值的科学技术力量。

四是创建世界领先的海洋服务业。引入港口公司制（Port Authority），改编港口管理体制，稳妥实施码头运营会社制（TOC）；改善劳务供给体制，港口终端运营自动化，开发“U”字形的沿岸物流快速通道，激活韩国船东互保协会（KP&I）的运营，成立与启动东北亚海运中心运营，努力增强海运、港口产业的竞争力。建设多功能超级港口、集装箱枢纽港，培育高附加值港口物流产业，建设综合物流园区，开发不同特性港湾，开发亲环境的尖端港口建设技术，推进东北亚物流中心基地建设。扩建产地、消费地流通设施及直接交易基础设施，建设水产品流通信息设施和实施物流标准化，加强水产品收购及价格稳定职能，成立国际水产品交易中心，确保水产品安全管理，培育水产品加工产业及开发高质量水产食品，推进水产品流通、加工业的高附加值产业化。培育韩国不同类型的观光城市，建立国立海洋博物馆及地区海洋科学馆，振兴海洋休闲、体育产业，培育航海观光及海上宾馆产业，赶超发达国家亲水型的海洋文化空间。

五是建立可持续发展的渔业生产基础。建立自律性渔业管理体制。为确保有效的资源管理制度，打击非法渔业，全面改造沿岸与近海渔业结构，建设海洋牧场，扩大陆地与海上综合养殖生产基地，成立水产资源培育中心；推进渔场净化事业，建立科学管理渔场所需的渔业综合信息系统，搞好资源管理与养殖渔业。推进多功能综合渔港开发，推进渔村文化、民俗与周围景观的渔村的建设，发展观光产业；建立和扩大水产发展基金，激活水产业渔民协会作用；引入应对灾害与事故的水产保险制度，建设有活力的现代化渔村。

六是海洋矿物、能源、空间资源的商业开发。通过太平洋深海底和专属经济区海洋矿物资源的开发以及海水淡化技术的应用，使海洋矿物、能源、空间资源商业化。开发无公害洁净的潮汐、潮流及波浪能源，开发甲烷水合物等新一代能源，推进大陆架石油、天然气开发，促进海洋能源实用化。开发超大型海上建筑浮游技术、海底空间利用技术，推进海洋空间利用技术多元化。

七是开展全方位海洋外交及加强南北合作。设立海洋内阁会议及扩大国家间海洋合作。积极加入国际组织和公约，建立应对WTO贸易自由化的对应体系；创设东北亚海洋合作机构，主动展开APEC海洋环境培训与教育等全球海洋外交；有步骤地扩大韩朝海运、港口交流，搞活韩朝水产交流与合作，奠定韩朝海洋科学共同研究基础，制定海洋和水产领域统一应对计划，推进韩朝海洋合作。

澳大利亚：依附英美　自主防御　争夺海权

澳大利亚位于印度洋和南太平洋之间，四周环海，由澳大利亚大陆和塔斯马尼亚岛屿组成，面积769.2万平方千米，居世界第六位，大陆海岸线长达3.67万千米，差不多是整个欧洲海岸线的长度，岛屿海岸线2.39万千米，是一个海洋特征非常明显的国家，战略位置十分重要。

一、依附英美，协防国家海洋安全

澳大利亚曾经是英国属地，其海洋安全防务战术是由英国负责，澳大利亚人也认为理应如此。因此，澳大利亚的外交政策在这一时期都是跟英国保持一致。在第一次世界大战以前，澳大利亚已经建立了海军，但由于澳大利亚的国际事务非常依赖于英国，其海军实际上也是由英国指挥。一战爆发后，澳大利亚把国家安全防务事务交给英国掌控，但实际上英国因忙于战争也无暇顾及澳大利亚的国家安全。1929年至1933年资本主义世界爆发经济危机后，澳大利亚不得不减少国防支出以减轻经济负担，其国防安全防务几乎停滞不前。

第二次世界大战对澳大利亚的外交政策产生了极大影响，特别是1941年太平洋战争爆发后，澳大利亚逐步意识到，随着大英帝国的日渐衰落，其自身的国防安全很难再依赖英国在亚太地区的军事实力而得到保障，而美国对其国家安全乃至整个亚太地区安全却具有重要意义，于是着手调整其防务策略，转而求助于美国，开启了追随美国、同美国结盟的外交规划。

在此期间，澳美两国的军队共同击退日本的进攻，澳大利亚主动请求作为美国的西南太平洋军事地域。1942年珊瑚海战争中，由于美国军队的帮助，澳大利亚成功击退了新几内亚的日本军队的进攻。这一次的胜利对于澳大利亚的人民来说是非常重要的，它消除了澳大利亚面临的威胁——日本，也让澳大利亚结交了新的“强而有力”的朋友。澳大利亚总理柯廷明确说道：“我无比坚定地宣布，我们将积极向美国靠拢，……并且将加强与美国的关系看成未来澳大利亚国家外交政策的重中之重。”在二战中，美国成功做到了对澳防务安全负责的承诺，并且尽自己最大的能力振奋了澳大利亚击退日本军队的信念，澳美两国渐渐在军事领域开展了合作事宜，提升了双方的信任度，成为友好的伙伴。

二战后，在亚洲东部地区，英、法、荷对其殖民地不再有影响力，美国成为有影响力的新生力量。因此，尽管澳大利亚仍为英联邦的成员国，但与英国的联系不再像以前那样亲近，而是在对外交往方面努力靠近美国，增加与其国防事务之间的交流，以此作为两国交往的风向标。1950年朝鲜战争爆发后，澳美关系得到进一步发展，1951年《澳新美同盟条约》的签订，标志澳美同盟正式形成。

与此同时，随着美苏争霸格局的形成，澳大利亚认为，苏联在太平洋南部海域的力量将威胁其安全，站在美国一边可削弱苏联在亚太地区的影响力，因此对日本一直持友善态度，而认为中国是威胁其安全的因素。澳大利亚把关注度投向东南亚，加入“战线防御战略”，增加其北部海域海军力量配置，以防御“共产主义可能从海上带来的威胁”。同时，积极配合美国在亚太地区全部的军事行动，期望以此既借助美国力量来抵御中国的“威胁”，或者抗衡来自东南亚方向可能的入侵，又能维护自身海上贸易通道的安全。

二、自主防御，改善与周边国家关系

20世纪70年代，全球关系发生新变化，美国在太平洋领域的影响力下降。澳大利亚开始重新思考自身的防务政策及与美国同盟关系的走向，在防务政策和外交战略上遵循“友好合作”和“与邻友好”的准则，同周边地区国家友好相处，改善周边国际形势。1972年惠特拉姆总理上任后，判断东南亚不再有军事战争，澳大利亚作为南半球的大国，有能力保护自身的安全，预防区域内小争端是其近期的国防任务，澳大利亚的外交政策进入了“相对独立主义”阶段，其海洋安全政策也呈现出相对独立的趋势。1976年，澳大利亚发布国防白皮书，表明国防的重点是保持自身在东南亚地区以及西南太平洋区域的绝对安全，制定本土防御安全政策以及海空相结合制止护卫措施，这是在民族防卫方面第一次运用“自主防御”概念。

1991年后，全球局势呈现“一超多强”的态势，全球化和经济一体化程度不断加深，亚太地区繁荣的经济发展和错综复杂的区域矛盾并存。澳大利亚坚持独立自主的防务政策，将对外交往的主体变成亚太区域，重视与亚太区域内国家的安全和合作，与东盟、巴布亚新几内亚和南太平洋诸岛国在防务上进行长期合作，旨在帮助他们发展应变能力并加强安全合作。澳大利亚政府认为，亚太地区“各国家之间经济、政治往来日益密切，这种相互关系对于维护本地区的安全和稳定具有重要意义”。1994年发布的澳大利亚防务白皮书指出：“我们的经济发展离不开亚太地区。同样，为了最大限度地确保国家安全，我们还必须依靠亚太地区的安全与稳定。澳大利亚对该地区的战略介入是我们承诺在该地区定位的一个要素。”

澳大利亚积极参与亚洲地区国家之间的合作，在东盟地区论坛中表现活跃，尝试以该论坛为基础，提升自身在处理区域内政治事务的影响力。澳大利亚外交部部长埃文斯曾提出亚洲需要建立一个“亚洲安全合作会议”，可以参考“欧洲安全与合作会议”，通过该会议可有效处理该地区内的一些紧急防务问题。根据埃文斯的解释，“合作安全意味着用谈判取代对抗，用信任代替冲击，用事先预防取代事后补救措施，并以相互依存性取而代之”。随后，澳大利亚在推进东盟国家论坛的过程中发挥了积极作用，并将东南亚五国防务安排重新提上了议程。

澳大利亚还极度重视与中国、日本的关系。1994年发表的国防白皮书提到，“支持中国以各种方式参与区域安全对话，维护该地区的稳定”，这是澳大利亚第一次将其与中国的互动与合作纳入其外交计划。自1994年以来，中澳两国的军事交往逐渐上升，两国组织的海上活动日益频繁。澳大利亚和日本的关系在美国的主导下逐渐发展为双边关系，两国于2003年签订了《防务与安全合作的声明》。

三、争夺海权，参与国际海洋事务

1994年《联合国海洋法公约》生效后，全球开始了海洋权益争夺的热潮。澳大利亚意识到其所属海域内海洋资源的重要性，开始注重保护自己海域的经济专属权，保证自身海上的经济、政治、交通等一些方面的国家权益。1998年《澳大利亚海洋政策》发布，为海洋规划、海洋开发和海洋管理提供政策支持。同时，澳大利亚对海洋管理制度进行了调整，对海洋进行综合管理并统一执法，并于1999年建立了统一海岸警备队。还着手制定大陆架勘探计划并组织实施，力求扩大海洋管理面积，争取开发海域资源的优势。澳大利亚的海洋发展战略由此开始新的调整。

一是加大对亚太地区海洋事务的领导力。澳大利亚认为，要开发亚太地区的海洋资源，发展海上贸易，首先要维护该地区的稳定。澳大利亚一方面在印度洋地区展开合作，加大同印度、南非的交流，重视印度洋的地位，通过军事演练、贸易合作、共同开发资源等方式稳定印度洋的安全环境；另一方面通过分派自己的海事代表入驻他国，以此参与国际海洋事务的合作，促进该地区的安全稳定。通过制定有效的合作方式，澳大利亚逐步加强对亚太地区的海洋领导权。

二是提高澳大利亚在国际上的话语权。澳大利亚是一个多元化的社会，大约有四分之一的澳大利亚人出生在海外，社会的多样性和共同的价值观使澳大利亚更加容易融入国际环境。在持续保护澳大利亚国家财富和安全的基础上，澳大利亚在2003年发布的外交政策白皮书《促进国家利益》中提到，继续坚持澳大利亚价值观，即自由、民主、平等、协作精神。因此，澳大利亚除继续支持美国，也和新兴力量进行合作，增强在国际体系中的话语权。澳大利亚极度看重亚太发展，开展与东盟的交流，提升对外援助和协作，努力在亚太加强与中国、印度、日本以及印度尼西亚等国家的联系。在对外援助与合作方面，澳大利亚实施了国际援助计划，简称“澳援计划”，其宗旨是帮助发展中国家减少贫困，有利于本国的经济稳定和国家安全，重点是以亚太区的贫困国家为主要援助对象。澳大利亚以此来提高自己在国际社会的形象，承担国际责任，和亚太区域及西方国家开展友好互动，稳定地区防务，发展自身经济。

三是增强对印度洋—太平洋地区相关事务的影响力。在2013年发布的国防白皮书中，澳大利亚第一次使用印度洋—太平洋地区这个称呼。该地区有着非常繁多的贸易往来、能源开采、交通运输等业务，涉及美国、中国、印度等国的利益，澳大利亚因其所属广阔的海域面积，在该地区国家间的经济和安全合作方面有着先天性的地理优势，在其国家发展中具有重要的战略利益。2014年初，澳大利亚宣布增加这个区域内的军事力量，确认在科科斯群岛和澳大利亚西部的利尔蒙斯升级了装备。澳大利亚制定了在南太平洋地区的目标：一是促进南太平洋岛国经济发展，维护国内政治秩序的稳定；二是防止区域外的大国渗透；三是维持澳大利亚对该地区的持续影响力。印度洋地区因石油资源和天然气资源丰富且有着连接欧洲、中东、东非、东亚和澳大利亚重要的海上航线，被称为“海上生命线”重要水道。澳大利亚为了加强与该区域内国家的联系，稳固其地位，增强区域内影响力，一直积极参与该地区的合作，帮助该地区的国家提高经济发展水平和海洋开发能力。

《联合国海洋法公约》

四是保护澳大利亚国家海洋财富和安全。根据《联合国海洋法公约》规定的法定权益，专属经济区从领海基线算起不超过200海里，大陆架为200海里至350海里，24海里的毗连区以及12海里的领海宽度，澳大利亚可进行管理的外大陆架面积大概是250万平方千米。巨大的海洋面积给澳大利亚带来了巨大的利益，因此，澳大利亚十分重视印度洋和太平洋地区的海上安全和经济发展。在1997年发布的外交政策白皮书《关于国家利益》中，澳大利亚把国家利益划分为三个内容，分别是安全利益、经济利益和国家价值观的传播。白皮书中指出，澳大利亚由三大洋包围，其国家安全和经济发展同印太地区的稳定息息相关，海洋为澳大利亚提供了贸易通道，海洋资源和天然屏障。根据2017外交白皮书中的统计，澳大利亚与其他国家和地区经贸往来频繁，并且其他国家、组织和地区在澳大利亚有着巨大的投资额，贸易为其提供了更多的就业机会，带动了经济发展。这说明澳大利亚的经济取决于一个开放的国际市场和具有活力的经济竞争环境，预计到2050年，海洋将为澳大利亚提供1000亿美元产值。因此，在经济发展方面，澳大利亚积极加强与该区域内的国家（地区）和组织合作，为国家（地区）和组织在其境内的投资和经贸提供一个自由公正的环境；在安全维护方面，澳大利亚关注该区域内的军备力量，寻求双边合作，提高“硬实力”，打击恐怖主义，为维护该地区的稳定贡献力量。

加拿大："扇形原则"的理论与实践

加拿大约四分之一的人口在沿海地区居住，国际国内贸易很大一部分也靠海上运输。据估计，海洋产业对加拿大经济的贡献每年在200亿美元以上。海洋环境的健康发展，与加拿大沿海地区居民，乃至全体加拿大人民的经济可持续发展密不可分。合理利用海洋，充分保护海洋环境，保证海洋的可持续开发，已成为加拿大的重要国家战略。

一、提高海洋战略意识，维护海洋主权

1987年底，加拿大的海洋战略正式公布，主要目标是：繁荣和活跃海洋工业，以便提供可靠稳定的就业和经济发展的机会；培养、提高具有世界水平的与海洋有关的科学技术和工程技术方面的专家，增强加拿大在这方面的能力，以此作为未来海洋发展的基础；为加拿大后代国民的利益管理和保护海洋环境及其资源；维护和保护海洋及其资源的主权。为此，加拿大采取六项长期的战略措施：一是使加拿大的各行各业和全体加拿大国民都了解海洋疆土及其对加拿大主权和国民财富的重要性；二是通过工业开发、签订合同和执行政策，来扶持具有国际竞争能力的海洋工业力量；三是建立法律机制，其中包括建立200海里海洋法令，来协调加拿大各部门、各行业的海洋活动和力量；四是加强加拿大与海洋资源有关的科学技术、知识和能力，其中包括加强加拿大的海洋科学的国际地位，协调海洋战略与科学发展战略之间的关系等；五是保护和管理加拿大的海洋生物资源；六是促进加拿大海洋区域中非生物资源（石油、天然气、矿物）的开发。

同时，加拿大通过制定短期的执行计划使海洋战略得以逐步实现。一是加

强国民的海洋战略意识，提高国民认识海洋疆土的重要性。为了执行这一计划，加拿大渔业海洋部建立了全国海洋理事会，其任务是向渔业海洋部部长报告和建议海洋问题和海洋政策，包括涉及加拿大短期和长期的经济发展、科学和技术规划、主权和环境的维护等各个方面。理事会将审议与海洋有关的问题，评论已提出的政策和计划、向政府提供民众的反馈和建议。海洋理事会也将同时起到交流和平衡在开发、利用、管理和保护加拿大海洋的各方利益的观点和意见的作用。二是确定海洋制图和勘探、海洋情报基础结构发展和海洋研究与开发计划，由海洋渔业部、能源部、矿产和资源部负责拟订。其主要作用是：海洋制图和勘探计划将提供传统的加拿大大陆架和毗邻加拿大的深海区域的水文和地球科学情报；海洋情报基础结构的发展计划是对海岸工程和航行提供有效的情报服务，并将使加拿大政府的使命能集中目标和迅速得以完成；海洋研究和开发计划将改善加拿大海洋工业的能力，增强加拿大海洋资源开发和管理的力量。三是着手拟订加拿大海洋法规，包括领海和渔区的内容。加拿大是《联合国海洋法公约》的签署国，也是主要受益者之一。按照这项公约关于专属经济区制度的规定，加拿大作为一个海洋国家，可以在200海里的海洋区域内，充分行使主权和管辖权。这些权利包括：渔业、矿物资源、海洋科学研究、海洋环境保护等。此外，有关渔业、渔业保护、海关和税务、航运、海洋倾废、极地水域的防止污染以及石油和天然气的资源等，已由加拿大的法令规定了这些权利和职责的国内法律效力。

二、提出“扇形原则”，确保可持续开发

加拿大政府明确提出，21世纪海洋战略必须坚持可持续开发、综合管理、预防的措施三个原则，提出四个目标：现行的各种各样的海洋管理方法改为相互配合的综合管理方法；促进海洋管理和研究机构相互协作，加强各机构的责任性和运营能力；保护好海洋的环境，最大限度地利用海洋经济的潜能，确保海洋的可持续开发；力争使加拿大在海洋管理和海洋环境保护方面处于世界领先地位。

该战略确定了加拿大河口、海岸和海洋生态系统未来管理的前景、原则及政府目标。具体地说，支持的重点是：旨在了解和保护加拿大海洋环境的计划和政策；为加拿大经济的可持续发展提供机遇的计划和政策；确保加拿大在海洋领域的国际领先地位的计划和策略。为了确保实现国家海洋的发展战略目标，必须抓好下列工作：

一要加深对海洋的研究。包括进一步观测海洋、研究海洋、调查海洋、分析海洋，应当加强加拿大海洋科技开发的预算分配；制定海洋资源和海洋空间的定义；制定地图、收集监视海洋的资料；提高航行用海图的制作能力；培养海洋科学、技术专家；提高海洋基础资料的精度等。在此方面，加拿大政府在2003年拨款近8亿加元的海洋科技开发经费，制定了海洋资源和海洋空间的定义，广泛收集海洋资料，保护资源开发和海底矿物资源，加强了海洋科学和技术专家队伍建设等。

二要注重海洋空间挖掘与岛屿开发。加拿大毗邻的北极地区自然环境恶劣，岛屿荒石遍布，土壤贫瘠，但岛屿和岛屿之间有水道相连，具有无可比拟的开发潜力。其一通航优势，穿越北冰洋的北极航线是连接两个大洋的海上捷径；其二资源优势，北冰洋地区蕴含着丰富的矿产油气资源。为拓宽海洋空间，取得北极地区的控制权，加拿大政府采取了一系列措施：一是提出“扇形原则”，主张北冰洋沿岸国家自国土东西两端各自向北极点做一条连线，两条连线与该国面对北冰洋段海岸线形成一块扇形区域，在此区域内发现的一切土地，均属于这个国家所有。虽没得到国际法认可，却基本完成了“扇形原则”的实践。二是开辟北极航线，依据国际法关于领土有效占领的两大传统，即先占先得和行政管理，对开辟的岛屿实施占领、驻扎和巡逻。三是定期在北极海域开展军事演习，重申对极圈内领土的控制权。

三要保护海洋生物种群的多样性。要求加强海洋生物种群的丧失和劣化、海洋生物多样性的保护、气候变动的影响、海洋深层水生态系的变化等研究。同时制定相应的措施，包括采取限制捕捞捕杀濒危海洋鱼类和动物的措施。例如为确保青鱼渔业的长期持续发展，2005年渔业与海洋部部长宣布，有效的青鱼围网渔船将被限制在爱德华王子岛东北海岸150英尺以外的水域。另外，南部海湾的诱饵渔业将引进全面的监控系统。在宣布管理措施的同时，还宣布了2005年总容许捕捞限额（TAC），2005年春季渔业的TAC为11000吨（2004年为13500吨），秋季渔业的TAC为70000吨（2004年为73000吨）。为保护鳕鱼、大马哈鱼等鱼种和鲸等海洋动物，加拿大政府投资近5亿加元，建立了各种研究所和保护设施。

四要加强对海洋环境的保护。近年来加拿大的海洋环境也遭到了不同程度的污染。海洋战略强调要加强以下各项研究：海洋水质标准，海洋环境的污染界限标准，对石油等有害物质流入海洋的预防措施和预防体制，以及海洋环境对人类健康的影响等。在此方面，加拿大设立了沿海护卫队，负责保护海洋环境，对化学物品和石油泄漏事故能迅速做出反应，能在很短时间内对大面积污染物进行清除。为应对海洋中的泄漏事故，沿海护卫队设立了72处战略设施。这些措施为保护加拿大海洋环境发挥了重要作用。

五要加强对海洋的综合规划和科学管理。制定面向世界三大洋的海岸带综合管理战略，协调政府和咨询机关的关系，制定新的综合管理计划和相应的海洋法律，加强海洋情报的收集和评价。

六要振兴海洋产业。进一步改善政府对海洋产业的管理体制，加强政府与民间企业的协作，加强石油和天然气开发与管理，掌握海洋产业动向，加强沿海的海洋观光业，加强对商业化的研究等。

印度：把印度洋变为印度之洋

印度位于印度洋北部中心位置，其所在的南亚次大陆具有独特的地理特征：北依喜马拉雅山，西起阿拉伯海，东临孟加拉湾，南部是浩瀚的印度洋，形成了一个大致封闭的自然地理个体。在次大陆内部，印度处于中心位置，领土面积占次大陆总面积的67%，海岸线长达7600千米，沿岸拥有近200多个港口，在阿拉伯海和孟加拉湾有大小近1200个岛屿，其中某些岛屿离印度本土达1500多千米之

印度最大的港口——孟买

遥，印度半岛深入印度洋达1600余千米。印度在印度洋的地理位置得天独厚，使印度具有了成为海权大国的自然条件，而且在印度洋沿岸40多个国家中，印度的国土面积最大、人口最多、资源最为雄厚，这些都是印度成为海权大国的优越自然条件。从发展阶段来看，印度的海洋战略主要经历了以下三个时期。

一、维护海洋安全，扩大海上贸易

1947年8月印度独立初期，国民经济基础相当薄弱，以尼赫鲁为首的国大党确立了集中力量发展经济的总方针，实行“先富国、后强兵”的发展政策。尽管如此，印度并没有忽略海洋的重要性。独立后不到一周，印度就发布了一份《重组和发展皇家印度海军的纲要计划》，旨在强调印度要改变在英殖民主义时期对海上贸易不感兴趣的态度，主张扩大海上贸易，强调建立强大海军是获得世界尊重的必要条件。印度通过改造英印殖民军体系建立了新的国防体系，但基本沿用了英殖民主义时期的建军方针：“以陆军为主要军种，空军为陆军的支援军种，海军负责沿海防御”。1948年，印度海军总部拟定了一份覆盖10年的海军扩张计划，目标仍定位于维护沿海安全，把拥有航母作为印海军发展的目标之一。但这段时期印度的军费开支整体处于较低水平，海军在海陆空三军中军费预算占比最少。1957年，印度颁布了首份《海军法案》规范性文件，主要针对内部人员的法律规范条款。1961年印度获得了首艘航空母舰“维克兰特”号（Vikrant），成功跨入了世界“航母俱乐部”，成为亚洲第一个拥有航母的国家。但1962年中印边境战争失败后，印度加大了对国防建设项目的投入，组建了新的山地师和扩大了空军规模，海军预算遭到了大幅削减，使得印度海军仍只局限于“褐水海军”角色。

二、建设“远洋海军”，加强对印度洋的控制

印度通过1971年印巴战争基本实现了支配南亚地区的战略目标。然而这场

战争几乎成了印度军事战略的一大转折点，其间，“美国派出‘企业号’航空母舰（USS Enterprise），这成为凸显印度需要强大海军的里程碑事件”。美国的核恐吓令印度一直耿耿于怀，在一定程度上改变了印度对海上力量的看法。同时，英国军事力量在1971年从苏伊士运河以东全部撤离，在一定程度上为印度创造了自由制定海洋战略的空间。这段时期印度迅速增加了对海军的军费投入，但英国的撤离也是一把“双刃剑”。一方面，印度获得了在印度洋海域自由发展的独立性；但另一方面，“权力真空”又为地缘政治竞争打开了“阀门”，印度洋成为美苏冷战的竞技场。为加强对印度洋的控制，印度提出了建设“远洋海军”的计划，并于1976年成立南部海军司令部（此前分别成立东部和西部海军司令部，并于2001年组建远东海军司令部）。到了20世纪80年代，印度军队进入了全面发展的黄金时代，其中海军军费增幅最大，占国防开支的13%左右。这时段印度努力实现海上军事装备的现代化和本土化，分别完成了对“维克兰特”号航母的现代化改装和“维拉特”号（INS Viraat）新航母的购置，同时装备了3艘国产“戈达瓦里”级（Godavari）导弹护卫舰和2艘国产“库克里”级（Khukri）导弹护卫艇等。但从独立到1990年的这段时期内，印度还未形成整体的海洋观，对海洋的涉及多是军事安全性质的，以近海防御为主。同时，印度通过主张不结盟运动来向印度洋沿岸国家施压避免他们与域外国家结盟，以确保印度在该地区的中心地位。20世纪70年代，为了防止印度洋地区沦为美苏大国的新冷战场，在印度的影响下，斯里兰卡向联合国正式提出了建立“印度洋和平区”的倡议。

三、炒作“印太”战略，力图使印度洋变为印度之洋

21世纪以来，印度不囿于已取得的海上利益，而是青睐起全球扩展战略。实施海洋“西挺东进”战略，东扩进入南中国海，涉足西太平洋，南扩绕过好望角，驰骋大西洋。在目标设计上，继续坚持使印度洋真正变为印度之洋；在战略方针制定上，以军事为后盾，坚持文武并举，在制定了以控制印度洋为目的的海

军25年现代化计划的同时，又在竭力加入东盟和亚太经合组织，还与南非等国一起，致力于印度洋经济圈的建立；在战略环境分析上，密切关注周边与世界海军国家对印度洋的企图，因为冷战结束后，印度洋的地位并没有降低，美国始终没有放松对马六甲海峡到波斯湾之间战略通道的维护，俄罗斯也加快了进入印度洋的步伐，中国和巴基斯坦更是印度提防的重点；在战略目标实现上，突出远洋纵深防御，建立一支强大的远洋海军，对其他海上强国进行威慑，同时积极开展对沿岸国家的外交活动，逐步将它们纳入其战略轨道。

1. 战略范围

坚持印太战略中的印度洋重心。2007年1月，印度海事基金会学者格普利特·库拉纳在《战略研究》期刊上发表题为《海上运输线路安全：印太合作前景》一文，公开提出了“印太”概念，并先后获得了日本、美国和澳大利亚的承认。“印太”概念最初提出的目的在于把印度纳入亚太地区，避免印度被边缘化。尽管如此，由于战略资源有限，印度的战略利益范围主要从非洲东海岸、中东地区延伸到东南亚地区，仍以印度洋地区为核心。印度洋是印度的主要利益关切，涉及维护海上安全通道的需要、对中东和非洲东海岸油气资源的依赖等。此外，中东地区是印度主要海外汇款来源地，据2015年皮尤研究中心关于世界范围内汇款流动情况的统计数据显示，其中来自阿拉伯联合酋长国的汇款约125亿美元居首位，其次是美国，第三是沙特，来自中东的印度劳工汇款对于印度的外汇来源具有重要影响。

随着“一带一路”倡议的实施，中国加强了与印度周边国家在经济、港口和能源项目上的合作，加上中国海军近年在印度洋地区影响力日渐上升，进而强化了印度对中国的战略疑惧，对此印度则加大对印度洋沿岸国家的经济和军事支持力度以达到制衡中国的目的。2016年4月，印度同意为马尔代夫发展港口基础设施，并计划向斯里兰卡投资20亿美元以用于发展亭可马里的港口、石油提炼加工等项目。2017年4月，孟加拉国总理访印期间，莫迪宣布印方将向孟方提供5亿美元贷款用于支持孟方的防务采购，并额外提供45亿美元的优惠贷款。对于具有重要战略价值的非洲东海岸岛国毛里求斯，同年5月毛里求斯总理访印期间，莫迪宣布向对方提供5亿美元贷款用于国内发展。同时印度在毛里求斯的阿加莱加群岛建设用于监听目的的机场和码头。印度海军还对毛里求斯、塞舌尔以及马尔代夫的专属经济区进行定期巡逻和水文调查。10月，印度总统对具有重要地缘战略位置的吉布提进行了正式访问，以寻求在吉布提获得更多的经济合作机会。此外，由于印度与海湾国家关系已从传统的能源、外出劳工、经济合作领域延伸到了安全与防务合作领域，印度领导人近年对东非、地中海沿岸国家以及海湾地区国家访问频繁。2015年8月，莫迪高调出访阿联酋，这是34年以来印度总理首次访问阿联酋，双方签署了一个全面战略伙伴关系的协议。2016年4月，莫迪访问沙特时，双方发表联合声明强调将提升在海湾和印度洋地区的海上安全合作。2017年5月，印度海军和国防部部长同时对阿曼进行了访问，双方签署了4个涉及防务和海洋合作的备忘录。印度与印度洋沿岸国家日益增多的合作进一步表明了印度洋对印度的战略重要性。

2. 战略目标

强化在印度洋地区安全保障者的角色。近年，印度从印度洋地区安全领域的被动角色逐步演变为地区安全的积极塑造者和维护者，更具主动性。比较明显的表现是，2015年10月印度海军发布的《确保海洋安全：印度的海洋安全战略》与2007年发布的《自由使用海洋：印度的海洋军事战略》相比，“自由使用”被提升到了“确保安全”，更加突出了对“安全”的考虑，同时对印度在印度洋地区作为安全保障者的角色定位更清晰。印度还扩大了其主要利益范围，2015年的海洋战略文件在对印度主要利益区和次要利益区进行界定时更加详细、涵盖范围更广。较为明显的区别是把2007年处于次要利益区的红海提升为了主要利益区，并把非洲东部沿海区域也视为印度的主要利益区。而在2015年的次要利益区划分中把西太平洋、中国南海、东海等都明确纳入了其利益范畴。利益区范围的不断扩大将促使印度增加对这些区域的关注，在主要利益区中，印度将强化作为地区安全保障者的角色。

值得注意的是，2015年，印度首次在官方文件中承认将承担印度洋地区“净安全提供者”的责任，并在文中多次提及。而从概念起源来看，可追溯到2009年国际战略研究所（IISS）在新加坡举行的香格里拉对话会议，正是在本次会议上，美国国防部部长罗伯特·盖茨首次提出，“我们期待印度成为一个合作伙伴和印度洋以及以外地区的安全‘净提供者’”。印度官方近年来开始公开承认该概念，2015年10月在联大会议上，印外长表示“印度已崛起为一个净安全提供者”。2016年8月，在新德里举行的第二轮美印战略与商务对话会上，印外长表示，希望扩大印美防务合作以帮助印度更好地承担其所期待的印度洋地区净安全提供者的角色。2017年9月，在科伦坡举办的印度洋会议上，印外长秘书苏杰生发表演讲时总结了印度对印度洋区域的四大主要贡献，其中明确指出作为净安全提供者，印度要综合利用各种手段承担更多责任，谋求印度洋区域整体的安全与发展。随着印度综合国力的不断上升，这种身份认知将进一步强化，并影响印度未来在该地区的安全政策。

3. 战略手段

深化双边、多边海上安全合作。积极参与双边、多边海上安全合作是印度长期以来的一项政策。印度海军在促进与印度洋周边国家间合作方面发挥了重要作用。在印度海军的四项职能中，外交职能是重要一项，主要通过海洋部署、联合军演、港口访问、外国舰队接待、海上巡逻、技术与后勤支持等发挥印度海军外交的职能，以增强印度与相关国家的政治关系和防务关系，营造一个有利的海洋环境。印度海军近年与其他国家进行双边或多边海上安全互动比较频繁。例如，印度海军与缅甸、泰国、印尼、坦桑尼亚、澳大利亚、以色列、日本、马尔代夫、新加坡、斯里兰卡、英国以及美国等的广泛合作。根据印度海军部发布的与外国海军联合军演、国防部发布的《2016—2017防务年度报告》综合显示，2016年印度主要参与了9次相关海上军事合作，包括军事演习、联合海上巡逻、海外人员培训等。

菲律宾：谋求群岛国利益最大化

菲律宾位于东南亚东部，西濒南中国海，东临太平洋，北隔巴士海峡与中国台湾地区遥遥相对，南和西南隔苏拉威西海、巴拉巴克海峡与印度尼西亚、马来西亚相向。菲律宾全国共有大小岛屿7107个，总面积30万平方千米，海岸线总长约1.8万千米，众岛南北向排列，其中吕宋岛、棉兰老岛、萨马岛等11个主要岛屿占全国总面积的96%。1946年，菲律宾摆脱美国的殖民统治、建立独立主权的国家后，菲律宾先后发布了《关于确定菲律宾领海基线的法案》和修正该法案的法律，依据三个国际条约，将条约线与其领海基线之间面积达282 394平方海里的海域划为领海。

一、立足群岛国地位，发展海洋经济

20世纪80年代，由于管辖海域扩大，菲律宾政府着手制定多项发展海洋渔业政策，并提出合理开发海洋生物资源、加速发展海水养殖、满足本国需要、提高渔民生活水平等海洋经济发展目标。1994年，菲律宾政府根据拉莫斯总统的命令制定了国家海洋政策，其核心是强调菲律宾的群岛国地位，并从这一国情出发调整了国家海洋发展战略。1998年11月，菲律宾召开了第一届海洋高峰会议，会议的主要目的是评价国家海洋政策的落实情况，并决定每年召开一次海洋高峰会议，在内阁海洋事务委员会框架内不断完善国家海洋政策。

二、挑动海上争端，争夺海洋权益

由于地理位置的原因，菲律宾同马来西亚、印度尼西亚、文莱、日本等国家主张的领海或管辖海域存在重叠。随着《关于确定菲律宾领海基线的法案》及之后一系列法令的颁布，菲律宾逐步要求扩大自己的海洋领土与海洋权益，这一行为遭到了包括周边国家及美、苏、澳等大国在内的世界各国的反对。随着专属经济区制度的建立，菲律宾要求海洋领土与权益的欲望越来越膨胀，同周边国家的争议也越来越深。但菲律宾本国的国力有限，特别是自20世纪90年代开始，美国逐渐在菲撤军，而菲律宾国内反政府组织活动猖獗，且海岸线相对较长，因此，在海洋领土与海洋权益等方面菲律宾根本无力同周边国家对抗。在海洋争端上，菲律宾经常采取一些过激行动，一方面借此转移国内的视线，另一方面力图使这些矛盾国际化，寻求其他国家的介入。

三、强化海上安全，谋求海洋利益最大化

21世纪以来，菲律宾政府提出，由于人口的增加和以陆上为基础的产业发展受限，必须从以陆上为基础转向以海上为基础，并要求保护海洋生态，管理海洋经济和海上安全，建立适当的基础设施和发展信息技术，生产有竞争力的海洋产品和服务业，以最大限度地谋求海洋利益。为了与东亚海洋强国的战略目标相匹配，菲律宾强调必须强化航海业、造船业和拆船业，建立和保持一支充满活力的综合性商船队，加强符合国际海洋组织标准的海洋教育和培训，增强与航运相关的基础设施建设，以及编撰海洋法大全。为进一步扩展管辖海域面积，2009年3月，菲律宾通过了新的《领海基线法》，并继续在其所占领的岛屿驻军。2010年2月，阿罗约总统签署了《菲律宾海岸警卫队法》，并计划在5年之内投入400亿比索（约59亿人民币）用于海军建设。此外还出台《菲律宾国家海洋政策》《菲律宾21世纪议程》《2017—2022菲律宾发展计划》等一系列法律法规和政策文件。

根据《菲律宾国家海洋政策》的基本内容，可以归纳出菲律宾在推动海洋发展的过程中的四个重点关注的目标：强化海洋安全，确定国家领土范围，海洋经济管理，保护海洋生态环境。海洋安全作为菲律宾海洋战略的首要目标，是维护

国家领土完整、发展海洋经济以及保护海洋资源完整性的前提和重要支撑。在菲律宾海洋利益的框架内，发展海洋经济，是菲律宾经济发展的主要目标之一，包括海洋渔业管理，能源供应，发展海事部门的技术能力，促进海洋领域的投资以及加强海洋事务方面的区域合作等。海洋生态保护是在海洋资源开发利用的基础上，为实现可持续发展目标而对海洋环境进行的多方面管理维护。

为了实现海洋战略目标，菲律宾政府采取了一系列措施与行动。第一，强化海洋安全，加强海上武装力量建设。菲律宾国防部（DND）2012年发布的国防报告白皮书提出实施国防转型计划（PDT），旨在有效应对21世纪不断演变的安全挑战。第二，确定国家领土范围。菲律宾政府自1961年以来就发布多个总统令，用以确定其领海范围和海洋权益。《联合国海洋法公约》生效后，菲律宾据此划定领海基线，确定其200海里专属经济区和350海里的大陆架，并与周边国家争夺岛礁主权及海域管辖权。第三，发展海洋经济，推动海事工业的发展。菲律宾目前主要有海洋渔业、海洋交通运输业、滨海旅游业和海洋油气业四大海洋产业。渔业和旅游业发展速度较快，是菲律宾的支柱产业。第四，建立海洋管理体制，保护海洋生态环境。为加强海洋生态保护管理，菲律宾政府通过全面的信息发展计划，采用多层次管理模式，推动海洋研究，提高国家海洋意识。尽管取得了一些进步，但同东南亚其他国家相比，菲律宾的海洋实力仍然处于较低水平，尤其是在海洋安全和海洋经济方面。在美国提出印太战略之际，其战略能否与菲律宾海洋战略相互契合，是影响美国印太战略在菲律宾成长的一个重要问题。

越南：由近及远　靠海致富　“东进”扩张

越南位于中南半岛的东部，面积约为33万平方千米，呈狭长条带状，南北长1650千米，东西宽600千米，其东部和南部面对广阔的南海，北部与中国接壤，西部与老挝和柬埔寨为邻。

一、由近及远，逐步开发利用海洋

由于历史上多次国土变迁和长期被殖民以及重农传统等多种原因的影响，早期的越南对海洋并无太多认识。直到20世纪70年代后期统一后，越南才开始真正认识和重视海洋。各级政府部门相继颁布了一系列旨在维护国家主权和开发海洋资源的海洋政策及有关法律文件，单方面宣布越南专属经济区约210 600平方海里，其中大部分属于与别国有争议的海域，且其主张的大陆架范围，大部分在我国南海传统海疆内。1980年，越南和苏联签署了所谓的“越南南方大陆架”石油和天然气勘探开发合作协议，公然侵犯了中国南海海洋主权。

由于当时越南政府正集中力量发展军事，主张以军事手段推行霸权政治，而对国内的海洋管理很松懈，海洋经济发展也比较落后。20世纪80年代中期，亚洲“四小龙”及东盟国家的经济调整和发展，对越南形成了巨大压力。越南与上述国家经济发展水平的反差使越南产生了前所未有的危机感和紧迫感，越南政府认识到，必须大力发展经济才能在日后的综合国力较量中处于有利地位。1986年越南共产党“六大”大幅度调整了国家战略，将其重点由国防建设转向经济建设，手段由以军事为主转向发展综合国力，以确保在印支的既得利益。此后，越南全面实行革新开放，海洋事业开始受到政府重视，提出“由近及远”的海洋发展战略，即先开发近海（领海和大陆架），而后是远洋（要与世界各国共同研究和开发大洋）。在财力不足的情况下，越南实行重点开发管理政策，确定海洋事业要优先发展水产、石油和天然气开采等产业。

为了改变本国海洋管理及资源开发的落后状况，1991年，越南共产党“七大”提出了从那时起至2000年关于发展海洋事业的任务和方向，即对海洋资源的巨大潜力逐步进行全面的开发，发展海岸带与海岛经济，加强海洋经济区的管理。1996年，越南共产党“八大”提出制定国家经济发展规划，随后，越南制定了《1996—2000年发展规划纲要》。1997年，越南又制定了国家海洋发展政策，确定要有效地开发可再生和不可再生的海洋资源和沿海资源。

二、靠海致富，“东进”扩张

2001年4月，越南共产党召开第九次全国代表大会，提出构建海上及海岛经济发展策略，把保卫海洋权益、全面开发利用海洋资源置于战略的高度。越南共产党“九大”以来，越南加快了经济发展步伐，海洋经济成为越南促进经济发展的主要内容之一。2006年越南共产党“十大”后，海洋战略得到了进一步的提升和完善。2007年1月，越南共产党十届四中全会讨论并通过了《至2020年越南海洋战略规划》，提出：面向海洋、面向未来，努力使越南成为一个“海洋强国”，“靠海致富”，牢固捍卫国家海洋主权和权益，为国家保持稳定发展做出贡献。这是越南海洋战略的新发展，体现了越南实施海洋强国战略的国家意志。

越南在发展海洋事业的同时，始终重视海军建设。为了弥补海军力量的不足，越南在海上实行全民国防策略，动员全民族力量保卫越南领海权益。越南国会通过法案，批准组建海上民兵，保卫其海洋领土。法案草案条文规定，民兵将“与边防卫队、海军、海警以及其他部队合作，保卫国家边境安全和越南海洋区域主权”。越南非常重视海岛建设与发展，制定海岛经济发展规划及特别优惠的政策鼓励人们定居海岛以发展海岛经济。2010年1月15日，越南总理阮晋勇签署了一项新法令，规定越南在2010年行动计划中优先保护“东海”（即中国南海）的海洋主权，试图“东进”扩张。2012年出台的《越南海洋法》，竟将中国的西沙群岛和南沙群岛包含在所谓越南“主权”和“管辖”范围内。总之，在主张南海岛屿主权的南海国家中，越南占据的岛屿最多，既得利益最多，实质性动作也最频繁。

越南海洋战略由统一初期的海上扩张调整为内治型，加快发展海洋经济，进而建设海洋强国，充分体现了越南已将海洋意识融入强烈的民族意识中。

世界临海国家海洋发展战略的经验启示

世界各国发展历史和地理环境的不同，使得其海洋战略具有各自不同的特点。如英国海洋强国的崛起源于其对海外财富的渴求，美国成为海洋强国有其独特的地理、移民和政治优势，同时有第一次世界大战、第二次世界大战的历史机遇等。虽然不同国家走向海洋强国有不同的战略路径，但也存在一些共性特征：谋求国家利益始终是海洋战略的核心目标，海军力量是海洋强国建设的重中之重，综合国力是海洋强国兴衰的决定性因素。建设海洋强国必须有明确的政治意愿、坚实的社会经济基础和先进的科学技术支撑，总结分析世界临海国家海洋发展战略的特点，具有重要的借鉴意义和现实启示。

第一，制定和实施国家海洋发展总体战略。

沿海国家的生存发展总是与海洋息息相关。世界海洋强国在开发和利用海洋的过程中，普遍认识到国家海洋政策和法律的重要性，制订高规格的海洋发展战略和政策，将走向海洋纳入国家大战略（如美国的《21世纪海洋蓝图》），或者不断建立健全国内海洋法律体系（如《英国海洋法》和日本的《海洋基本法》）。中国于2021年底发布了《“十四五”海洋经济发展规划》，除此之外，我们还应借鉴别国适时制定海洋发展总体战略和实施策略的经验，按照党中央的部署以及国民经济和社会发展“十四五”规划的总体要求，围绕建设海洋强国的目标，立足国家长远发展的需要，抓紧制定出台我国的海洋发展整体战略，明确我国中长期海洋发展的战略目标、指导思想、基本原则、战略重点、实施策略和保障措施，为指导我国海洋事业的长远发展提供基础保障。

第二，完备海洋管理政策法规体系。

加强海洋法治建设是促进海洋资源环境管理体制形成与完善的重要条件。世界海洋大国无一例外都建立了系统的法律法规，并不断修改和完善。首先，我国应以《联合国海洋法公约》为基础，加速海洋资源环境开发与管理的立法。要将符合我国国情的发展海洋事业的方针、政策、规划和行之有效的重大管理措施以法律形式固定下来，逐步建立起既与国际公约接轨又符合我国海洋管理实际的法律、法规体系。其次，对已经出台的海洋法律，应尽快制定相应的配套法规。此外，在加强海洋法治建设的同时，也要加强海上执法的监察力度，改善执法手段和执法设施，为海洋资源环境管理创造一个良好的法制环境。

第三，完善综合协调的海洋管理体制。

设置什么样的海洋行政管理体制，是沿海国家都很重视的问题。国外管理海洋事务的体制有多种模式，各沿海国家的海洋管理体制大多是分散的，需要建立综合协调的海洋管理机构或机制来保障管理的效率。美国、俄罗斯等海洋大国与中国类似，海洋事务都涉及十个以上的部门，建立海洋政策决策协调机制是他们的共同做法。例如，日本设在内阁官房的综合海洋政策本部，对统一协调国家涉海事务发挥关键的作用；美国总统办公室下设海洋政策办公室，国会的海洋政策机构等。美国新的海洋政策要求加强联邦政府各部门间的横向协调，以及联邦政府、州政府和地方政府间的纵向协调。我国历次政府机构调整都要涉及海洋管理体制问题。这说明了国家对海洋工作的高度重视，海洋管理体制的改革必将对海洋事业的发展起到极大的促进作用。因此，大胆尝试机制创新，提升海洋工作统筹协调的能力，进一步强化海洋综合管理，从政策制定、规划运筹、战略实施等方面综合施策，把海洋强国建设的各项任务落实到位，显得尤其重要。同时，有必要根据国家行政管理体制改革的新进展和海洋管理的新形势，进一步完善海洋工作的机构，形成更加科学的管理体制。

第四，强化科技创新对海洋事业发展的支撑作用。

人类对海洋的探索和开发的每一次进步，都离不开海洋科技的发展。从世界范围看，一个国家海洋科技水平的高低决定其海洋实力的强弱。海洋领域内的竞争其实质是科技的竞争，海洋科技竞争的焦点在于海洋的高新技术。世界各国竞相制订海洋科技开发规划，把发展海洋科技摆在走向海洋的首要位置。2007年，美国发布了《规划美国未来十年海洋科学事业：海洋研究优先计划和实施战略》，对其海洋科学事业的发展进行了规划，重视海洋科技对于海洋事业的引领作用。从英国的海洋战略发展历程看，海洋科技发展战略也是英国海洋战略的重要组成部分。为此，我国应引进吸收国外的先进科学技术，进一步实施科技兴海战略，加大对海洋科技的研发投入，设立海洋重大关键技术专项，积极开展海洋可再生能源利用、海水淡化、油气勘探开采储运、高端船舶制造和高端工程装备、海洋环保、海洋生物等关键技术的研发，重点跟踪和发展海洋战略高科技开发，如深海资源、海洋药物及生物基因、海水综合利用、海洋能源、遥感技术、全球气候变化等。加快海洋调查、探测、观测等重大海洋技术设备的自主开发和国产化，大幅度提高我国海洋科学研究水平和创新能力。

第五，加强海洋教育和提升海洋意识。

海洋意识是建设海洋强国的思想意识基础。中国是世界上最早开发利用海洋的国家之一，但是，在很长的历史时期内疏远了海洋，海洋意识的淡化，成为制约建设新时代海洋强国的思想意识障碍。因此，应加强海洋教育和海洋意识的普及。要在从事涉海事业的人群中开展海洋意识教育工程，使这些人群更深入了解走向海洋的战略意义，为建设海洋强国努力奋斗；要在全国民众中开展海洋意识培育工程，形成支持走向海洋、建设海洋强国的民族意识，形成支持海洋事业发展的民众基础；要提高各类海洋专业技术的教育水平，按照海洋事业发展的总体要求，系统培养各类涉海人才。

大国海洋安全战略

进入21世纪，在经济全球化和“海洋世纪”的双重影响下，世界各国利益范围迅速扩大，安全视野不断拓展，海洋安全作为国家安全不可分割的重要组成部分，地位和作用有了空前提高。党的十八大以来，习近平总书记高度重视我国海洋事业的发展，发表了一系列重要论述，从国家安全、经济建设、国际合作等方面阐明了海洋强国的重要意义，为海洋强国建设指引了方向。这充分体现了党的领导核心对海洋安全这一领域的高度重视，也标志着海洋安全问题已经上升到我国建设海洋强国的国家战略层面。

中国作为一个海陆兼备的大国，国家的发展离不开良好的海洋安全环境。随着临海国家对海洋利益诉求的增多和海洋开发手段的改善，我国海洋安全方面不稳定的因素增加。因此，建设海洋强国必须居安思危，在借鉴他国海洋安全战略的基础上，自觉增强海洋安全意识，切实提高维护国家海洋安全的能力，在维护国家海洋安全的过程中努力推进海洋强国目标的实现。

美国：“亚太再平衡”和印太战略

一、“亚太再平衡”战略

伴随美国“重返亚太”战略的提出以及“亚太再平衡”战略的深化，美国遏制中国的意图已然明显。美国传统基金会专家彼得·布鲁克斯毫不掩饰地称：“毫无疑问，在未来数年内，中国的发展壮大将会对亚洲安全环境的内涵和结构产生重大的影响，从而直接影响美国的亚洲利益。”因此，美国频频对中国周边国家进行渗透，企图通过中国与邻国的争端，尤其是海洋问题，实现亚太地缘战略利益的最大化。

从亚太战略整体的谋篇布局来看，美国希望借助在理论基调、整体布局和具体部署等层面的政策，保持中国海洋争端问题时刻处于可控的范围内。这既可使中国的海洋争端深陷困境，遏制中国的崛起；又可避免因与中国“正面交锋”，而导致海洋争端进一步恶化，影响美国的战略利益。

1. 理论基调：支持与中立统一

在“三海一洋”中，美国理论基调层面的主要政策是支持与中立相统一。无论中日东海争端还是南海争端或是其他争端，美国都透过不同形式的支持推动相关争端国对中国采取强硬的态度，以消耗中国的软实力，增添中国海洋维权的综合成本。美国智库学者认为，如果美中两国之间发生严重的武装冲突，不仅不利于美中各自的发展，而且会导致灾难性的后果。要避免和中国的正面冲突，美国应实施多重战略，在加强与盟国发展的同时，拉拢更多的“新伙伴”，以强化中国周边国家或地区的军事实力，对中国进行威慑和牵制；不仅如此，还应迫使中国加入能对其有所限制的地区或全球性组织，减缓中国地区影响力的提升，束缚中国“有所作为”。美国支持与中立相统一的政策，尤为突出表现在中日东海争端和南海争端中。在中日东海争端中，美国以钓鱼岛争端为基点，借强化美日同盟体系，直接影响日本在东海争端的态度变化与政策制定，引发中日矛盾的持续升温，使中日关系难以调和。美国的东海政策，一方面，强调对钓鱼岛问题“不持立场”；另一方面，通过财政法案等，明确对日本的支持，以实现牵制中国、主导亚太的战略意图。在南海争端中，美国实现从“不介入”到“介入但不陷入”的政策转变。但此时，美国并非实质意义上的“介入”，仅停留在表面。直至美国政府高调宣布“重返亚太”“亚太再平衡”战略后，才真正确立了美国现阶段的南海政策。一方面，主张“中立立场”，提倡“航行自由”，鼓吹中国“负责任”；另一方面，通过提升外交合作，加强军事增派，或明或暗地支持相关争端国。其中，美国就利用深化美菲同盟体系，在南海形成相对稳定、基于规则的美国主导模式，对中国进行遏制。这一理论支持美国在南海的战略层面，而非战术层面的介入，避免卷入战争的漩涡，又可达到战争的目的。

值得注意的是，在美国“亚太再平衡”战略中，美国总统奥巴马对中国政策具有两面性，既要防范和遏制中国，又要谋求与中国的接触与合作。防范和遏制并不意味着侵犯或占领。2012年，奥巴马明确指出：“中国既是对手，也可能成为潜在的伙伴。”因此，作为地缘竞争最激烈、境外涉入强度最大的东亚地区海洋争端，便成为美国最佳的切入点，既支持又中立的“模糊”基调，加剧了海洋争端的复杂化、多样化和国际化，使无论争端国还是声索国或是参与国都必须依靠美国，实现美国利益最大化。

2. 整体布局：强化与遏制并存

美国不断加快“亚太再平衡”的步伐，其战略意图异常明显，整体布局体现为强化与遏制相并存。海洋的控制权尤为关键。中国要想成为海洋强国，势必遭受来自美国的正面干扰。历史上，中国只是一个传统的陆权大国，军事实力的发展通常仅限于陆地领域，极少涉及海洋领域，不会对美国的海洋权益产生有效的威慑，更不会对美国的全球领导地位产生实质性的影响。但如果中国成为海洋强国，必将拥有陆海兼备的综合实力，直接威胁着美国的全球领导地位，首当其冲的就是亚太地区。美国前国家安全事务顾问范亚伦认为：“中国为取代美国，成为亚洲主宰，不断对美国在亚太地区的军事和外交施加压力。美国应加强对中国的制衡，强化在亚太地区的军事部署与战略结盟，深化国家间的安全合作。”美中经济与安全评估委员会亦称：“亚太地区的力量对比正因中国的军事变革而发生变化，并对美国的主导地位产生严峻的挑战。美国应加强与该地区盟友的军事合作。”鉴于此，奥巴马上台后，先后公布了一系列的评估报告和战略纲领性文件，大肆渲染“中国威胁论”，并不断强化在亚太地区的军事存在和影响力。其中，《四年防务评估报告》明确指出，美国未来的战略重点在亚太，矛头直指中国。《维持美国的全球领导地位：21世纪国防的优先任务》强调，美国将继续强化与盟国的关系，拓展与伙伴建立更广泛的合作体系，以实现和维护整体的战略利益。对于中国正在提升的“区域拒止、区域反介入”能力，美国需确保具备应对能力，以防范“潜在对手”中国。这是美国首次以战略报告的形式突出美国“应对能力”的建设，针对性毋庸置疑。《亚太地区美军态势战略》报告亦指出：“近期，中国海洋活动愈益频繁，亚太地区正面临急剧上升的风险。为应对‘反介入、区域拒止’等威胁，美国应更加努力，加强与亚太盟友的联系，以顺利实现地区再平衡的战略目标。”

随着美国“亚太再平衡”战略的不断发展，美国利用中国周边复杂的海洋形势，从多方面入手，强化整体布局，竭力遏制中国的崛起，以维护和巩固其在亚太的主导地位。东海方向，美国政府不顾历史事实和现实共识，充分利用钓鱼岛问题，激化中日矛盾，不仅声称《美日安保条约》适用于钓鱼岛，还多次举办联合军演，明里暗里支持日本修改和平宪法，使日本军国主义势力不断膨胀，严重威胁着中国的周边安全与稳定。南海方向，美国一方面宣称“航行自由”“海洋资源合法开发”，以强化在该区域的军事部署，实现“基本利益”的诉求；另一方面，通过海洋争端，激化中国与东盟国家的矛盾，使南海问题国际化、多样化和复杂化。黄海方向，美国继续加强与韩国的军事同盟关系，让韩国在美国的“保护”下提升与中国抗衡的实力；同时，美国在东北亚的影响力和综合实力也得到进一步巩固和强化。印度洋方向，美国利用印度的传统优越感以及对中国崛起的危机感和警惕感，努力发展与印度的伙伴关系，视印度为“21世纪对美国的安全与繁荣具有重大决定性作用的国家”，以维护其在印度洋的地位，实现抑制中国的“野心”。总之，从美国“亚太再平衡”战略的整体谋篇布局来看，美国已然构建起对中国的战略包围圈，使中国的周边安全环境，尤其是海洋空间的发展，处于极为不利的地位，防范和遏制中国的意图昭然若揭。

3. 具体部署：军事与政治协调

出于地缘政治、意识形态等多重角度的考虑，美国对中国战略的传统思维中更多地视中国为潜在对手，特别是海洋问题。因此，自奥巴马政府推行“亚太再平衡”战略以来，美国不断扩充在亚太地区的军事实力，将军事与政治相协调，以阻碍中国海洋权益的维护，威慑和遏制中国的发展。具体部署主要表现在：

第一，强化美日、美菲等军事同盟体系，夯实地区政治秩序主导权。随着亚太地区的不断发展，美国深感要夯实在该地区的主导权，必须强化与既定盟友的同盟关系，并不断拓展与印度、越南等国的伙伴关系。在此基础上，美国以南海问题为关键点，使南海与东海、黄海、印度洋产生联动效应，以维护在亚太地区的战略需求，深化印度洋和太平洋的印太战略。东北亚方向，美国通过军事交流与合作，继续强化与日韩的同盟关系，帮助两国提升与中国相抗衡的实力。东南亚方向，美国除大力加强与菲律宾的军事同盟关系外，还积极发展与印尼、缅甸、老挝等的伙伴关系。通过“亚太再平衡”战略，美国冲击了东亚的合作进程，削弱了东盟内部的凝聚力，使东盟国家因南海问题而对中国政策摇摆不定，投机性加强。南亚方向，美国极力拉拢印度，为印度提供大量的先进武器装备，以增强印度制衡中国的军事实力，使印度在印度洋发挥更大的影响力，从而抑制中国在印度洋实力的发展，加剧中国海洋争端的复杂化。正因美国强化了与亚太地区相关国家的关系，尤其是军事领域方面，进一步夯实了其在亚太地区政治秩序的主导权。

第二，加强对美国前沿军事基地的建设，扩大地区政治影响力。自美国单方面退出《限制反弹道导弹系统条约》后，国际安全和战略稳定的基石发生动摇，极大冲击了现存的军控体制。美国之所以如此，目的就是使其研发多层导弹防御系统合法化，为今后发展和部署各种外空武器扫清法律上的障碍。因而，随着亚太战略的不断发展，美国通过基地建设，安置最先进的武器装备，强化实时打击能力，加紧研制和部署“亚洲版”导弹防御体系，深化“空海一体战”作战理念，以遏制中国海洋领域的发展。新版《国家军事战略》明确表示，美国军事力量发展的重点是核武器、导弹防御体系、太空以及网络技术的实战化。其针对中国的意图显现无疑。不仅如此，美国还对中国实施军事技术和武器装备上的封锁和禁运，阻碍中国与其他国家加强军事合作与交流，使中国不得不投入更多的人力、物力和财力用于新式武器的开发与研制。同时，美国的军事基地遍布全球，仅亚太地区就达40%。虽然军事基地的建设，曾引发美国与个别国家的矛盾与分歧；但最终美国还是加强了与有关国家的联系，使这些国家越来越依靠美国，也不得不依靠美国，极大地提升了美国在亚太地区的震慑力。

第三，频繁举行双边甚至多边联合军演，深化地区政治安全合作。随着海上安全问题的升温，有关国家竭力寻求美国的安全“保护”。为实现和维护自身在亚太地区的战略利益，美国加大与这些国家在海上防务合作方面的力度，联合军演成为最有效的手段。中国多数邻国开始以不同的形式参与联合军演。其中，美国与日本在加强军事部署的同时，针对钓鱼岛举行多场联合夺岛演习；与菲律宾在提升军事支持的同时，启动扩大在菲律宾军事存在的谈判；与韩国在渲染“来自朝鲜的威胁”的同时，举行大规模海上联合军演。美国已不仅仅局限于双边联合军演，更多地倡导美日韩、美日印等多边联合军演，以增强中国解决海洋争端的压力。美国显然已成为影响中国周边海洋局势的关键性因素。

为实现战略目标，美国强势介入中国周边海洋争端，让“三海一洋”形成了一种彼此联系的战略网络，不仅有基本性的政策，而且有具体性的政策，使相关所涉国家亦以此为契机调整策略，对中国的海洋争端产生着重大的影响。值得注意的是，作为国家主权一部分的海洋问题，是国家的核心利益。因此，海洋争端与海洋安全利益、海洋政治利益、海洋经济利益、海洋文化利益等休戚相关。

二、印太战略

自奥巴马政府以来，美国在印度洋和太平洋地区的地缘战略就一直处于动态调整之中。美国将中国设定为“战略竞争对手”所引发的中美战略博弈则不断持续。美国战略界普遍深受传统地缘政治思维的影响，而且这种影响是根深蒂固的。美国前国家安全顾问布热津斯基曾指出：“在欧亚大陆上不出现能够统治欧亚大陆从而也能够对美国进行挑战的挑战者，也是绝对必要的。”虽然美国至今仍然拥有对印太地区的绝对控制权，但近年来美国经济实力的相对下降，以及正在呈现的霸权相对衰落趋势，加剧了美国战略界对中国崛起之后必将挑战美国世界霸权的担忧与焦虑。为了防止亚太地区出现一个实力能够与美国抗衡的国家，以及阻止中国成为亚洲的“霸主”，美国前后两届政府的战略目标如出一辙。如果说奥巴马时期的“印太”概念更多出于“心血来潮”，特朗普政府高调渲染的印太战略则是对奥巴马时期“亚太再平衡”战略的继承与发展，是美国将印太两洋地区作为一个整体进行战略布局以平衡中国影响力的“新制衡”战略。美印日澳都以不同的方式且不同程度地呼应并炒作印太战略，但美国毫无疑问是决定印太战略走势的国家。

1. 印太构想的战略考量

在美国印太战略构想所涵盖的地理范围内，虽然有不少分析认为涵盖印度洋和太平洋的广大海域，但从美国战略意图看，其所聚焦的核心区域是西太平洋和东印度洋地区。围绕这一核心区域，美国战略构想的主要意图包括：第一，在印太两洋地区建立战略支点。美日印澳四国拥有在印太地区加强防务与安全合作的共同需求，美国的主要战略意图是选择东（印度）西（日本）南（澳大利亚）三个战略支点，从三个方向投棋布局，以阻止世界出现一个能与美国即便是在亚洲进行力量抗衡的国家。第二，发挥印度的作用。美国希望印度发挥“准盟国”的作用，利用印度在东印度洋的战略优势向西太平洋施压，特别是通过在环孟加拉湾投放更多军事力量以挤压中国的战略空间并对南海问题施加压力，以制衡中国影响力从西太平洋向印度洋方向的拓展。与此同时，寄希望于印度在印太地区特别是在印度洋安全问题上承担更多责任，鼓励印度成为印度洋地区的“净安全提供者”。这不仅符合印度追求“领导者大国”的目标，满足印度渴望大国身份被认同的心理，更契合了印度借势借力平衡中国在印度洋地区不断上升的影响力，以及应对“一带一路”特别是中巴经济走廊的战略意图。第三，建构并升级“中国威胁论”。通过建构、炒作和渲染“中国威胁论”，不断升级周边国家特别是东南亚的南海利益声索国（包括越南、菲律宾、马来西亚等国）对来自中国崛起的“不安全”认知，促使这些国家在安全上更加依附美国，也为美国直接或间接地介入南海问题寻找借口和机会，以保持美军在西太平洋的战略优势与影响力。进一步地，通过深化与新加坡、越南的军事与安全互动，制造地区冲突以实现美国在南海所谓“国际自由航行”的霸权目标。不仅如此，美国很可能利用当前中印关系中的矛盾和分歧，鼓励印度为中国与南亚和东南亚国家的经济与安全合作制造障碍，阻碍海上丝绸之路建设。显而易见，在美国的印太战略构想中，其考量存在两个关键性因素。

一是中国因素。中国是美国印太战略考量中主要针对的目标。如前所述，近年来中国经济实力不断增强带来的地区影响力上升让美国感到焦虑、不安和不适应。特别是2013年9月和10月习近平主席分别在哈萨克斯坦和印度尼西亚所提出共同建设“丝绸之路经济带”和“21世纪海上丝绸之路”的“一带一路”倡议，被美国战略界普遍解读为中国正在追求成为亚洲霸主，并与美国在印太地区竞争影响力，以至于越来越难以确定包括合作、竞争、制衡与冲突在内的“4C”将如何塑造中美战略关系。事实上，“一带一路”国家和地区是世界上地缘关系最复杂、历史文化差异最大、宗教民族冲突最严重、国家和区域局势最动荡和大国关系最纠结的地理区域。该倡议的主要意图在于为中国的改革开放与和平发展拓展新的空间，而非开展与美国在区域和全球层面的“新冷战”。美国战略界普遍认为该倡议具有明显的地缘政治意图，将其看成是中国扩展地缘影响力的举措，甚至很大程度上构成了对美国霸权地位的挑战。同时，通过对美国媒体、学界和智库等的考察发现，美国国内虽然也不乏一些理性、客观的声音，但总体上对中国的意图存在较大疑虑，认为“一带一路”是中国拓展国际影响力的战略工具，将为中美之间带来广泛的竞争，并会“威胁”到美国在欧亚大陆的利益和领导地位。

特朗普上台后，美国的新安全战略和国防战略已经明确认定美国当前国家安全的首要关切是国家间的战略竞争，而非恐怖主义。这就意味着美国政府眼中的国际关系已经回归传统的大国政治，非传统安全问题的地位下降了。一向以现实主义理论指导外交政策的美国，不仅以保障自身绝对安全的霸权逻辑行事，而且生硬地、不合逻辑地从进攻性现实主义的角度来考量中国的对外战略，不管中国如何强调和平崛起。美国力图借助美印日澳的战略联盟之“势”，由实施防御性威慑转为进攻性威慑，通过制造“可置信”的威胁与提升威慑的“可信度”，实现其战略围堵之下对中国的有效制衡。一定程度上，美国的印太战略不仅有可能通过加剧中国的不安全感，造成中美战略互疑升级，而且将不可避免地加剧大国在印太两洋围绕制海权的战略竞争，增添世界格局中的不安全因素与不确定性因素。

二是印度因素。印度是美国印太战略中重点倚重的对象。首先，美国传统的海洋战略部署是将美国的海上力量主要集中在大西洋和太平洋地区。随着美国战略重心向亚太或印太转移，印度洋在美国海洋战略中的地位快速上升。由于美国在印度洋并不具备如同其在大西洋和太平洋那样的居于绝对优势的海上霸权，使得美国客观上需要寻求外部安全合作以维护其在印度洋日益上升的利益。印度作为印度洋地区最大的域内国家，自然成为美国寻求在这一地区海上安全合作的对象。其次，美印两国都拥有制衡中国的战略诉求与相互借力的共同需求。虽然美国在迪戈加西亚岛的军事基地才是印度追求南亚甚至是印度洋影响力的最大挑战，但是鲜见有印度政界和学界谈论“美国威胁论”。印度对中国经略印度的周边邻国以及西进印度洋怀有天然警惕，视中国为印度崛起的最大威胁，而美国也同样认为中国的崛起必将导致美国的霸权地位受到威胁。因此，制衡中国与平衡中国日益上升的影响力是美印共同的战略诉求。1998年，印度曾以“中国威胁论”为由进行核试验，严重影响了中印关系发展。为了制衡中国崛起，美印不断深化军事与安全合作，美印在民用核能领域、技术转移、武器装备与军事等领域的合作力度大幅提升。实际上，美国对印度经济领域的投资也在大幅上升。而且，印度正处在把自己确立为一个世界性大国的过程中，并把自己视为一个潜在而重要的全球性角色。美国恰好在这方面迎合了印度的需求。为了“拉拢印度，美国充分满足印度意欲成为“世界领导者”的梦想，奥巴马时期就鼓励印度发挥全球领导者的作用，这无形之中使得原本就自信的印度更加自信，某种程度上甚至高估自己的能力。相比而言，中国并未特别重视印度或对印关系，更没有刻意迎合印度。虽然中国不断展现大国姿态，多次邀请印度加入“一带一路”倡议并共享合作收益，但对于印度这样一个民族自尊心极强的国家，有可能会为了“龙象竞争”的“面子”而放弃从中印合作中获取经济利益的战略机遇。“一带一路”倡议特别是中巴经济走廊建设不仅让印度陷入了战略困境，也使中印经济合作陷入了“囚徒困境”，这无形之中也为美印相互靠近提供了“推力”。最后，美国印太战略将印度视为主要倚重对象，不仅意图通过美印安全合作服务于美国应对印太地区来自所谓“中国威胁”的战略目标，而且通过深化美印防务合作，美国意图取代俄罗斯成为印度的主要武器供应商以获取巨大经济利益，这也是一直以来美印合作最大的成效在防务与安全领域的原因。可以说，美印是印太地区地缘政治博弈中的两大重要力量，两国防务合作深化的地缘政治意义和安全意义将超越双边层面，也将对地区安全架构、力量均衡和热点问题走向等产生深远影响。

综上所述，美国印太战略走向的关键是美印准同盟关系是否能够形成以及印度的政策走向。无疑，印度的战略选择具有极大的不确定性与可塑性。从表面上看，印度与美日澳深化战略合作的姿态似乎正在揭去谨慎的面纱，美印在印太地区的战略共识有增强的趋势，但印度在美国印太战略中的作用却很难发挥。一方面，印度不会轻易放弃“战略自主性”；另一方面，在印太两洋地区印度战略与安全考量的重心始终在印度洋，西太平洋只是印度扩大影响力的延伸区域。防止印度洋出现一个除了美国之外能削弱其影响力的大国，并有朝一日能够控制印度洋，才是印度的主要目标。

2. 印太战略的挑战与威胁

美日印澳在“印太”概念下加强战略合作将使中国的周边环境进一步复杂化，中国在对外战略中大国外交与周边外交的关联考量要素更加复杂，中国在主要战略方向和次要战略方向之间保持战略协调的难度加大，导致中国崛起的外部制约因素上升。无论是美国对印太地区咽喉要道的控制，还是印度作为地区大国崛起之后期待在印度洋发挥主导作用甚至在太平洋发挥积极作用，抑或是澳大利亚出于得天独厚的地缘政治价值意欲提升地区影响力，均触发了亚太地区力量格局的变化并助推世界和地区大国竞相争夺在印太地区的影响力。如果大国战略延伸意图不明或仅仅为了反威胁而建构威胁，则有可能会产生地缘政治冲突并造成结构性对抗的紧张局面。因此，不是中国在威胁或挑战美国的霸权地位，而是美国为了维护霸权地位而将中国视为“威胁”而采取的战略、经济与安全举措对中国构成了威胁。换言之，无论“印太”是停留在概念还是构想层面，抑或已经是战略，最为重要的是，其所建构的战略威慑必将对大国博弈和小国的大国战略选择产生无法忽视的影响，毕竟小国总是通过对大国战略意图的认知与判断并基于对其所能获得的经济利益评估而做出战略选择。虽然特朗普政府印太战略是否或能在多大程度上实施还存在很大的不确定性，但美国将中国确定为“战略竞争对手”所引发的大国战略博弈，将使中国在印太地区面临来自“霸权的威胁”所造成的更大压力，并将对中国促进地区经济融合的善意努力产生“撕裂性”影响，对中国与周边国家共同安全理念造成冲击甚至是“割裂性”影响。

首先，印太战略背景下，中国在印太地区将面临来自“霸权的威胁”所带来的更大压力。亨利·基辛格在《世界秩序》一书中写道：“秩序永远需要克制、力量和合法性三者间的微妙平衡。亚洲的秩序必须把均势与伙伴关系的概念结合起来。使用纯军事手段维持均势将进一步引发对抗，只靠施加心理压力来营造伙伴关系则将引发别国对霸权的担心。假如这一平衡无法实现，迟早会酿成大祸。”也正如路德维希·德约所言：“国际体系刚问世就被置于一场极为严峻的考验：它受到霸权幽灵威胁，而这幽灵将频频再现于随后的几个世纪。”印太战略是美国为了应对其所感知的来自中国的“威胁”而建构的战略威胁，甚至是可置信的战略威慑。具体而言，美国将东印度洋和西太平洋作为一个战略整体而布局，利用印日澳战略支点国家，特别是印度的作用来平衡中国在印太地区地缘政治的影响力。这不仅有利于为美国直接和间接地介入南海问题提供“借口”，从而加剧南海局势的动荡，也通过制造“安全困境”来影响中国与周边国家的关系，对“一带一路”特别是“21世纪海上丝绸之路”的推进形成干扰和破坏，阻碍中国与周边国家命运共同体建设。

随着世界经济格局的变化，美国一方面希望能够继续维持霸权地位，另一方面又逐渐感觉到无力独自承担“世界警察”的全球安全责任。美国的霸权地位逐渐衰弱，“感受威胁”使其将“安全防御”战略提高到前所未有的高度，特别是对中国的“防御”最为突出。这是因为，中国经济和军事实力迅速上升，中国被假想为最具挑战美国霸权力量的“现实和潜在的威胁”。米尔斯海默是进攻性现实主义的代表人物，他在《大国政治的悲剧》一书中写道：“中国经济如果继续增长，就会像美国支配西半球一样支配亚洲。美国要全力以赴阻止中国取得地区霸权。而中国的大部分邻国包括印度、日本、新加坡、韩国、俄罗斯和越南会联合美国遏制中国权力。结果是激烈的安全竞争，战争颇有可能。”美国战略界知名学者罗伯特·卡普兰也同样认为：“美国作为西半球的地区霸主，将设法阻止中国成为大半个东半球的地区霸主，这可能会成为划时代的大戏。”美国总统特朗普在2017年11月其亚洲之行中首次正式提出“开放和自由的印太”概念以及美日印澳在西太平洋海上合作机制磋商的启动，标志着美国特朗普政府的印太战略正在出现不同于奥巴马政府的新变化。

印太战略的影响还突出表现在，美国通过对其战略支点国家包括印度、澳大利亚、日本的战略引导，以及与这些国家之间的战略互动，在南海问题上对中国形成掣肘，从而加大中国在南海维权的难度。无论是新版的“自由航线计划”，还是印太战略，都可能使南海局势再度紧张甚至尖锐化。南海历来是中美战略博弈的焦点，而南海局势的动荡一直以来都主要是美国直接或间接干预的结果。就像斯皮克曼把加勒比称为“美国的地中海”以示其重要性，也可以把南海称为“亚洲的地中海”，在未来几十年这里将是政治地理的核心。在南海问题上，美国之所以能够与战略支点国家形成战略互动，进而对南海形势施加影响，其中很重要的原因在于，战略支点国家本身在南海地区有重要的战略利益和内在的驱动力，从而成为美国印太战略对南海问题施加影响的重要支柱。

以现实主义特别是以进攻性现实主义指导外交政策的美国，为了应对来自“中国的威胁”以维持其在全球的霸权地位，总是变换花样且“用心良苦”地渲染“中国威胁论”，构建周边国家对来自“中国威胁”的“不安全”感，试图将美国这一超级大国之下的多个具有实力的大国或中等强国置于竞争性互动与战略上相互制衡的态势之中，以精心构筑有利于美国霸权护持战略的国际权力体系，形成“一超”霸权之下的“多强”相互制衡的均势格局。据此，美国在地缘战略上企图形成对中国的大月牙形制衡圈，将增加中美之间的战略互疑，并刺激该地区海军军备的竞争。美国鼓励印度、日本等国在印太地区发挥更大作用，特别是在一段时间以来中印关系由于边界争端、西藏问题、中巴经济走廊建设等存在发展障碍的情况下，如果印度在印度洋也能发挥日本在西太平洋的搅局作用，则美国可以在中日和中印“鹬蚌相争”的战略竞争之中“坐收渔翁之利”。不仅如此，美国支持南海主要声索国的海上安全能力建设，挑拨中国与周边国家的关系，无形之中加剧了印太地区的军备竞赛。这些所谓“反威胁”手段不仅增加了中国的不安全感，构成对中国安全的威胁，也通过建构周边小国对大国威胁的感知与认知，为南海问题增添复杂性和变数。毕竟中国与菲律宾、越南、马来西亚等国之间的国际关系走向，是解决南海争端的关键。

印太战略背景下大国博弈与南海问题相互交织，必将对中国周边安全环境构成挑战与威胁。美国这一“霸权幽灵的威胁”，未来还将会从政治与安全领域逐渐渗透到经济领域。在这样的局势下，中国和平发展的战略空间将会被挤压，和平崛起将面临来自美国霸权的挑战与威胁。

其次，印太战略对中国促进地区经济融合产生“撕裂性”影响，对中国经济安全构成威胁。美印日澳对“印太”概念的炒作，虽然是基于印太地区地缘政治的考量，却更多源于该地区地缘经济的变化，源于世界经济重心已经从大西洋转移到了印太地区。随着经济重心的转移，整个世界的目光将转向印太地区，以西方为中心的国际政治经济秩序将不可避免地朝着东西方均势方向发展，世界正在走向一个没有霸权、力量相对均衡的国际秩序。对于美国而言，印太地区经济一体化发展趋势意味着印太地区在全球的地缘战略地位将不断上升，战略与经济格局变化将有可能出现有利于中国而不利于美国的发展趋势，这也是美国积极推出印太战略的主要考量之一。对于中国而言，亚洲崛起首先需要促进由马六甲海峡连接的东印度洋和西太平洋两大地区的经济互动与融合。当前，亚太经合组织（APEC）机制逐渐处于低迷状态，美国也退出了跨太平洋伙伴关系协定（TPP）。中国积极推动“一带一路”有利于促进包括孟中印缅经济走廊、中巴经济走廊、中国中南半岛经济走廊以及中国东盟“10+1”、区域全面经济伙伴关系协定（RCEP）等次区域和区域经济合作的机制化进程，不仅有助于激发各国贸易投资的相互需求与激发增长潜力，营造双赢甚至多赢的互利共赢经济格局，还可以为化解双边安全和地区安全中的各种消极因素提供合作平台。毕竟，地缘政治的主要目标是为地缘经济服务的，是为了进一步拓展资本和商品在这一地区的流通空间。从这个意义上看，印度洋地区和太平洋地区已经在战略上紧密联系在了一起。

当前，印太地区经济整合正呈现出良好的发展势头。在国际体系的范畴内，无论一个国家的崛起还是一个地区的繁荣，其根本依赖还是基于发展基础上的经济实力，而经济实力来源于合作共赢的机制与和平稳定的国际环境。从经济整合角度看，西太平洋和东印度洋经济潜力巨大，也是印太地区经济整合的关键。美国虽然退出了TPP，但日本接过了旗杆并将该机制修改为全面与进步的跨太平洋伙伴关系协定（CPTPP）。如果这一机制被证明能够为美国带来利益，不排除存在美国未来会重新接管的可能性。同时，也不排除美国会“标新立异”出台新的举措，通过双边方式扩大在印太地区贸易与投资的战略布局，重构有利于美国绝对话语权和符合美国国家利益的印太规则与合作机制。根据霸权理论，当超级大国实力衰退时，外部竞争有可能使该大国放弃自由贸易转向贸易保护，世界贸易自由化进程也将在一定程度上受阻，美中贸易摩擦也更多地受到政治因素的影响。事实上，一个海权强国，一定是一个对外开放与发展的经济强国。海权诞生和发展的基础是海上贸易的发展与繁荣，在互通有无中牟利，在商品交换中刺激需求、满足需求，进而促进生产，这是以海上贸易为基础的海权所追求的经济立足点，也是一种以交换与需求拉动的财富增长模式。2018年以来，以美国为主的西方国家不断涌现的逆全球化思潮，以及频繁对包括中国在内的国家采取贸易保护主义措施，特别是特朗普政府单方面挑起中美贸易战，不仅加剧了两国之间的利益分歧与合作裂痕，还不可避免地对印太地区的经济一体化进程产生“撕裂性”影响，为中国与周边国家的经济合作增添变数。

最后，印太战略将引发环孟加拉湾安全局势的动荡，并可能通过建构和升级沿岸国家的“不安全”认知，对中国与周边国家的共同安全理念造成“割裂性”影响，威胁中国与周边国家的安全秩序。在印太地区，孟加拉湾接近马六甲海峡的入口处。马六甲海峡是连接西太平洋和东印度洋这一印太核心区域的咽喉要道，而处于孟加拉湾的安达曼和尼科巴群岛形成一条720千米的岛链，南北走向穿过安达曼海，临近马六甲海峡的西端。正是这两个群岛，使得印度对向马六甲海峡以及更远处投放海上力量拥有天然优势和战略自信。同时，位于东北印度洋的孟加拉湾还是亚洲重要的地理连接点，是世界第一大海湾。印度对安达曼和尼科巴群岛的控制强化了其在环孟加拉湾的战略地位。环孟加拉湾被认为是印度“天然的势力范围”，也是印度“东向行动”政策的核心区域。印度海军一直以来注重发展与环孟加拉湾沿岸国家的安全关系，包括执行联合巡逻、双边军演，在安达曼群岛主办两年一次的“米兰”海军演习，并在海盗、走私、难民、恐怖主义和分离主义等方面为该区域提供海上安全。印度海军付出了相当大的努力来证明自己是这一地区的领导者，是印度洋安全产品的净提供者。与此同时，环孟加拉湾沿岸国家还拥有丰富的能源和矿产资源，这也是孟加拉湾重要性日益提升的一个主要因素，这意味着未来围绕能源开发而产生的战略竞争也会愈演愈烈。其中，缅甸已经成为一个重要的能源出口国，泰国正在成为缅甸最大的能源进口市场，孟加拉国和缅甸之间的海上边界争议，域内国家包括印度、泰国以及域外大国包括美国、日本、俄罗斯等围绕能源开采展开的竞争等，已经成为孟加拉湾严重的安全问题以及不可忽视的地缘政治竞争的源头。

一段时间以来，环孟加拉湾沿岸所在区域，也成为域外大国美国及域内大国印度制造并宣传“中国威胁论”的“目标区”。该区域既有传统安全问题更有非传统安全挑战，而且包括民族、宗教、领土、资源、海洋、恐怖袭击、伊斯兰极端势力等在内的冲突此起彼伏，同时还不乏走私、贩毒、贪腐、网络黑客等跨国犯罪的安全问题。中国需要积极主动地建立经济与安全区域机制以应对来自孟加拉湾的安全威胁与挑战，同时通过主动参与并积极塑造这一地区安全格局以应对中印在孟加拉湾的结构性安全矛盾，并在一定程度上缓解沿岸国家对所谓中国“威胁”的认知与疑虑。与此同时，随着中国在孟加拉湾战略和经济利益的日益增长，包括中缅石油管道建设，中国势必需要增加海军力量以保护港口与通道的安全。新德里和华盛顿一直担心中国与孟加拉湾国家的安全合作。这一地区权力结构的不对称性特别是印度在这一地区不断上升的影响力，是中国周边外交和战略的重要干扰因素。

美国建构和升级所谓的“中国威胁”，并强化美国在这一地区的霸权地位所带来的威胁，还可能打破孟加拉湾一直以来不被重视甚至被边缘化的状态，引发印度尼西亚、马来西亚、泰国、缅甸等国家的安全忧虑，以及各国对主观安全与客观安全的感知，使得这一地区的安全局势呈现出更大的不稳定性。一直以来，除了印度以外，印度尼西亚和马来西亚也希望在这一海域发挥重要作用，而印度欲将海洋势力范围延伸到马六甲海峡的战略意图，也增加了印度与印尼、马来西亚和澳大利亚等国之间的战略冲突。这些因素都将不可避免地通过激发国与国之间的摩擦及各国的不安全感而提升各自的安全需求，使这些国家在安全上更加依赖美国。在环孟加拉湾，斯里兰卡和孟加拉国也拥有明显的地理优势，是大国竞相争夺的目标。大国战略竞争将有可能恶化这一地区的地缘安全环境，从而对中国与周边国家“共建安全”与“共享安全”的安全观，以及构建中国周边命运共同体的安全理念造成冲击，割裂现有的地区安全格局。

日本：“亚洲民主安全菱形”战略

进入21世纪尤其是第二个10年后，日、澳、印、美等国各自提出了“印太”这一概念。比较而言，日本与印度洋世界并无深缘，也非最早对“印太”进行概念创新和学术研究的国家。但是在国家对外战略层面，2006年安倍晋三开始第一

昭和45(1970)年

日本の防衛
—防衛白書—

- 防衛白書初の刊行
- 中曽根防衛庁長官（当時）の「国の防衛には、何よりも国民の理解と積極的な支持、協力が不可欠」という信念のもと作成された。
- 総ページ数94ページ

昭和51(1976)年～

- 第2回目の刊行
- 初版に比べ内容が充実。総ページ数は174ページへ
- 白書の構成は現白書とほぼ同じ
- 英語版も含め、以後毎年刊行
- 平成11年までA5版のサイズは維持するも平成11年版はページ数が498ページまで増加

防衛年表開始

昭和52年版では写真はなく、イラストを駆使（下は陸自の説明にて用いられたもの）

特集 3

防衛白書50年の歩み

1970（昭和45）年、防衛白書が初めて刊行され、1976（昭和51）年以降毎年刊行されています。今年で防衛白書刊行50周年となります。防衛白書刊行の目的は、わが国防衛の現状とその課題およびその取組について広く内外への周知を図り、その理解を得ることにあります。その目的を果たすため、防衛白書をより多くの国民の皆さまの手に取っていただけるよう、様々な工夫を凝らしてきました。防衛白書はこれからも分かりやすさ、読みやすさ、使いやすさを追求し、防衛省・自衛隊に対する理解を得られるよう努めてまいります。

令和2(2020)年

ココをチェック！

- 国内外の様々な場面において活躍する自衛隊員約50名の声を紹介（昨年の約2倍）
- QRコードですぐに再生可能な約50の関連動画を白書内に配置！

令和

13 令和2年版 防衛白書

日本防卫白书

次执政后，就已开始关注印度洋及印太结合地带的重要地位和现实意义。随着时间推移和形势变化，2012年安倍晋三第二次执政以后，日本政府对制定和推进印太战略日趋积极，不断加大投入，包括最先积极引导日、美、澳、印在印太范围内强化合作和“安全菱形”组网，近年正式提出日本版印太战略并且联合印度先期启动，将“退群亚太”的特朗普政府引入“印太群”从而使该战略受到广泛关注，以及积极推动四边联网和宣介造势等。一定程度上，日本在相关四国中“入戏”最深，对推动相关方的印太战略落地、联动起到了重要作用。安倍政府将“俯瞰地球仪外交”的视野和主战场从亚太扩容到印太，将印太从亚太加以部分剥离和独立，调整地缘战略的范围和重心，反映了日本努力应对全球格局和地缘局势变化，主动谋求后“亚太再平衡”时代的战略优势。其出发点和意图是在更大范围内动员更易整合的“优质”资源，在与其国家利益攸关的主要战略地带，维护对己有利的秩序、安全和利益，核心是更新措施应对中国崛起带来的全面冲击，以四国联手形式应对中国新时期的外向发展和战略拓进。

一、从“扩大的亚洲”到“亚洲民主安全菱形”

在2016年安倍晋三正式而明确提出印太战略概念前，就已经陆续开展了长达10年的相关铺垫准备。日本印太战略的缘起与初步演进，有一个逐渐升级和明确的过程，大致分以下两个阶段。

1. 原型：“两洋交汇”与“扩大的亚洲”

2006年安倍内阁在推行“自由与繁荣之弧”与“价值观外交”时，就关注到欧亚大陆外缘及印度洋周边国家在日本外交战略中的重要意义。2007年8月，安倍晋三在印度国会发表了具有象征意义的“两洋交汇”演讲，声称“太平洋和印度洋正作为自由与繁荣之海带来富有活力的结合。一个打破地理原来疆界的‘扩大的亚洲’正在明确出现”，“通过日本与印度的联合，‘扩大的亚洲’将美国和澳大利亚包括其中，便可发展成为一个覆盖太平洋的宽广网络”。很明显，安倍晋三提倡以日印联合为基础，加上原本较为紧密的日美、日澳关系，发展一个以日、美、印、澳四国合作为基础的“扩大的亚洲”或“太平洋网络”，意图实质性推动四国在横跨印太的地缘板块加强合作。不过，安倍晋三的地缘构思立足点仍是“大亚洲”或“太平洋”，也显示出在此范围内对围堵中国“预操作”的自信。同期，根据安倍晋三的构想，日印发表了一系列战略合作宣言，例如2008年10月的《安全合作宣言》，2009年12月的《安全合作行动目标计划》等。日澳合作也在同一时期提速，2007年两国发表《安全合作联合宣言》，建立了外交和防务部门首脑参加的“2+2”对话等。2007年，安倍晋三亦更具野心地提出构筑由日、美、印、澳组成的“四国合作”或“民主国家联盟”，但这一倡议由于其他三方的慎重态度而搁浅。由于安倍晋三执政不到一年便匆匆下台，接任的福田康夫首相对这一设想并不认同，上述构想及倡议不了了之。

2. 雏形：“亚洲民主安全菱形”与“印太”话语

2012年安倍晋三第二次当选日本首相之后，更加明确地提及两洋及“印太”概念，开始将“印太”作为外交战略的概念选项。2012年12月，安倍晋三在印度报业辛迪加网站发表“亚洲民主安全菱形”理论，强调“两洋交汇”的重要性和日本的角色，“太平洋的和平、稳定与航行自由，与印度洋的和平、稳定与航行自由不可割裂”，“日本需在捍卫以上两个地区共同利益方面发挥更大的作用”。他提出由日、美、澳、印组成一个菱形圈，“以保卫从印度洋到西太平洋的公海”，并且“已准备好向这个安全菱形最大限度地贡献日本的力量”。2013年1月，安倍晋三在阐释“日本外交新的五原则”时指出，“美国关注的重心开始转向印度洋和太平洋交汇的区域，日美同盟应该发挥更加重要的作用来保障两个大洋的安全与繁荣，同时加强与印、澳等国联系，建立横跨印度洋和太平洋的关系网络”。2月，安倍晋三在美国战略与国际问题研究中心发表了著名的“日本归来”演讲，表示“现在的亚太地区，或者说印太地区正走向繁荣”。安倍晋三首次明确使用了“印太”这一术语，将亚太和印太视为并列的概念加以使用，指出日本外交在印太地区的主要任务在于做规则的倡导者、做全球共同利益的捍卫者，以及与美、韩、澳等地区民主国家紧密合作共同维护海洋这一全球公域。可以看到，在第二任期开始后，安倍晋三对五年前的倡议重新包装，打造了由两个标志性要素构成的升级版印太战略雏形，第一是明确使用“印太”术语和概念，第二是将四方合作倡议概念化，推出民主安全菱形，提议四国各为点边、并列成“形”，构建一个横跨印太的安全合作机制。但是，此期间美国推行“亚太再平衡”战略正酣，日本需要配合美国的战略步伐，不大可能正面提议自成体系的一套印太战略。实际上，同一时期前后，希拉里等美国政要提及“印太”，更多的也是在亚太框架内的一种关注，将印太作为亚太的补充或某种延伸。安倍晋三对宏观地区战略的考量和投入，基本是与美国同步，即通过跨太平洋伙伴关系协定（TPP）塑造亚太经济秩序、配合美国军事重返及强化日美同盟以维持亚太安全体系，被其看重的TPP却不包括印度在内。2013年12月出台的日本《国家安全保障战略》使用“亚太”一词多达几十处，提出日本要配合美国“亚太再平衡”战略的实施，却全然没有直接使用“印太”术语或概念。

二、“自由开放的印太”

从2015年开始，安倍晋三已在对印外交中明确使用“印太”术语（虽然没有加上“战略”两字）。2016年8月，安倍晋三在肯尼亚内罗毕举行的第六届日本·非洲发展国际会议上正式提出了“自由开放的印太”战略构想，标志着该战略作为日本新的一项外交战略正式出台。安倍晋三在发表主旨演讲时强调，连接亚洲与非洲的是一条海上之路，日本要“将连接两大陆的海洋变成和平与规则主导的海”，“把亚洲到非洲这一带建设成为发展与繁荣的大动脉”。2016年9月，日本政府在安倍晋三与莫迪会谈之后发布的公报中，首次使用“自由开放的印太战略”表述。2016—2017年是日本印太战略的初步成型与实施阶段，大体有四类推进举措。

1. 优先事项：推动日印战略对接，以日印联合及准同盟关系推进印太战略

第一，深化对印双边合作，这是多年来日印关系发展的自然延续。双方在安

全防务尤其是海上安全合作、经贸往来尤其是核能及高铁等基础设施建设、文化交流、人才培养等多个领域不断强化合作关系，近年已陆续签署《军事情报保护协定》《防卫装备及技术转让协定》《民用核能协定》等。两国已经建立了包括“2+2”磋商在内的、横跨外交、安保、经贸、海洋、各军兵种间磋商对话的制度化联系，以及军警部门的定期演习机制。上述进展表明安倍—莫迪时代的日印关系已经具有准同盟性质。第二，竭力携手印度共同推动其印太战略构想，这是近几年的新现象。日印早于日美和日澳就安倍晋三的印太战略进行了接触和协商。2014年，日印将两国关系提升至“特殊全球战略伙伴关系”的水平，这为双方的印太合作做了铺垫。2015年12月，日印首脑会谈发表了面向“日印新时代”的联合声明，双方同意推动印太战略。可以说，这也是安倍晋三就其印太战略在日印之间进行的试水和预热。安倍晋三在非洲高调宣示战略理念后，也是首先争取印度的理解和支持。2016年下半年，安倍晋三两度与印度总理莫迪举行会谈，推销其印太战略。9月东亚峰会间隙，安倍晋三就“自由开放的印太战略”向莫迪进行说明，并称“印度是连接亚洲和非洲最重要的国家”，希望强化与印度的战略对接和合作。2016年11月莫迪访日期间，日印达成多项合作协议，安倍晋三再次向莫迪予以说明，双方再次确认了“亚非发展走廊计划”。有印媒称之为日印版“一带一路”，将与中国“一带一路”相抗衡。2017年9月，安倍晋三访印，与2014年上台的莫迪举行第十次会晤，双方同意将日本印太战略与印度的“东向行动”政策这两大区域战略对接起来。建立新的互联互通走廊和基础设施建设是日印关系的优先领域。日印正在寻求将这一双边伙伴关系扩展到地区层面，在非洲、西亚等地区进行合作。至少从对印合作的角度来看，安倍晋三印太战略意在重点解决东亚或亚太战略所不能顾及的两个关键问题——两洋海上安全、亚非区域联通问题。

2. 关键事项：引美入“群”，挂靠同盟，做实印太战略

2016年安倍政府正式提出印太战略主要是为了西线，尤其是联印以应对中国的成功西进。但数月后特朗普胜选，安倍晋三的“随美型”亚太战略基本破产，印太战略就变得需要拉美入“印太群”甚至替换群主，也就是将日本版印太战略

置换为美国的印太战略。从安倍晋三的角度看，能否将美国拉入“印太群”，由此促使美国在印太地区加强存在，增加投入，是关系其印太战略走势的关键因素。日本主要是通过两条渠道争取特朗普政府支持。一条渠道是双方外交及安全工作层面的接触和交流。据《纽约时报》披露，特朗普的助手们曾承认美方的“印太”想法源自日本，日本一直在敦促美国与日澳印三个海上民主国家建立联系，以遏制中国的崛起；日方官员与时任美国国务院政策规划主任布莱恩·胡克和美国国家安全委员会的亚洲事务高级主任马修·波廷格一起具体构建了“印太”的想法。日方官员则基本来自日本外务省和国家安保局，安倍晋三倚重的外交智囊谷内正太郎指示他们将日本的想法和方案传递给美方同行并进行对口磋商。对于从“亚太再平衡”和TPP撤退的特朗普政权来说，也需要一个可替代的新鲜战略概念，日方提议的“印太”概念及战略算得上是一个送上门的可居奇货。另一条渠道是安倍内阁的公开游说活动。安倍晋三在2017年2月访美期间向特朗普大力兜售印太战略，说辞是共同应对中国的“一带一路”倡议。一般认为，安倍晋三精心营造与特朗普的私人关系也有助于对美推销其“印太”理念。同时，日本外相等内阁成员也会不失时机对美方展开沟通工作，例如，2017年8月17日，日美“2+2”会议公报即宣布注意到日本倡议的自由开放的印太战略，并要推进相关合作。10月25日，河野外相在接受日媒采访时又公开喊话，希望日、美、澳、印建立首脑级别战略对话，以亚洲的南海经印度洋至非洲这一地带为中心，共同推动在该地区的自由贸易及防卫合作。在此过程中，特朗普执政团队逐渐接受了安倍晋三的“印太”概念。2017年11月，特朗普在亚太之行首站首次提及“印太”概念，11月6日与安倍晋三会谈时，双方探讨了“印太”理念并就加强合作以实现“自由开放的印太”构想达成一致。可以看到，特朗普、蒂勒森与国家安全顾问麦克马斯特对“印太”的认知与表述，几乎没有超过安倍晋三的说明范围，自由、民主、法治、市场开放、公平贸易、尊重航行和飞越自由、地区繁荣等关键用词也是如出一辙。随后，特朗普政府在2017年12月18日发表的《国家安全战略》报告中指出，美国支持印太地区拥有自由与开放的发展环境。

3. 补齐短项：推动三边升级与四边联网

近年来，日美、日印、日澳双边会谈发布的公报都倡议加强与第三方或相互小多边合作。在与日本有关的三组三边关系中，日美澳合作启动较早。2002年三国即举行高级别官员会议，2005年提升为部长级三边对话机制，2007年举行首次日美澳峰会。2017年11月13日，日美澳领导人在马尼拉会晤，重点之一是推动印太区域自由开放战略。相较而言，日澳印关系是最短板，直到2015年三方才首次举行副部长级磋商，2017年4月和12月分别举行了第三次和第四次会谈，对印太地区共同关心的问题进行磋商，就“确保基于法治的自由开放的印太秩序”“维持区域内的自由、开放、繁荣与包容”进行合作达成一致。日美印虽没有日美澳机制化程度高、关系密切，但发展势头迅速，且对地区格局和均势的影响超过后者。印度对三国关系的准同盟化持有保留，但日美近年对印拉拢日盛。自2011年以来，日美印三方举行了七次副部长级对话。2015年9月，三边关系跨过了一个重要的门槛，首次日美印外长会谈在美国举行，讨论并确认在海洋安全保障、地区联通、救灾等领域进行紧密合作，随后每年都举行类似会议。2017年7月，日本时隔三年再次参加“马拉巴尔”军事演习，其重返标志着日美印加速提升三边关系。11月7日，日本海上自卫队的护卫舰与美军“卡尔文森”号航母以及印度的军舰在日本海进行了联合训练，这是三国首次在日本海举行联合训练。除了补齐两个涉日的三边短板，日本还急于恢复和发展四方合作机制。日美澳印战略合作的启动和发展，本身就离不开安倍晋三的倡导与推动。安倍晋三于2006年、2013年曾分别提出有关四方合作的战略构想。2017年8月，外相河野太郎向蒂勒森提议举行四国首脑级别战略对话，11月美首脑会谈之际，安倍晋三再次向特朗普提及此事。河野太郎接受日媒采访时指出，四国首先应从局长级对话开始，逐步提升到外长级和首脑级。战略对话的支柱之一是推进自由贸易，在印太区域推进高质量的基础设施建设；另一支柱则是防卫合作，维护航行自由是安全保障的重点，同时要求中国“一带一路”遵循自由开放的海洋及相关国际标准。可以看到，日本推动四方机制的焦点在于经贸与安全，关键词则是规则、海洋、秩序等。在日本的推动下，2017年11月12日，日本代表团在东亚合作系列会议期间于马尼拉主持了单独的日美澳印局长级四方会议，围绕亚洲规则秩序、航行自由、加强联通性、海上安全保障等七个议题进行了讨论，敦促就建设“自由、开放、繁荣、包容的印太地区”开展合作。

4. 扩大影响：宣介推广印太战略，争取更多的支持和参与

从2016年秋季开始，安倍晋三出访几乎言必谈“印太”。在2017年1月出访菲、澳、印尼、越时，安倍晋三频频推销“自由开放的印太战略”。在河内举行的记者会上，安倍晋三总结四国之行时强调，日本将在日美同盟的坚实基础上，维护从亚洲到环太平洋地区、进而到印度洋这一广域的和平与繁荣，“日本作为地区一员，将基于‘自由开放的印太战略’发挥重要作用”。2017年8月，英国首相特雷莎·梅访日期间，安倍晋三提出日英应与印度共同建立自由开放的印太地区。11月，安倍晋三在出席APEC会议期间，更是连日竭力充当这一战略的推销员，与越南国家主席陈大光和新西兰总理雅顿会谈时，都说明了印太战略的意义。安倍晋三还将这一战略推广到南亚、中东和欧洲国家。河野外相为此展开外交攻势。2017年8月，河野太郎向英法两国外长探询了在印太地区的合作意向。同月，河野太郎在与吉布提外相会谈、参加非洲发展会议部长级会谈时，再次强调日本印太战略的重要性。11月，河野太郎在越南岘港与澳大利亚外长毕晓普、越南副总理兼外长范平明会谈，就共同推进印太战略进行了沟通。12月，日英举行“2+2”会谈时，根据日方提议谈及了印太战略。同月，河野太郎访问沙特、巴林时，呼吁确保印太地区自由开放的海洋秩序。2018年1月，河野太郎将新一年的首访选在位于南亚和印度洋地区的巴基斯坦、斯里兰卡、马尔代夫三国，日本共同社称，除了向三国承诺提供基础设施援助，河野太郎此行最大目的实际是介绍安倍晋三倡导的“自由开放的印太战略”并争取支持。

三、日本版印太战略的挑战与威胁

安倍政府印太战略不可避免地给中国带来多重影响。特别是在美国特朗普政府

新版《国家安全战略》将中国定义为战略竞争对手、中印关系时有起伏、澳大利亚国内疑华声起的情况下，印太战略无疑正在对中国国家利益造成干扰和挑战。

第一，加大了新时期中国国家战略目标实现的困难。日本竭力维护“西方大厦”于不倒，发挥组织者或串联者的角色，在印太区域打造西方阵营，强化针对中国的周边全方位外交攻势和制衡行为，对亚太地缘格局、地区及大国关系产生了复杂影响。

第二，对中国“一带一路”倡议形成直接的冲击。例如，安倍晋三在2015年就宣布推出1100亿美元的日本版“亚洲基础设施建设资助计划”，后又承诺对非投资300亿美元，其中包括100亿美元的基础设施建设。日本有较强的生产技术和融资能力，加上印度在非洲有成熟的贸易和商业网络，日印优势组合推动基础设施建设，将给中国的非洲投资发展带来挑战。2016年5月，莫迪政府未派员参加“一带一路”论坛，之前又在非洲发展银行会议上宣示日本合作的“亚非发展走廊计划”，这些应该都不是出自偶然或与华无关。此外，日印还在商讨在具有战略意义的伊朗恰巴哈尔港等进行合作的可能性。

第三，对以海洋及海上交通要道为中心的中国安全环境也产生影响。从波斯湾经马六甲到南海的海上通道，对中国来说极为重要。日美澳印之前的四边、三边和双边声明几乎无一例外都会涉及海洋秩序和航行自由等问题，日美印、日美澳以及日美、日印不断深化在印太地区的海上安全合作，其针对性非常明显。2017年9月举行的日印年度防务首脑对话上，双方达成共识，将在反潜领域加强合作，这明显具有针对中国的意味。

第四，对南海争端的干预不容忽视。日美澳印在单边和双多边范围内，从声明到行动，已经不同程度介入南海局势。南海是印太地区的战略枢纽和连接点，地缘位置突出，日本如将其置于印太战略框架下进行审视和应对，总体上势必加强介入力度。事实上，2017年，日本在南海的军事动作频繁，数次派遣“出云”号直升机航母和其他战舰进入南海，日本的印太战略将可能刺激相关局势持久震荡和复杂化。

印度：印太战略重要支点

印度在美国主导的印太战略中被赋予了重要地位，日澳两国也认为印度是该战略的重要支点国家。印度对印太战略经过审慎观察和评估后，逐渐开始积极参与该战略的实施。印度参与印太战略有其自身的战略考虑，希望利用该战略提升本国的国际地位，增强抗衡中国的力量，还想借此获取来自美日等国的先进军事技术和装备，并为本国经济实力的提升寻求更多的合作机会。

一、印度与美国主导的印太战略

1. 印太战略体系中的印度

从“亚太”到“印太”概念的转变中，最大的变化就是战略实施的地域范围扩大，印度和印度洋被包括进来，并在战略中占据重要地位。在美国的印太战略中，除了传统盟友日本和澳大利亚继续发挥作用外，印度也被认为将在其中发挥重要作用。2017年10月18日，美国国务卿蒂勒森在演讲中强调：“美国和印度在和平、安全、航行自由以及自由开放的体系方面有着共同目标，必须作为太平洋印度洋的西方与东方的灯塔。”2017年底美国发布的《国家安全战略》则指出：“美国欢迎印度成长为一个全球领导型力量和一个更强大战略与防务伙伴。”日本和澳大利亚作为美国的盟国也在大力推动印太战略，两国都认为印度是该战略成功实施的重要支点国家。2016年9月，日本首相安倍晋三在东盟峰会上向印度总理莫迪“推销”其印太战略时指出，“印度是连接亚洲和非洲最重要的国家”，希望“日印紧密携手，推动这一构想的具体化”。在具体的战略实施中，印度在美国印太战略中的独特地位表现得淋漓尽致。为向印度示好，特朗普政府改变了上届政府的对印政策。美国一改以往的印巴政策，在反恐问题上开始公开指责巴基斯坦，主动邀请印度参与解决阿富汗事务。美国甚至赋予印度“战略贸易许可地位”，以便印度可以合法获得美国的军民两用技术，此举更是将印度提升至美国的亲密盟友的特殊地位。2018年9月，印美举行“2+2”部长级对话，进一步提升了两国防务战略伙伴关系。从美国的这些政策转变和具体安排可以看出，美国主导的“印太”战略需要印度的参与和支持，印度在其中可以发挥独特的地缘优势。

2. 印度对印太战略的反应

“印太”概念和战略提出之初，印度国内战略学界对“印太”的看法并不一致。一种观点认为，印太战略是对过时的亚太战略版图的扩展，印度将在这一新战略构想中受益；另一种观点认为，印太战略未必能给印度带来真正的好处。随后，面对日本积极推销“印太”概念和美国对印度参与印太战略的种种拉拢，印度意识到该战略目前对本国并无威胁，主要针对的国家是中国。而中印之间的结构性矛盾使得印度对参与遏制中国有着“天然”的需求。同时，与“亚太”概念相比，“印太”明显突出了印度的重要性。一直以来，印度对本国长期被排除在“亚太”之外非常不满。正如印度海军前参谋长普拉卡什所言：“作为印度人，每当听到这个词时，就感到一种被排斥的感觉，因为它似乎包括东北亚、东南亚和太平洋群岛，它终止于马六甲海峡，但在马六甲海峡以西还有一个完整的世界。”所以，在美国提出印太战略，并向印度频频示好时，印度紧紧抓住了这个难得的机遇。2017年6月到8月间，中印之间发生洞朗对峙危机；同年11月，美国官方正式抛出印太战略。在这样一个时间节点出台的印太战略对于刚刚走出危机的印度无异于雪中送炭，印度欣然回应并予以积极参与和推动。同时，印度与日澳两个支点国家也展开积极互动。

3. 印度参与印太战略的意图

印度经过权衡后选择参与美国主导的印太战略体系，主要出于政治、军事、经济三方面的综合考虑。首先，印度认为参与印太战略可以提升本国国际地位，应对中国崛起带来的压力。印度自尼赫鲁时代就梦想成为世界大国，莫迪上台后对提升印度国际地位的诉求更加强烈。美国推出的印太战略一方面可以使印度获得许多实实在在的好处，另一方面通过与战略支点国家的双边和多边合作，可以提升印度在国际事务中的地位。在中印实力差距明显的情况下，印度国际地位的提高使印度在中印博弈和应对中国崛起的压力时增添了信心。其次，印度认为参与印太战略可以获得先进装备和技术，提升本国的军事实力。印度是美国推进印太战略需要倚重的重要国家，也是日本这个战略支点国家积极寻求合作的国家。为拉拢印度，两国主动向印度提供先进的军事技术和装备，使印度可以通过参与印太战略提升本国的军事实力。最后，印度认为参与印太战略可以加强与战略支点国家的合作，提升本国的经济实力。印度的印太战略是“印度洋地区共同安全和增长”与“东进战略”的复合体。所以，印度参与印太战略的重要意图之一是通过合作获得经济利益。虽然经济合作不是美国推行印太战略的重点，但在客观上战略支点国家间的合作是全方位的，不仅包括政治、安全合作，还有经济上的合作，这在某种程度上可以提升印度的经济实力。

二、印度版印太战略的挑战与威胁

作为重要的新兴大国，当前的中印关系既存在着共同利益，又存在着竞争。两国在改革全球经济治理体系、提升发展中国家的发言权和代表性以及气候变化、贸易开放和全球发展议程等方面都有着相似的看法和诉求，并在金砖国家和二十国集团框架下等多边国际场合有着广泛的利益。但中印间因领土争端、巴基斯坦问题、中国在印度洋的利益拓展及印度的“东向政策”进入太平洋等问题交叉重叠，严重降低了战略互信，竞争性色彩日益凸显。印度甚至还将中国发展与印度洋沿岸国家的关系，视为对印实施包围的“金属链”战略。因此，印度在制定安全战略时，中国是其不可回避的重要因素，认为中国是印度“最大的潜在威胁”。印度的海洋战略也自然深深打上了“中国威胁”的烙印。印度的海洋战略对中国的影响主要有以下几个方面。

一是使中国的海上航线脆弱性增强。一方面，中国作为一个经济迅速发展的大国，能源的消耗量越来越大，现在已成为世界第二大石油消耗国。而另一方面，中国自己的石油生产却无法满足需要。我国石油进口的通道更多是由海运、石油管道构成。由于海运成本是管运成本的1 / 15，为控制成本，海运仍然是我国主要的石油进口通道。随着中国经济越来越与世界经济融为一体，中国对国际市场的依赖度增高。其中，中国与欧盟、非洲和西亚国家的大部分贸易是通过印度洋上的海运进行的。以后，中国对印度洋的依赖性将会进一步增强，由于中印关系的不稳定和印度对中国的疑忌，也由于印度海洋战略的特点，其海军力量的增强和扩张，使中国海上航线的脆弱性进一步增强。

印太地区尤其是孟加拉湾覆盖了中国的能源、资源和商业海上交通线，也是“一带一路”倡议的重要节点。在“印太”语境下，印度正不断强化与美国、日本和澳大利亚等国的安全合作，积极扮演起印度洋的“净安全提供者”角色。印度在印太地区尤其是孟加拉湾的行动，与中国的竞争性色彩日益增强。印度著名战略家拉贾·莫汉已将“印太”定义为未来中印博弈的主要场所。从安全举措上看，印度大力提升海军装备水平，强化在孟加拉湾的军事基地的作用，增加与大国的联合军事演习的规模和频次，逐步构筑起准联盟关系。其具有明显制衡中国和对中国进行战略反包围的意图。或许印度认为这是应对所谓的中国“金属链”的防御性措施，但产生的直接后果是恶化了中国在印度洋乃至整个周边的安全环境，使中印关系的不确定性因素增加。

二是增加中国实施“一带一路”尤其是海上丝绸之路倡议的战略阻力。印度洋尤其是孟加拉湾是中国实施“一带一路”倡议的重要节点。随着印度在印度洋突显出的与中国竞争甚至抗衡色彩的增加，相关国家对外战略上的对冲色彩也日益增加。例如，印度与中国围绕孟加拉湾展开角逐，孟加拉国吉大港、斯里兰卡汉班托塔港港口建设等，被视为包围印度的“金属链”，从而使这些经济合作项目被打上了地缘政治色彩。2015年孟加拉国取消中国准备参与开发索的纳迪亚港，转而选择与日本合作，开发玛塔巴瑞港。这一事件背后，也可以看到印度的影子。

三是使中国海上安全压力增大。印度致力于建立“三位一体”的核打击力量，发展潜射导弹，其目标主要针对中国。印度海军与美、日等海军强国进行联合军事演习，通过与海军强国的联合军事演习，印度海军努力提高作战能力。另外，联合军事演习还含有遏制中国战略企图。印度海军进入南中国海活动，把这一区域也划入其利益范围，也将刺激东南亚国家扩张海军力量，使南中国海的局势进一步复杂化。由于印度公开支持越南在南沙领土主权问题上的立场，同后者签订了在南中国海开采石油的协议，而且同东南亚国家进行海军合作，使南沙主权争端进一步复杂化，增加了中国解决南沙问题的难度。这些都增大了中国的海上安全压力。

北约："联盟海洋战略"

在海洋安全面临着诸如海洋环境恶化、海盗肆虐、新兴国家海军快速发展等巨大挑战下，北约打着保护全球公域的旗号，根据后冷战时代海军执行的几个行动实践，在北约新战略概念指导下，于2011年1月通过了"联盟海洋战略"。北约海洋战略赋予其海军承担"集体安全与威慑""危机管理""合作安全""海上

北约集团总部

安全”的核心使命。偏重于海洋的军事领域并以军事手段解决海上安全的北约海洋发展战略，对中国海洋强国战略存在着潜在的负面影响。

一、“联盟海洋战略”构想

早在2006年北约里加峰会上，首脑们评估了能源安全存在的风险，对能源供应及其基础设施、运输受到日益增加的威胁表示了担忧。这是之前没有出现的事情。因为海上安全涉及国际安全、国家主权、能源安全、世界经济繁荣、海上执法等方面，因而引起了各国高层注意。索马里海盗肆虐于亚丁湾，给国际航运造成严重威胁。2008年，北约布加勒斯特峰会对海洋安全表示了进一步关切。鉴于北约执行上述各个行动所表现出来的强项与短板，北约希望继续加强海洋态势感知能力，更好地发挥北约在增强海洋安全方面的作用。因此在北约内部达成共识：海洋安全问题是本世纪的重要安全挑战之一。在这种情况下，北约呼吁制定新海洋战略取代1984年的海军战略。原战略主要是配合陆地军事行动——毕竟欧洲大陆才是“中心前线”，让海军把注意力放在北约的海上侧翼安全上，即重点确保北大西洋和地中海安全。2009年春季，北约成立专家组，谋划北约海洋战略。2011年1月，根据2010年11月北约理事会通过的北约新战略概念制定的《联盟海洋战略》正式公布，包括六个部分：一是制定本战略的背景、依据以及未来北约海军组织与能力的转型。二是海洋安全环境。说明海洋的重要性，维持海上自由航行，保护海上贸易航线、关键基础设施、能源流向、海上资源与环境的安全，符合联盟安全利益。但是海上安全遭受诸多威胁与挑战，包括恐怖分子、有组织的海上犯罪活动，如大规模杀伤性武器的走私、毒品走私、海盗、海上执法问题等。三是海上力量对联盟的贡献。海军承担四个使命，即威慑与集体防御、危机管理、合作安全和海上安全。四是执行海洋战略的海洋方面措施。与国际组织和相关国家建立持久关系，继续预防冲突，建设伙伴能力，确保海洋自由航行，拥护国际海洋法，促进联盟价值。五是通过连续转型执行联盟海洋战略。为执行海洋战略，联盟程序与能力转型是必需的，最大限度地使用新技术与革新，鼓励多国合作以及储备资源。北约海军转型必须使海军力量灵活、快速部署，具备协同能力和可维持性能力。六是海洋战略赋予海军的上述四个使命以及指导北约包括海军在内的军力转型。

该战略所界定的四个核心使命，“不管是支持联盟的联合行动，还是领导占支配地位的海上行动，海军发挥关键作用，……应对新战略概念所描述的防务与安全领域的所有挑战”。在新战略概念中，集体安全被概述为，根据条约第五条，成员国一贯互相支持抵御进攻。这种承诺是坚定的，具有约束力，北约威慑和抵御任何入侵、安全威胁。海洋战略则从海军方面详细阐述了集体安全与威慑。包括核威慑在内的威慑，是北约团结与共同承诺的必要的政治、军事基石。北约海军是遏制入侵的关键组成部分。北约海军对集体防御与威慑的作用包括，海军可以为联盟核威慑作出贡献；基于拥有强大的两栖作战军力和打击军力，可以投送决定性打击力量打击敌人，因而提供了常规威慑能力；通过控制海上交通线、有效的扫雷行动能力以及军队强行进入能力，保持部署、维持和支持有效的远征军力的能力；确保北约军队行动自由；提供海基弹道导弹防御能力，保护前沿部署的北约军队，保护北约免受弹道导弹威胁。

在新战略概念中，北约危机管理的使命就是使用政治与军事手段，解决危机的所有方面，即冲突之前、冲突之中和冲突之后的各种危机。北约海洋战略认为尽管危机管理主要关注陆地行动，但是海军有很大的施展空间：在武器禁运和拦截行动中，海军可以发挥关键作用，海军可以为地面行动提供精确打击，灵活部署两栖军事力量，支援地面行动，提供后勤补给、监视与侦察。为此，北约海军要维持现代的、可信的、联合的快速反应军力，可以在降级的环境中开展行动。海军必须能够实施海洋控制与海洋拒止，能够投送海洋与两栖打击军力，组建海上行动基地，为联合的军事行动提供指挥与控制，以便从海上产生决定性影响。根据北约政治框架，海军提供人道主义援助与灾难救助。发挥海军固有的快速特性，在危机出现之前或之时，进行灵活、分等级的回应，即从简单的军力存在到运用量体裁衣的军力执行特定行动，包括强化和平、执行禁运和禁飞区禁令、反恐、非战斗撤离等。为支持联合军事行动，海军提供必要的后勤支持，同时在军舰上设立联合指挥和后勤中心。北约新战略概念认为联盟受到北约范围之外的政治与安全发展的影响，当然北约也可以影响这些局势的发展。因此，北约应该通过伙伴关系增强国际安全，通过向欧洲民主国家敞开大门以及通过军控、非扩散和裁军方式增强国际安全。这就是北约的合作安全使命。北约海洋战略则提出通过伙伴关系、对话与合作，实施向外拓展政策，执行北约新战略概念。在海上实施这些政策，通过对话、信任建设与增强透明，预防冲突和发展地区安全与稳定。这些海上活动也要促进伙伴能力建设、信息交换、合作安全、北约海军与伙伴国海军的协同。海洋安全使命则是新战略概念中前所未有的，而是海洋战略独有的。北约海军的海洋安全使命是，在与国际法相一致的情况下，北约海军要承担这些任务，即在北约范围内外，在特定的框架下，进行监视与巡逻，提供信息，执行海上安全任务；维持北约海军进行全方位海上拦截行动的能力，支持海上执法，预防大规模杀伤性武器的运输与部署，为反扩散作出贡献；北约海军随时做好准备，确保自由航行；北约海军要确保能源供应安全、确保重要能源设施和海上交通线安全。

为执行其海洋战略，北约提出了海洋安全行动概念。该概念“阐明北约从事军事活动的基础。这些军事活动有助于海洋环境的安全，促进支持航海自由原则，促进联盟海洋安全利益的保护，以反映北约海洋安全行动的附加值、针对性与合法性”。北约的海洋军事行动的主要任务就是支持海洋态势感知、支持航海自由、海上拦截、打击大规模杀伤性武器的扩散、保护关键基础设施、支持海洋反恐、促进海洋安全能力建设。“北约的海洋战略决定了海上力量的四种作用：第一，防御和集体防卫。第二，危机管理。第三，以伙伴关系、对话和合作为途径开展合作安全。第四，海上安全。”总体而言，北约海洋战略偏重于军事领域，完全有别于一国的海洋战略。一般来说，一国海洋战略不仅集中于海洋军事战略，还包括海洋经济、海洋环境等方面的内容。北约海洋战略几乎完全是海洋军事战略，尽管提及了海洋环境，但纵览文本就会发现北约所提及的海洋环境也是从军事层面提出的，诸如海盗破坏海上运输等，而不是大众所理解的诸如海洋污染、渔业过度捕捞等。如果再把北约赋予海洋安全行动的使命联系起来，那么北约海洋战略的军事性再清楚不过了。这种情况的出现主要源于北约是一个政治军事联盟。因此，该战略完全是北约海军军事战略，用海洋战略标示只是意在减少北约军事性质而已。借着保护全球公域的名义，北约实际上是想从海洋上扩大北约防区。这一点要比生硬的说明强得多，且更具有隐秘性、蛊惑性。

1999年，北约通过了《联盟的战略概念》，核心是将军事联盟的防区扩展到成员国领土之外，改变了北约“集体防御性组织”的旧有模式，使之成为向全球干预的进攻性军事集团。通过轰炸南斯拉夫联盟、利比亚等国，北约把防区扩展到北约近邻，尤其是通过援助美军打击阿富汗的塔利班和基地组织，使得北约深入亚洲腹地。这些行动在陆地上践行着1999年的“战略概念”。如果说北约通过陆地和空中行动扩大北约防区的话，那么还缺少海洋行动以延伸北约防区的手段，而北约海洋战略正弥补了这一“缺憾”。而其1984年的海洋战略范围仅限于北大西洋和地中海，很显然不符合北约全球扩展的“雄心”，因此也需要在海洋方面为北约“开疆拓土”。在保护世界上“最古老的公域”海洋借口下，北约可以从海洋上扩展北约防区，而且还具有道德制高点。这一点也是2010年北约新战略概念所不具备的。因此，我们就不难理解北约的海洋战略偏重军事方面。实际上，北约的海洋战略借全面贯彻北约战略家和理论家所提出的“保护全球公域”理论之名，行从海洋干涉全球事务之实。北约海洋战略的目标是确保海洋安全，确保海洋自由通行，在世界安全话语体系中，抢占着道义制高点。但是在这一“崇高道义”中，夹着北约的“私货”——从海洋上干涉地区、全球事务。众所周知，重要的能源、贸易海峡枢纽，要么处于动荡地带，要么接近动荡区，如霍尔木兹海峡、马六甲海峡；重要的海上能源带，要么处于几个国家有争议的海域，要么处于具有重要地缘政治作用的海域，或者两个兼而有之的海域，如南中国海、北极。这些海洋枢纽、海上能源带存在潜在冲突或实实在在的危机，为北约打着确保海上安全、海上自由通行的旗号干涉地区和全球事务提供了便利，进而向这些地区以及全球推行民主等“普世价值”。

二、北约海洋发展战略的挑战与威胁

北约在执行其海洋发展战略时暴露了一些缺点，同时在财政预算吃紧的金融危机时期，北约也不可能大规模投资于海军。值得警惕的是，北约海洋发展战略对中国海洋安全具有潜在的危险。

1. 北约海洋战略具有全球性，可能围堵中国突破第一、第二岛链

北约新战略概念在谈到安全环境时明确说到，安全环境发生了巨大变化，北约需要通过在全世界寻找伙伴，建立“全球伙伴关系”，发展合作安全。就海洋战略而言，如同前述，北约明确谈到海洋安全威胁来自恐怖主义、海盗、非法海上活动，给海洋自由航行、海上基础设施（包括能源基础设施）、海上交通线安全造成潜在巨大的安全威胁，而北约国家的安全和繁荣依赖海洋安全。因此，北约海洋战略也明确提出“合作安全”概念。通过海军外交广交“朋友”，结成伙伴关系，进行联合演习，培育北约与伙伴国家海军之间的协同作战能力。北约理论家认为，北约和西方国家在亚洲面临中国的战略挑战，未来很长一段时间，中国将是北约的主要关切对象，而且是全球严重“威胁”，因此建议北约和伙伴国采取更加积极的军事导向姿态。

我们可以看到北约和亚太国家日本、澳大利亚等国结成伙伴联系国、伙伴关系国，并逐步发展海军合作。2013年4月，北约与日本签署协议，使日本从北约的伙伴联系国变成伙伴关系国，应对“正在出现的安全挑战”。尽管北约秘书长安德斯·福格·拉斯马森所说的安全挑战包括恐怖主义、网络攻击、海盗、大规模杀伤性武器及其运载工具的扩散，并不包括中国海军的快速发展。但是，欧洲学者迈克尔·保罗明确道出了北约想说又不便说的实话：北约的欧洲成员更关注海上安全问题。贸易和经济发展依靠安全和稳定，但东亚海上局势正变得越来越危

险；中国军力的加强，特别是海军现代化明显对亚太邻国造成影响，其改变现状的方式不可接受。如果考虑到中日正处于钓鱼岛争端敏感时期，北约与日本签署伙伴关系协议，不能不让人联想到北约与日本联手封堵中国突破“第一、第二岛链”的可能性。保罗还呼吁北约要配合美国转向亚洲，说未来几十年北约的一项紧迫任务就是参与美国在政治上和军事上向亚洲的转向。其中与非北约成员国日本积极合作将至关重要。实际上，日本海军已经与北约海军进行了密切合作。除了反海盗进行合作外，日本还在非洲吉布提建立的第一个海外海军基地为北约海军、空军提供帮助。同时，北约有全球行动的能力，完全有可能与亚太其他国家联手封堵中国海军，威胁中国海洋安全。北约陆军和空军已经在防区外进行了军事行动，已经前进到了中亚和南亚，估计海军进入太平洋地区是迟早的事情。

如前所述，北约拥有多支常备海军集团，绕非洲大陆巡航过12500英里，在反海盗行动中，北约军舰向东前进到了霍尔木兹海峡，因此，北约海军有能力进入西太平洋。正如其名称所标明的那样，北约是“一个真正的行动中的海上联盟”，有可能增强在世界范围内的海上行动，不仅仅是大西洋、地中海和非洲之角。北约海军具有全球行动能力，在北约海洋战略“感召”下，不排除与亚太国家海军通过伙伴关系，形成“合作安全”，围堵中国海军突破第一岛链或者第二岛链，遏制“获取了大量、现代军事能力”的中国海军，防止“对国际稳定和欧洲——大西洋安全产生难以预料的后果”。事实上，北约与正在发展海上军事力量的日、韩、澳、新等亚太国家结成伙伴国关系，形成全球合作安全关系，北约成为名副其实的全球“海上联盟”。如果北约海军与这些国家海军联手，中国海洋安全的隐患就加大了。正如前述，北约国家的安全专家担心中国海军扩展，不排除他们联手遏止中国海军发展。

2. 不排除北约介入中国与邻国的海疆纷争的可能性

北约海洋战略明确谈到，确保海洋自由航行对于维持整个北约集团的繁荣与安全至关重要，北约海军要承担起维护海洋安全的使命。在该战略的结论部分还谈到，北约海军在执行海洋战略时要运用国际法，包括条约、习惯法和联合国安理会的有关决议。这些国际条约自然包括《联合国海洋法公约》等。而且，如前所述，以美国为首的北约国家一而再，再而三地鼓噪要保护全球公域，保护全球航行自由。北约扯起的保护“最古老全球公域”的大旗，具有很大的道义性与迷惑性。而中国在东海、南海等与邻国存在海洋主权纷争，北约完全有可能以这些纷争妨碍了“国际水域”自由航行为借口，介入中国与邻国的海疆纷争。美国偏袒日本、菲律宾等国为北约树立了“榜样”，而且美国鼓动、支持东盟向中国施压，要求制定“南海行为准则”。一旦条件成熟，北约可能高调介入，要求中国南海开放自由通行。这一点似乎成为北约海洋战略的一部分。在美国战略界有着高度一致的共识，即中国的崛起构成了地区和全球秩序的最大挑战。中国政治、经济和军事建设被广泛视为极大改变了亚太权力平衡，对美国安全战略构成巨大挑战，为此，美国调整战略姿态。因此，北约战略家呼吁“最为整体的北约应该把更大的注意力放在亚太权力转移及其对联盟的影响上”，而谋划北约新战略概念给联盟“提供了这样的机会，就有关问题进行战略对话”，而“这些问题要超越当前的挑战，如阿富汗”。北约转型司令部研究报告提及，在南中国海，因为中国的行动，许多规则受到挑战。为此，理论家建议在政治上塑造这些规则，确保全球公域的安全，确保北约进入南中国海并自由使用。因此，北约支持有关国家与中国就海洋划界问题进行斗争，似乎也就成为北约的选项之一，通过这种方式牵制中国的发展。这不得不引起我们高度警觉。

3. 北约海洋战略对中国海军确保能源安全构成挑战

北约海洋战略明确赋予北约海军要确保联盟的能源安全，包括离岸能源基础设施和石油运输通道安全。世界上最重要的能源产地和通道之一就是印度洋地区。印度洋能源运输通道安全，取决于九个咽喉通道的安全：霍尔木兹海峡、苏伊士运河、曼德海峡、马六甲海峡、巽他海峡、龙目海峡、六度海峡、九度海峡和好望角，而且其中的三个海峡（霍尔木兹海峡、马六甲海峡和曼德海峡）尤其重要。中国石油进口来源地主要是来自波斯湾和非洲，要经过上述重要的三个海峡（至少是前两个），尤其是马六甲海峡——中国石油进口量的80%要通过该海峡。一旦马六甲海峡被封锁，中国能源安全就将出现“马六甲困局”。北约成员国的石油进口来源地自然也包括中东。经过霍尔木兹海峡运往世界各地的石油占海湾地区石油总出口量的90%，如果该海峡被封锁，从中东运往世界各地的石油运输就将被切断。因此，对于北约在一定程度上也存在着“霍尔木兹海峡困局”。也就是说中国和北约在印度洋地区呈现出能源竞争的态势，也都存在致命的“死穴”。如果北约为了保证能源安全和海上交通线而采取军事行动，对中国来说则是巨大的安全挑战，不仅仅是能源安全问题，即中国海军能否保证中国能源通道安全。

如同前述，北约海军在地中海维持着两个常设海军集团，而且连同其他两个常设扫雷海军集团，随时可以应召出征世界各地。事实证明，北约海军具备这种能力，北约海军远航到南非，并在霍尔木兹海峡执行护航行动，完全有能力进驻到马六甲海峡，而且北约海军通过后冷战时代的军事行动，积累了丰富的实战经验。虽然中国海军也远航到索马里海岸进行反海盗行动，但仅仅是反海盗行动，还没有打过真正的海战。此外，北约海军在印度洋地区还有比较充足的后勤基地和前沿基地，而中国海军则不具备这样的条件。因此，两相比较，北约在印度洋地区的存在则是中国能源安全的潜在威胁，对中国海军则是巨大挑战。因此，从这一点来看，中国学者们提出的“西进”战略也存在风险，一样面临着包括北约等国家的堵截。当然，为确保能源安全，北约与中国发生冲突显然不利于国际安全与稳定。因而，有学者就明确表示，“北约处理能源安全要谨慎，因为一个军事联盟更积极参与能源安全，会招致其他国家诸如中国的反应”。这里需要说明的是，美国主导的北约有可能对中国海上安全采取上述行动，而且北约也有防范中国的意图。但是，以上分析能否实现取决于北约成员国的防务预算（尤其是欧洲成员国的防务预算）、欧洲成员国海军发展进展、北约对国际形势的预判，以及对中国海军军力发展的评估等诸多因素。

大国海洋安全战略的经验启示

第一，加快远洋护卫力量建设。

目前，世界海洋强国都建立了远洋舰队来维护本国的海外利益，其目的不仅是作战，更重要的是突显其威慑能力。中国作为最大贸易国，远离国土的海上通道将首当其冲，没有强大的海军万万不行。近年来，中国的海军发展迅速，与此同时，军事专家、海军少将尹卓也指出，中国海军建设速度与我海外利益的扩展速度相比，仍显滞后，这个差距没有缩小，反而还在扩大，海军的远程投送能力也还差得很远，从近海走向远洋，从近海防御到远海护卫，现在中国的弱点就在

2018年4月12日，南海大阅兵。图为辽宁舰打击作战群

远海护卫上。到2023年，中国很有可能成为世界上最大的债权国，“一带一路”倡议也将获得巨大发展，这都需要中国海军能在“一带一路”沿线维护地区和人员的安全。像中东、非洲这些重要战略资源、能源区，恐怖主义、跨国犯罪、海盗等非传统安全威胁严重影响中国经济在当地的发展，倘若要在那里打一场非传统安全威胁的局部战争，中国的远海护卫能力还需不断加强。

第二，明确规划维护海洋安全的战略方向。

明确规划维护海洋安全的战略方向，即“中央突破，两翼张开”。“中央”为我国东海至西太平洋方向的海上交通线，远期至美洲西岸，这里直接面对强大的美日势力范围，鉴于中国当前军事实力和经济实力的考量，应采用“挤而不破”的策略，与美国进行适当牵扯；“两翼”南线为我国南海至印度洋的海上交通线，远期至地中海和非洲西岸，这里是美国军事力量部署相对比较薄弱的地带，同时，这也是中国发展的海上生命线，更是“一带一路”倡议能否顺利实施的重要保证，所以应采用“务必确保”的策略，保证我国在此处海上交通线的畅通无阻；“两翼”北线为我国黄海至日本海再到白令海方向的海上交通线，远期至北冰洋，近年来，随着科技的不断进步，北极地区已被探明存在大量可用能源，未来的资源争夺很可能发生在北极，这里是未来的战略性通道，所以应采用“预先布局”的策略，规划好未来的战略布局。未来，我国若能成功从这三条线打破围堵，确保这三条海上交通线的安全，并最终汇集于大西洋，则海洋强国成矣。

第三，全方位经略沿线海域和重要目标。

中国的海上交通线就是中国的经济命脉之一，而沿线海域和重要目标则是影响海上交通线能否安全的关键。必须要能在沿线海域拥有话语权甚至能够控制重要目标。当今世界早已不是“炮舰外交”的年代，和平是当今时代的主题，因此，中国应采取经济先行的方式，推进以合作共赢为基础的“海上丝绸之路”“冰上丝绸之路”倡议，借助美国推行“美国优先”“保护主义”的巨大反差，及时与世界各国进行政治、外交以及军事等方面的合作。同时要加强对远海重要交通线的护航，保证我国海上运输线的安全与畅通，并在重大利益区强化与当地政府的合作交流，通过联合军演等手段增强在该区域的军事力量，确保重要区域的利益安全。中国应借力巴基斯坦等其他友好国家积极开拓印度洋，跳出美、日、印、澳战略包围圈，打破马六甲海峡困局和太平洋岛链封锁。届时，中国将获得更广阔的发展空间，战略压力也将大幅度减小。

新时代的中国正日益接近世界舞台的中央。在此重要战略机遇期，中国想要完成和平崛起、实现中华民族伟大复兴的中国梦，海洋安全是关键。但中国绝不会走英国、美国海洋霸权主义道路。中国要构建具有本国特色的海洋观，形成独特的海洋发展模式。在推进海洋战略的过程中，必须要走一条和谐发展、合作共赢的中国特色道路，体现和平发展、利益共享的发展理念，为世界进步、造福人类做出应有的贡献。

中国沿海省市“十四五”海洋经济发展战略

2013年7月30日，习近平总书记在主持中共十八届中央政治局第八次集体学习时的讲话中指出：“建设海洋强国是中国特色社会主义事业的重要组成部分。党的十八大作出了建设海洋强国的重大部署。实施这一重大部署，对推动经济持续健康发展，对维护国家主权、安全、发展利益，对实现全面建成小康社会目标、进而实现中华民族伟大复兴都具有重大而深远的意义。要进一步关心海洋、认识海洋、经略海洋，推动我国海洋强国建设不断取得新成就。”党的十八大以来，以习近平同志为核心的党中央着力推进海洋强国建设，海洋事业取得了举世瞩目的成就，中国成为全球海洋治理的重要贡献者。“十四五”时期，中国将积极拓展海洋经济发展空间，坚持陆海统筹、人海和谐、合作共赢，加快建设海洋强国。目前，全国20余个省市出台了海洋发展专项规划，立足本地区自然资源禀赋、生态环境容量、城市定位、产业基础和发展潜力等，从海洋发展的空间布局、产业体系、科技创新、生态保护、开放合作、安全治理、政策支撑等方面，提出了一系列新时代经略海洋、向海图强、赋能深蓝的新思路、新方向、新机制，推进海洋强国建设向纵深发展。

上海：全球领先的国际航运中心

“十三五”时期，上海市海洋生产总值从2015年的6759亿元到2019年首次突破万亿元，2020年达到9707亿元，占全市地区生产总值的25.1%，占全国海洋生产总值的12.1%；基本形成了以临港和长兴岛双核引领，杭州湾北岸产业带、长江口南岸产业带、崇明生态旅游带协调发展，北外滩、张江等特色产业集聚的“两核三带多点”海洋产业布局；初步具备全球航运资源配置能力，《新华·波罗的海国际航运中心发展指数报告（2020）》显示，上海国际航运中心全球排名第三，国际影响力稳步提升。

“十四五”期间，上海市将提升全球海洋中心城市能级，加快建设现代海洋城市，力争到2025年，全市海洋生产总值达1.5万亿元左右；大陆自然岸线保有率不低于12%，海洋（海岸带）生态修复面积不低于50公顷。

在保护利用海洋资源方面，将加强海洋资源空间管控，拓展自然、生态、开放、游憩的公众亲海韧性空间，服务构建世界级海湾生活区。系统开展海洋调查监测，强化调查全过程质量管控。强化海域资源集约节约利用，探索建立海砂采矿权和海域使用权“两权合一”招拍挂出让机制。提升海域海岛监管数字化水平。统筹推动海洋绿色低碳发展，发展海洋碳汇。积极推进海洋生态保护修复，探索建立海洋生态保护修复项目储备和资金投入机制、编制出台海洋生态保护修复行动方案等。

在推动海洋经济发展方面，将培育海洋经济发展新动能，推进构建以新型海洋产业和现代海洋服务业为主导的现代海洋产业体系。优化蓝色经济空间布局，完善“两核一廊三带”的海洋产业空间布局。提升海洋科技成果转移转化成效，聚焦“政产学研金服用”，推进海洋产业基础高级化、创新链产业链供应链现代化。拓展海洋开放合作领域。提升海洋经济运行监测和研判能力，探索建立海洋经济发展示范区海洋经济统计核算标准体系，构建现代海洋城市发展评价体系，编制发布上海现代海洋城市发展蓝皮书。

在提升海洋灾害防御能力方面，将推进海洋观测站网建设。强化海洋预警预报服务能力。加强海洋灾害风险防控能力，探索海洋灾害风险和隐患发现识别应对技术方法，探索划定海洋灾害重点防御区，探索海洋灾害巨灾保险在海洋灾害风险防范、损失补偿、恢复重建等方面的应用。提升海洋灾害应急处置能力，探索建设海洋减灾综合示范区（社区）。

在服务重点区域发展方面，将服务临港新片区高品质发展，打造蓝色产业集群，探索建立海洋基因库，探索海洋灾害重点防御区划定先行先试，打造南汇新城“湖海相融，开放共享”的滨海生活空间。服务长兴海洋装备岛创新发展，探索创新海洋产业投融资体制，探索设立海洋产业创新发展专项资金。

“十四五”期间，上海将着力建设上海国际航运中心，力争到2025年，集装箱年吞吐量达4700万标准箱以上，航空旅客年吞吐量达1.3亿人次以上，货邮年吞吐量达410万吨以上，集装箱水水中转比例不低于52%，集装箱海铁联运业务量不低于65万标准箱，基本建成便捷高效、功能完备、开放融合、绿色智慧、保障有力的世界一流国际航运中心。

在优化空间布局方面，将发挥航运产业集聚辐射效应。洋山—临港地区打造航运改革开放和科技创新高地，提升参与国际竞争的核心功能。外高桥地区重点发展港口物流和保税物流，形成现代航运物流示范区。陆家嘴—世博地区重点发展航运高端服务、科技研发、平台经济，形成航运服务品牌优势。北外滩地区吸引具有国际影响力的航运企业、国际组织和功能性机构，形成高端航运服务功能核心承载区。吴淞口两侧区域重点建设邮轮综合产业集群，打造具有全球影响力的邮轮经济中心。浦东机场地区打造世界级国际航空枢纽，布局航空产业链，建设民用航空产业基地。虹桥地区依托虹桥国际开放枢纽和国家级临空经济示范区，建设航空企业总部基地和高端临空服务集聚区。

在引领长三角方面，将推动港航更高质量一体化发展。加快构建长三角世界级港口群一体化治理体系，推动港政、航政、口岸管理协同。推进长三角地区沿江、沿海港口多模式合作，加强长江沿线联运航线对接。加强长江口航道综合治理，推进大芦线东延伸等河海直达通道建设。规划建设临港多式联运中心、外高桥铁路进港专用线，布局内陆集装箱码头，拓展海铁联运市场。完善水上交通安全风险管控体系，构筑现代化综合航海保障体系，建设上海国际航运气象保障基地。

在凝聚发展合力方面，将建设品质领先的世界级航空枢纽。推进浦东机场四期扩建工程建设和第五跑道投用，完善机场综合交通配套。积极推进疫情常态化防控下的航线航班恢复，提高航线网络覆盖面和通达性，提升中转和空地联运服务水平，提高国内货物集散功能，打造国际航空快件处理中心。优化调整上海地区空域结构和空中航路网络规划，提升时空资源利用效率，支持构建长三角一体化空中交通管理保障体系。

在打响服务品牌方面，将强化全球航运资源配置能力。拓展临港、临空服务供应链，提升船舶和航空器维修、物资供应配送、货物集拼中转、废弃物接收等综合服务能力。提升口岸大数据智能物流服务，建设航运数据公共平台。支持金融机构参照国际通行规则为航运企业提供高效便利的金融服务，建立国际航运保险业务支持政策体系，支持航运衍生品业务发展。建设国际海事司法中心，建设亚太海事仲裁中心，依托临港新片区集聚海事仲裁及争议解决机构。高标准建设临港新片区浦东机场南侧区域，深化虹桥临空经济示范区建设，吸引航空产业链企业、机构集聚。举办北外滩国际航运论坛。促进航运与文化、旅游业融合。

在优化产业布局方面，将高水平建设邮轮经济中心。统筹邮轮港口功能布局，加快创建中国邮轮旅游发展示范区。积极争取邮轮无目的地海上游航线试点，鼓励开发多点挂靠邮轮航线，吸引国际访问港邮轮挂靠。支持宝山国际邮轮产业园、外高桥造船基地等打造邮轮配套产业平台，建设邮轮企业总部基地、邮轮船供物资分拨中心和邮轮跨境购物平台。

在挖掘科技动能方面，将促进航运中心可持续发展。提升智能港口技术与系统集成能力，推广自动化码头技术，实施洋山港智能集卡商业化示范项目。深化集装箱江海联运公共信息平台建设。推动区块链技术在航运领域的场景应用和标准制定。推动岸电、LNG加注站等清洁能源设施建设和使用，推广船舶新能源、新技术应用，加强港航污染物防治。建设平安绿色智慧机场，强化运行全过程安全管理，统筹机场污染防治配套设施规划建设，促进空港智慧化发展。

在优化治理体系方面，将全方位提升航运发展软实力。打造口岸全程运营服务平台，推进跨部门、跨系统、跨区域数据共享和功能对接。深化国际贸易“单一窗口”建设，汇集“口岸通关、港航物流”全程业务办理功能。推动口岸物流收费结构优化，加强收费公开和便捷查询。充分发挥洋山特殊综合保税区优势，

上海国际航运中心的深水港区——洋山港

实施更高水平的国际贸易自由化便利化政策和制度。争取外贸集装箱沿海捎带等制度的深化创新，推进自由贸易试验区船舶法定检验对外开放。吸引和培育国际性、国家级航运专业组织和功能性机构，促进亚洲海事技术合作中心等国际组织功能建设和能级提升，积极参与国际海事技术规则和标准的制定。

江苏："全省都是沿海，沿海更要向海"

江苏省沿海滩涂面积约占全国滩涂总面积的1/4，滨海湿地面积居全国首位。2015年至2020年，江苏海洋经济发展指数年均增速2.2%；2020年全省海洋生产总值达7828亿元，占地区生产总值的比重达7.6%，占全国海洋生产总值比重为9.8%，对地区经济增长的贡献率为2.6%。其中，江海联动，非沿海设区市抢占"半壁江山"，占全省海洋生产总值的比重为47.4%；海上风电占全国六成，发电量增长40.7%；"奋斗者"号潜海超万米，打造世界级产业集群。

"十四五"期间，江苏省将打造具有国际竞争力的海洋先进制造业基地、全国领先的海洋产业创新高地、具有高度聚合力的海洋开放合作高地、全国海洋经济绿色发展先行区、美丽滨海生态休闲旅游目的地，力争到2025年，全省海洋生产总值达1.1万亿元左右，占地区生产总值比重超过8%。

在海洋经济空间布局方面，将根据省委省政府"全省都是沿海，沿海更要向海"决策部署，打造"两带一圈"一体联动全省域海洋经济空间布局，即高质量打造沿海海洋经济隆起带、高水平建设沿江海洋经济创新带、高起点拓展腹地海洋经济培育圈。

在构建现代海洋产业体系方面，将推进海洋传统产业深度转型，促进海洋渔业稳健转型，大力发展海洋交通运输业，有序发展船舶制造业，拓展海盐及化工产业链，适度发展滩涂农林业。推进海洋新兴产业提质扩能，提升海工装备制造国际竞争力，打造海洋可再生能源利用业高地，推进海洋药物和生物制品产业化，稳健发展海水利用业。推进海洋服务业拓展升级，精心发展海洋旅游业，有效提升航运服务业，大力发展海洋文化产业，鼓励发展海洋金融服务业。推进海洋数字经济加速发展，强化海洋数字经济基础设施支撑，推进海洋经济数字化转型。推进临海产业集聚集约发展，有序推进沿江、沿太湖地区化工产业向沿海地区升级转移，打造高端绿色临海重化产业集群。

在提升海洋科技创新能力方面，将强化海洋科创力量整合，重点加强涉海重大创新平台和基础设施布局。推进海洋关键技术突破，推动建立企业为主体、市场为导向、产学研用深度融合的技术创新体系。加快海洋科技成果转化，构建市场导向的海洋科技成果转移转化机制，打通创新与产业化应用通道。打造海洋人才高地。

在建设海洋生态文明格局方面，将促进海洋经济绿色发展，加强海域、滩涂、湿地等自然资源综合保护利用，推进海洋产业生态化、生态产业化进程，建设生态海岸带。加强海洋生态保护修复，防控海洋生态环境风险，提高海洋预报预警能力。

在拓展海洋经济开放空间方面，将积极推动海洋经济高质量区域合作，坚持特色化定位、全方位协同，积极融入全国沿海海洋经济整体布局，锻造江苏海洋经济特色竞争力。持续拓展蓝色经济国际合作空间，构建开放包容、具体务实、互利共赢的蓝色伙伴关系。

江苏盐城黄海湿地核心区东台条子泥岸段

浙江："一环、一城、四带、多联"

浙江省是海洋大省，领海和内水面积为4.4万平方千米，海岛总数、海岸线长度，均居全国第一。2020年全省实现海洋生产总值9200.9亿元，比2015年的6180亿元增长48.9%，"十三五"期间年均增长约8.3%。海洋生产总值占地区生产总值的比重保持在14.0%以上，高于全国平均水平4到5个百分点，占全国的比重由9.2%提升至9.8%。全省海洋港口一体化改革实质性推进，宁波舟山港货物吞吐量连续12年稳居全球第一、集装箱吞吐量跃居全球第三。

"十四五"期间，浙江省将力争实现海洋经济实力稳居第一方阵、海洋创新能力跻身国内前列、海洋港口服务水平达到全球一流、双循环战略枢纽率先形成、海洋生态文明建设成为标杆，到2025年，全省海洋生产总值突破12800亿元，

浙江宁波舟山港

占全省GDP比重达到15%，建成一批世界级临港先进制造业和海洋现代服务业集群；到2035年，海洋强省基本建成，海洋生产总值在2025年基础上再翻一番，形成具有重大国际影响力的临港产业集群，建成世界一流强港。

在构建海洋发展新格局方面，将构建“一环、一城、四带、多联”的陆海统筹海洋经济发展新格局。“一环”引领，即以环杭州湾区域海洋科创平台载体为核心，强化海洋经济创新发展能力。“一城”驱动，即联动宁波舟山建设海洋中心城市，集聚海洋经济优势资源。“四带”支撑，即联动建设甬台温临港产业带、浙江省生态海岸带、金衢丽省内联动带、跨省域腹地拓展带，推进海洋经济内外拓展。“多联”融合，即推进山区与沿海高质量协同发展，推动海港、河港、陆港、空港、信息港高水平联动提升。

在强化海洋科技创新能力方面，将做强海洋科创平台主体，大力提升海洋科创平台能级，积极培育海洋科技型企业主体，强化海洋科技领域国际合作。加强海洋院所及学科研究能力，提升涉海院校办学水平，加快涉海类学科专业建设。推动关键技术攻关及成果转化，强化海洋科技领域关键核心技术攻关，加快推进海洋科技成果转化应用。

在建设世界级临港产业集群方面，将聚力形成两大万亿级海洋产业集群，即万亿级以绿色石化为支撑的油气全产业链集群、万亿级临港先进装备制造业集群。培育形成三大千亿级海洋产业集群，即千亿级现代港航物流服务业集群、千亿级现代海洋渔业集群、千亿级滨海文旅休闲业集群。积极做强若干百亿级海洋产业集群，即百亿级海洋数字经济产业集群、百亿级海洋新材料产业集群、百亿级海洋生物医药产业集群、百亿级海洋清洁能源产业集群。

在打造宁波舟山港世界一流强港方面，将完善世界一流港口设施，打造世界级全货种专业化泊位群，创建智慧绿色平安港口，持续提升宁波舟山港在国际货运体系中的枢纽地位。建设现代航运服务高地，着力打造宁波东部新城和舟山新城两大航运服务高地，打造一批航运服务新载体。建设多式联运港，探索推出“高铁＋航空”“班列＋班机”的空铁联运创新产品，共建共享多式联运物流中心，加快海港、河港、空港、陆港、信息港联动发展。

在增强海洋经济对外开放能力方面，将共建“一带一路”国际贸易物流圈，高水平建设宁波“17+1”经贸合作示范区，积极参与海上丝绸之路蓝碳计划。共筑长江经济带江海联运服务网。共推长三角一体化港航协同发展，共建洋山特殊综合保税区，共同谋划以油气为核心的自由贸易港。深度参与国际海洋经贸合作。

在优化海洋经济内陆辐射能力方面，将增强金衢丽省内联动能力，强化义甬舟开放大通道辐射支撑，强化对金义浙中城市群、衢州四省边际中心城市、丽水浙西南中心城市的带动作用。强化跨省域腹地拓展功能，畅通建设内陆地区新出海口和经贸合作通道。

在提升海洋生态保护与资源利用水平方面，将坚持开发和保护并重，增强海洋空间资源保护修复，加快历史围填海遗留问题处置，优化海洋空间资源保护利用。健全完善陆海污染防治体系，加强近岸海域污染治理，完善陆源污染入海防控机制。增强海岸带防灾减灾整体智治能力，完善全链条闭环管理的海洋灾害防御体制机制。

在完善海洋经济“四个重大”支撑体系方面，将深化宁波舟山港一体化、山海协作升级版建设等重大改革，打造海洋经济发展示范区、舟山群岛新区、涉海科创高地等重大平台，创新一批海洋经济重大政策，谋划建设一批海洋经济引领性重大项目，每年滚动推进300个左右海洋经济重大项目，形成一批走在前列的海洋强省建设突破点、增长点和特色亮点。

山东：“一核引领、三极支撑、两带提升、全省协同”

“十三五”时期，山东省坚持陆海统筹，做大做强海洋经济。2020年，全省实现海洋生产总值1.32万亿元，居全国第二；对全省经济增长贡献率不断提高，占全省地区生产总值比重达18.03%，占全国海洋生产总值比重达16.48%；海洋渔业、海洋盐业、海洋生物医药、海洋电力和海洋交通运输业产业规模位居全国第一；国家级海洋牧场示范区54处，占全国的40%，居全国首位；海水淡化工程日产规模37.14万吨，居全国第二；现代海洋产业占“十强”产业比重达36.9%。

全国首座大型智能化海洋牧场综合体平台“耕海1号”在山东烟台四十里湾海域正式投入运营

“十四五”期间，山东省将努力打造具有世界先进水平的海洋科技创新高地、国家海洋经济竞争力核心区、国家海洋生态文明示范区、国家海洋开放合作先导区，力争到2025年，海洋生产总值年均增长6%，海洋生产总值占全省地区生产总值比重达18.46%；港口货物吞吐量、集装箱吞吐量分别达到20亿吨、4000万标箱。

在构建海洋发展格局方面，将打造“一核引领、三极支撑、两带提升、全省协同”的发展布局。即以青岛为引领，以烟台、潍坊、威海为三个增长极，发挥黄河三角洲高效生态海洋产业带、鲁南临港产业带作用，以海带陆、以陆促海，推动海陆高效联动、协同发展。

在构建现代海洋产业体系方面，将加快海洋领域供给侧结构性改革，推动海洋经济向深海、远海进军，加快特色化、高端化、智慧化发展，促进海洋产业链迈向全球价值链中高端，构建具有较强国际竞争力的现代海洋产业体系。优化提升海洋渔业、船舶工业、海洋化工、海洋矿业等海洋传统优势产业。培育壮大海洋高端装备制造、生物医药、新能源、新材料等海洋新兴产业。加快发展海洋文化旅游、涉海金融贸易等现代海洋服务业。推动海洋产业与数字经济融合发展。

在建设全球海洋科技创新高地方面，将深入实施创新驱动发展战略和科技兴海战略，加强海洋重大科技基础设施和高端创新平台建设，打造突破型、引领型、平台型一体化的国家大型综合性研究基地。加快突破海洋关键核心技术，在“透明海洋”“蓝色生命”“海底资源”“海洋碳汇”等领域牵头实施国家重大科技项目。健全完善海洋领域标准体系，完善从基础研究、应用研究到成果转化的全链条海洋科技创新体系，推动海洋领域原始创新、颠覆性技术创新，促进海洋科技成果高效转化，培育壮大创新型涉海企业，打造海洋科技人才集聚区。

在建设世界一流的海洋港口方面，将瞄准设施、技术、管理、服务“四个一流”目标，做大做强山东省港口集团，加快从运输港、装卸港向枢纽港、贸易港、金融港转型升级。建设高效协同、智慧绿色、疏运通达、港产联动的现代化港口群，打造辐射日韩、连接东南亚、面向印巴和中东、对接欧美，服务国内国际双循环的开放接口和航运枢纽。

在维护绿色可持续的海洋生态环境方面，将坚持开发与保护并重、污染防治与生态修复并举，探索建立沿海、流域、海域协同一体的综合治理体系，持续改善海洋生态环境质量，维护海洋自然再生产能力，集约节约利用海洋资源，推动海洋生态与海洋产业协同发展，打造水清、滩净、岸绿、湾美、岛丽的美丽海洋。

在深入拓展海洋经济开放合作空间方面，将以海洋为纽带，以共享蓝色空间、发展蓝色经济为主线，围绕构建互利共赢的蓝色伙伴关系，深度融入“一带一路”、区域全面经济伙伴关系协定（RCEP），拓展涉海开放合作领域。高水平建设各类涉海论坛展会，打造国际航运服务、金融、经贸、科技等多领域、全方位的高能级海洋开放合作平台，建设东亚海洋经济合作先导区。充分发挥中国（山东）自由贸易试验区制度创新优势，创新海洋领域经贸、科技、文化、生态等方面合作机制，打造互利共赢的海洋合作中心，推动山东全方位、多层次、宽领域的海洋对外开放合作。

在推进海洋安全发展方面，将加快推进验潮站、浮标、潜标、雷达、卫星、志愿船等综合观测设施建设，构筑完善的海洋环境监测网络。实施海洋预报数字化提升工程，健全台风、风暴潮、赤潮、海冰等海洋灾害应急响应机制，提升灾情信息快速获取、研判和处置能力。加快推进“陆海空天”一体化水上交通安全保障体系建设，提升海上救助能力。

广东："一核、两极、三带、四区"

广东省大陆海岸线居全国首位，海域面积居全国第二。2020年，全省海洋生产总值1.72万亿元，连续26年居全国首位，占全国海洋生产总值约1/5；全省建成省级以上涉海平台约150个，海洋领域专利授权超1700项；连续举办5届中国海洋经济博览会，打造"中国海洋经济第一展"。

"十四五"期间，广东省提出，到2025年实现海洋生产总值年均增长6.5%，海洋生产总值继续保持全国首位；建成海洋高端产业集聚、海洋科技创新引领、粤港澳大湾区海洋经济合作和海洋生态文明建设四类海洋经济高质量发展示范区10个，打造5个千亿级以上的海洋产业集群；到2035年，将全面建成海洋强省，海洋经济综合实力跻身全球前列，建成现代海洋产业体系，成为代表我国参与全球海洋经济竞争的核心区。

在海洋经济空间布局方面，将构筑陆海一体的"一核、两极、三带、四区"的海洋经济空间布局。"一核"指着力提升珠三角核心区发展能级，构筑"双区"驱动、双城联动和多点支撑格局；"两极"即以汕头、湛江为极点加快发展东西两翼海洋经济；"三带"指统筹开发海岸带、近海海域和深远海海域三条海洋保护开发带；"四区"是指聚力建设海洋高端产业集聚、海洋科技创新引领、粤港澳大湾区海洋经济合作、海洋生态文明建设等四类海洋经济高质量发展示范区。

在构建现代海洋产业体系方面，将以打造海洋产业集群为抓手，重点推动海洋新兴产业加速发展、海洋传统优势产业提质增效。培育壮大海上风电、海洋工程装备、海洋生物医药、天然气水合物等七大海洋新兴产业，推动海洋油气化工、海洋船舶、海洋交通运输、海洋渔业等四大传统优势海洋产业转型升级。优化拓展海洋旅游、蓝色金融、航运服务等三大海洋服务业。推动海洋信息产业发展，加快现代数字技术与海洋产业深度融合。重点培育一批海洋领军企业，打造海上风电、海洋油气化工、海洋工程装备、海洋旅游以及现代海洋渔业等5个千亿级以上海洋产业集群。

在强化海洋科技自立自强战略支撑方面，将持续优化海洋科技资源配置，组织实施一批具有前瞻性、战略性的重大海洋科技项目，以南方海洋科学与工程广东省实验室为核心，构建高水平、多层次海洋实验室体系，加快筹建国家深海科考中心、国家海洋综合试验场、天然气水合物勘查开发国家工程研究中心等国字号海洋创新平台。充分发挥企业在技术创新中的主体作用，支持以企业为主导、市场为导向，协同攻关海洋领域关键核心技术和“卡脖子”技术，提升核心技术装备国产化水平。强化海洋科技人才引育，为海洋经济高质量发展提供强劲动力。

在推动海洋经济绿色高效发展方面，将坚持绿水青山就是金山银山理念，加快推进海洋生态环境的整体保护、系统修复和综合治理，构建以国家公园为主体的自然保护地体系，加大对海洋生态修复的投入，实施一批重要生态系统重大修复工程。加强政策标准衔接，建立“流域＋沿海＋海域”协同的海洋环境综合治理体系，重点加强陆源入海污染控制。推动海洋自然资源高水平保护与高效率利用，积极探索海洋生态资源价值实现机制，促进海洋经济绿色高效转型。

在加强海洋经济开放合作方面，将以横琴和前海两个合作区建设为契机，在涉海基础设施、海洋科技、产业、生态保护等方面深化与港澳合作，共同推动粤港澳海洋经济深度融合。加强与海南、广西、福建等周边省区海洋基础设施互联互通，推进生产要素自由流动，促进泛珠三角区域海洋经济协调联动发展。积极打造南海开发保障基地，强化与海上丝绸之路沿线国家和地区的合作，深度参与全球海洋治理。

在提升海洋经济综合管理能力方面，将聚焦基础设施、基础数据、公共服务，统筹安全与发展，着力推动海洋治理体系和治理能力现代化。不断完善海洋

广东自贸区珠海横琴大桥

公共服务平台，建立观测监测、预警预报、风险防范、应急救援全流程的海洋灾害防控安全体系，筑牢海洋防灾减灾防线。大力弘扬特色鲜明的南海海洋文化，推动广东水下文化遗产保护中心，以及一批海洋博物馆、海洋历史文化遗址公园等建设，为海洋经济高质量发展营造良好的人文环境。

海南：“南北互动、两翼崛起、深海拓展、岛礁保护”

海南省受权管辖海域面积约200万平方千米，是全国管辖海域面积最大的省份。2015年至2020年，海洋生产总值由1005亿元增至1536亿元，年均增长8.85%；海洋经济占全省GDP比重由26.9%上升到27.8%，接近全省经济总量的1/3。

“十四五”期间，海南省将抓住自由贸易港建设机遇，培育壮大附加值高、成长性强的海洋新兴产业，打造海洋旅游、现代海洋服务业等千亿级海洋产业集群和海洋渔业、海洋航运、海洋油气等百亿级产业集群，力争到2025年，全省海洋生产总值达3000亿元，对国民经济增长贡献率达40%左右，实现年均增长14.3%，形成海洋旅游、现代海洋服务业等千亿级海洋产业集群。

在优化蓝色经济空间布局方面，将坚持陆海统筹，实现空间布局与发展功能相统一、资源开发与环境保护相协调、全省统筹与市县差异化发展相衔接，构建“南北互动、两翼崛起、深海拓展、岛礁保护”的蓝色经济空间布局。打造两大海洋经济增长极，北部建设海洋现代服务业增长极，南部建设海洋旅游与高新技术产业增长极；提升两翼海洋经济发展水平，西翼打造西部临港临海绿色工业发展带，东翼打造东部高质量海洋生态经济发展带。

在加强深远海保护开发与合作方面，将突出资源优势，做大“深海”文章，加强深海资源开发与国际合作，加快深海空间站、国家级深远海综合试验场、国家南海生物种质资源库建设，强化岛礁生态保护修复，提升深远海综合开发服务保障能力。

在构建现代海洋产业体系方面，将用足用好自由贸易港政策，吸引资本和创新要素向海洋产业集聚，优化升级海洋渔业、海洋油气化工产业、海洋航运业、海洋旅游业、海洋文化产业等海洋传统产业，培育壮大海洋信息产业、海洋药物与生物制品产业、海洋可再生能源产业、海水淡化与综合利用业、深海高端仪器装备关键零部件与新材料研发制造业等海洋新兴产业，促进海洋产业集群化发展，强化海洋龙头企业引领带动作用，建设海洋产业示范园区，培育特色海洋产业集群，构建结构合理、相互协同、竞争力较强的现代海洋产业体系。

在增强海洋科技创新能力方面，将聚焦深海科技，以搭建海洋科技创新平台为重点，汇聚全球海洋创新要素，强化海洋重大关键技术创新，促进海洋科技成果转化，建立开放协同高效的现代海洋科技创新体系，着力打造深海科技创新中心，增强海洋科技创新驱动力。强化企业创新主体作用，实施海洋企业创新平台倍增计划，打造海洋创新型企业集群，构建创新联合体。完善海洋科技创新平台体系，构建“小核心+大网络”的深海科技开放协同创新平台体系，着眼于小试、中试、产业化、工程化等创新全过程，构建定位清晰、功能完善、上中下游紧密衔接的海洋科技创新平台网络。提升海洋科技成果转化成效，探索开展涉海

海南洋浦经济开发区挂牌

技术对接、转移服务新模式。推进海洋领域专业人才集聚。

在推进海洋经济绿色发展方面，将统筹海陆生态环境保护与治理，探索海洋经济绿色发展新模式，集约高效利用海洋资源，严守海洋生态保护红线，维护海洋生态安全，打造国家海洋生态文明示范区。严格海洋资源保护和集约利用，探索混合产业用海供给，创新集中集约用海方式。完善海洋生态环境保护与治理，构建以海岸带、海岛和自然保护地为支撑的海洋生态安全格局，扎实推进美丽海湾建设，推进陆海生态污染同防同治，加大海洋生态修复整治力度，完善海洋生态保护补偿制度。推进海洋产业绿色发展，探索建立科学的生态系统生产总值（GEP）核算制度，持续推动海口蓝碳试点工作，将海口市打造成全国乃至全球具有影响力的蓝碳示范区。

在加强海洋经济开放合作方面，将以加强与东南亚国家交流合作、密切与北部湾经济合作、促进与粤港澳大湾区联动发展、深度融入国际陆海新通道为重点，服务构建蓝色伙伴关系，不断扩大海洋经济合作网络，推动海南海洋经济深度融入国内国际双循环。

在提升海洋服务保障能力方面，将以海洋预警预报、防灾减灾、海上应急救援为重点，完善海洋公共服务体系，构建精细化、数字化的立体服务网络，提升海洋公共服务能力。

在完善海洋经济发展政策方面，将充分发挥市场在资源配置中的决定性作用和更好发挥政府作用，加快推进海洋相关产业开放，探索实行政府和社会资本合作模式（PPP）等方式吸引社会资本参与，探索推行政府政策承诺诚信制度，打造涉海服务贸易集聚区，推进投融资政策创新，实现海洋经济重点领域与关键环节的制度集成创新，形成有利于集聚国际国内要素、发展海洋经济的大环境。

广西："一轴两带三核多园区"

广西壮族自治区是我国离东盟最近的出海口，海岸线1600多千米，海域面积4万多平方千米。2019年，《中共广西壮族自治区委员会广西壮族自治区人民政府关于加快发展向海经济推动海洋强区建设的意见》出台，这是全国首个发展向海经济的政策文件。2020年，《广西加快发展向海经济推动海洋强区建设三年行动计划（2020—2022年）》出台，提出通过实施向海产业壮大、向海通道建设、向海科技创新、向海开放合作、海企入桂招商、碧海蓝湾保护六大行动，力争到2022年，以海洋经济、沿海经济带经济、向海通道经济为主体的向海经济生产总值达到4600亿元，占全区地区生产总值（GDP）比重由2019年的15%提高到2022年的20%。

"十四五"期间，广西将以海洋经济高质量发展为主题，按照"一港两区两基地"的发展定位，全力打造"一轴两带三核多园区"的海洋发展新格局，力争到2025年，全区海洋生产总值年均增长速度保持在10%左右，海洋经济对全区经济增长贡献率达到11%左右，进一步形成"南向、北联、东融、西合"全方位开放发展，打造陆海统筹、江海联动、内聚外合、纵横联动的向海新发展格局。

在发展定位方面，将重点建设"一港两区两基地"。"一港"：将北部湾国际门户港建设成为智慧港、绿色港、枢纽港，打造畅通高效的国际航运物流新枢纽和西部地区对外开放新门户。"两区"：整合北部湾全域旅游资源，培育滨海旅游新业态，打造海洋旅游精品，构建特色滨海旅游产品体系，建设北部湾滨海旅游度假区；坚持生态环境保护与海洋资源开发并重、海陆污染协同治理与生态保护修复并举，创新海洋生态综合管理体制，建设海洋生态文明示范区。"两基地"：加快建立特色明显、配套服务健全、规模经济效益显著的海洋装备产业集

广西北海国际客运港

群，打造区域特色的北部湾海洋装备制造基地；建设水产原（良）种体系，大力发展标准化池塘养殖、工厂化养殖、沿海滩涂养殖、深水抗风浪网箱养殖等，加快建设海洋牧场，提升海产品精深加工水平，打造中国南部海域蓝色粮仓基地。

在优化海洋空间布局方面，将努力构建“一轴两带三核多园区”的海洋发展新格局。培育“一轴”：以海洋经济为纽带，以西部陆海新通道为牵引，链接强首府战略和北钦防一体化战略，培育建设南宁至北钦防海洋经济成长轴。打造“两带”：以北海—钦州—防城港—玉林的临海（临港）产业园区为支撑，培育海洋经济全产业链发展，形成现代化沿海经济带。以北海—钦州—防城港的沿岸重点生态功能区为支撑，构筑沿海绿色生态屏障带。做强“三核”：以北海市铁山湾—廉州湾、钦州市钦州湾、防城港市防城湾为主要空间载体，坚持错位发展、特色发展，科学定位三个核心片区，构建海岸互通、三核互动的发展新格局。提升“多园区”：以产业园区化、基地化为目标，重点支持涉海园区提档升级，优化涉海园区营商环境，合理布局园区涉海产业，将涉海园区打造成广西海洋经济高质量发展的重要载体。

在海洋经济强区建设方面，将通过坚持陆海统筹，优化海洋空间布局。通过提升产业质量，构建现代海洋产业体系。通过强化创新驱动，打造海洋科技创新高地。通过筑牢生态屏障，推进海洋生态文明建设。通过扩大海洋开放合作，主动融入新发展格局。通过振兴海洋文化，提高海洋文化软实力。通过深化改革创新，推进海洋治理现代化。

天津：“1+4”海洋经济

“十三五”时期，天津市海洋生产总值由2016年4046亿元增加到2019年5268亿元，年均增速5.1%，占地区生产总值比重年均30%以上，单位岸线海洋生产总值34.3亿元，居全国领先；2020年天津港集装箱吞吐量1835万标准箱，增幅继续位居全球十大港口前列；国际航运船舶和海工平台租赁业务分别占全国的80%和100%。“一核两带五区”的海洋经济总体发展格局基本形成。

“十四五”期间，天津市提出“1+4”的发展定位，即建设海洋强国支撑引领区，建设北方国际航运核心区、国家海洋高新技术产业集聚区、国家海洋文化交流先行区、国家海洋绿色生态宜居示范区，力争到2025年，海洋生产总值年均增长6.5%左右，占地区生产总值比重年均达33%，海洋新兴产业增加值年均增长10%，港口集装箱吞吐量达到2200万标准箱。

在优化“双核五区一带”空间布局方面，将立足“一基地三区”功能定位，坚持陆海统筹、科学开发，以“津城”“滨城”为双核引领，南港工业区、天津港保税区、天津港港区、滨海高新区海洋科技园、中新天津生态城五大海洋产业集聚区为拓展联动，沿海蓝色生态休闲带为生态屏障，优化海洋产业空间布局，形成各具特色、协调发展的“双核五区一带”海洋经济发展新格局。

在培育新兴海洋产业方面，将立足本市新兴海洋产业的发展基础和潜力，重点培育海水利用业、海洋装备制造业、海洋药物与生物制品业、航运服务业等新兴海洋产业，积极谋划海洋经济发展新动能。

在巩固做强优势海洋产业方面，将立足本市优势海洋产业的发展基础，做强海洋交通运输业、海洋油气及石油化工业、海洋旅游与文化产业、海洋工程建筑业等优势海洋产业，打造一批“蓝色品牌”。

2022年6月26日，我国首个海洋油气装备制造“智能工厂”——海油工程天津智能化制造基地正式投产

在优化升级传统海洋产业方面，将立足天津市传统海洋产业的发展基础，重点优化海洋渔业、海洋盐业及盐化工业、海洋船舶工业等产业发展，促进传统海洋产业转型升级和绿色发展。

在促进海洋经济创新发展方面，将抢抓新一轮科技革命和产业变革机遇，以技术创新抢占未来技术制高点，集中攻克一批关键核心技术，积极搭建海洋科技创新平台，健全海洋科技成果转化机制，着力提升海洋人才保障水平，推动海洋科技向创新引领型转变，建成全国海洋科技创新和成果转化集聚区。

在推进海洋绿色可持续发展方面，将加强滨海湿地保护修复，提升海洋空间资源集约节约利用水平，强化陆海统筹的海洋环境综合治理，增强海洋防灾减灾服务能力，促进海洋产业向绿色低碳、节能环保的生产模式转变。

在推动海洋经济开放合作方面，将深化与“21世纪海上丝绸之路”沿线国家和地区海洋经济贸易文化交流合作，加强海洋产业投资合作，促进海洋领域国际交流，提升海洋事务国际影响力，打造全面开放合作新格局，推动海洋经济高质量发展，构建海洋命运共同体。

河北：环渤海开放发展新高地

河北省2020年海洋生产总值比2015年增加181亿元，占全省生产总值比重达6.38%；沿海地区生产总值由2015年8968.4亿元增至2020年12596.6亿元，人均GDP从49769元增至69431元，高于全省平均水平43%。

“十四五”期间，河北省将打造融入“一带一路”和国内国际双循环的战略枢纽、环渤海开放发展新高地，力争到2025年，全省海洋生产总值达3200亿元；港口年设计通过能力达12.5亿吨，集装箱吞吐能力达700万标准箱，海洋二次产业占比达35%；沿海地区研究与试验发展经费支出增长率达10%左右；海洋类型自然保护地面积达4.84万公顷，近岸海域优良水质比例达98%。

在构建海洋经济布局方面，将打造“一带三极多点”的海洋经济发展新格局。一带隆起，是以秦皇岛、唐山、沧州三市为依托，加快先进生产要素向沿海地区集聚，推动临港产业、海洋经济发展，着力构建功能完善、开放发展、协同高效的现代化港群体系，提升港产城互动融合发展水平，打造具有全国影响力的沿海蓝色经济带；三极带动，是以曹妃甸区、渤海新区、北戴河新区为骨干，以提高产业核心竞争力为目标，建设优势互补、各具特色的海洋经济高质量发展增长极；多点支撑，是围绕提质、增效、扩容，加快扶持一批海洋产业功能园区或产业基地，引进一批海洋产业重大项目、重大工程，培育壮大秦皇岛、乐亭、滦南、南堡、沧州临港、南大港等沿海经济园区，全面夯实海洋经济发展的平台载体。

在打造现代海洋产业体系方面，将聚焦海洋经济重点领域、关键环节，加快海洋产业延链、拓链、补链、强链，培育发展战略性新兴产业，改造提升传统产业，积极发展现代海洋服务业，加快海洋制造业与服务业深度融合，推动产业发展向链条高端延伸，构建具有较强竞争力的现代海洋产业体系。推动海洋装备制造业、海洋药物与生物制品业、海水利用业、海洋可再生能源利用业等海洋战略性新兴产业扩能提质。加快海洋渔业、海洋盐业、海洋船舶业、海洋化工业、海洋油气业等传统优势海洋产业深度转型。促进海洋交通运输服务业、滨海旅游业、海洋信息服务业、海洋环境服务业等现代海洋服务业创新发展。

在构建海洋科技创新体系方面，将深入实施科技兴海战略，大力发展海洋高新技术，加强海洋科技创新平台建设，推动各类科技资源向海洋产业集聚，构建以企业为主体、市场为导向、产学研相结合的海洋科技创新体系。优化海洋科技资源配置，强化海洋科技创新力量整合，推进海洋科技创新要素一体化配置。开展核心关键海洋技术攻关，组织开展重大海洋科技攻关，加强海洋基础性、战略性技术储备，加快海洋应用技术研发推广，提高海洋科技成果转移转化成效。支持创新型涉海企业发展，培育壮大创新型涉海企业，提升涉海企业技术创新能力。

在维护海洋生态环境方面，将全面提高海洋资源利用效率，强化海洋环境综合整治，提升海洋生态系统质量和稳定性，推进海洋生态产品价值产业化，推广绿色低碳循环生产方式。

在塑造海洋经济合作局面方面，将搭建对外开放合作承接平台，深化京津冀海洋开发合作，提升对内陆腹地辐射带动力，积极融入“一带一路”建设。

在建立海洋基础设施和公共服务体系方面，将完善涉海交通设施，加强新型基础设施建设，优化沿海能源供给，强化沿海水源保护，提升防灾减灾能力。

辽宁：东北全面振兴的“蓝色引擎”

辽宁省是东北唯一的陆海双重通道，大陆海岸线长度位居全国第五，国家级海洋牧场示范区数量位居全国第二，120多万亩的碱蓬形成独具特色的“红色海岸”，发展海洋经济有着得天独厚的优势。2020年全省海洋生产总值达到3125亿元，占全省地区生产总值的12.4%；全省造船完工534.8万载重吨，占全国造船总量的13.9%，位居全国第三，大连港进入全国十大沿海港口行列。

“十四五”期间，辽宁省将努力打造东北地区全面振兴“蓝色引擎”、我国重要的“蓝色粮仓”、全国领先的船舶与海工装备产业基地、东北亚海洋经济开

世界最大油轮“泰欧”号靠泊辽宁大连港

放合作高地，力争到2025年，全省海洋生产总值突破4500亿元，占全省地区生产总值的14%以上。

在打造东北地区全面振兴“蓝色引擎”方面，将加快“老字号”海洋产业改造升级，促进“原字号”海洋产业深度开发，推动“新字号”海洋产业培育壮大，加快构建现代海洋产业体系，深化海洋科技创新和成果转化体制改革。深入推进辽宁沿海经济带协同发展，建设辽宁现代海洋城市群，协同拓展沿海港口腹地纵深，构建国际海铁联运大通道的重要枢纽，引领全省、带动东北向海图强，打造引领东北地区全面振兴的“蓝色引擎”。

在打造我国重要的“蓝色粮仓”方面，将发挥水产种质资源优势，养护原生优质海洋生物资源，建设国家海珍品种质资源库和高品质海珍品生长繁育保护中心。提升海产品精深加工能力，创建国家骨干冷链物流基地，打造东北亚水产品冷链物流中心。发展可持续远洋渔业，创建国家远洋渔业基地，推动远洋渔业产业基础高级化和产业链现代化。发展精品海水养殖、深海智能网箱养殖，高标准建设现代化海洋牧场。

在打造全国领先的船舶与海工装备产业基地方面，将发挥老工业基地底蕴和工业基础优势，推动高技术船舶及海洋工程装备向深远海、极地海域发展，实现主力装备结构升级，突破重点新型装备，提升设计能力和配套系统水平，形成覆盖科研开发、总装建造、设备供应、技术服务的完整产业体系，培育形成具有国际竞争力的船舶与海洋工程装备产业集群。

在打造东北亚海洋经济开放合作高地方面，将推进辽宁港口群协同发展，加快东北亚国际航运中心建设，巩固面向日韩俄的比较优势，积极开拓欧美市场。大力推进太平湾合作创新区建设，努力将太平湾打造成集“港、产、城、融、创”于一体的东北亚对外开放桥头堡。依托辽宁自由贸易试验区、“一带一路”综合试验区建设，引领构建东北亚海洋经济合作新格局，拉动中蒙俄经济走廊与东北亚经济走廊对接发展，形成面向东北亚的海洋经济开放合作战略高地。

深圳：勇当海洋强国尖兵

深圳市于2018年率先发布《关于勇当海洋强国尖兵加快建设全球海洋中心城市的决定》，配套出台《关于勇当海洋强国尖兵加快建设全球海洋中心城市的实施方案（2018—2020）》，开启建设全球海洋中心城市的新篇章。2019年2月《粤港澳大湾区发展规划纲要》提出“支持深圳建设全球海洋中心城市”。2019年8月中共中央、国务院《关于支持深圳建设中国特色社会主义先行示范区的意见》明确“支持深圳加快建设全球海洋中心城市”。2020年9月，深圳市出台《关于勇当海洋强国尖兵加快建设全球海洋中心城市的实施方案（2020—2025年）》。

“十四五”期间，深圳市将夯实“四梁八柱”，重点发展海洋经济、海洋科技、海洋生态与文化、海洋综合管理、全球海洋治理五大领域，大力推进63个重点项目的示范性建设，到2025年成为我国海洋经济、海洋文化和海洋生态可持续发展的标杆城市和对外彰显“中国蓝色实力”的重要代表。

在海洋经济领域，将重点引导和推动海工装备、海洋电子信息、海洋生物医药、海洋资源开发等新兴产业加速发展，充分利用“双区”创建契机，积极引导海洋金融、港口航运开放合作，增强国际化水平，推动海洋经济跨越式发展，提升全球海洋中心城市核心竞争力。

在海洋科技领域，将通过设立海洋教育研究机构、聚集海洋专业人才、提升企业自主创新能力、规划建设海洋科技创新走廊、加强海洋科技服务等举措，建立从基础研究、应用研究到成果转化的全链条海洋科技创新体系，打造一流的海洋创新引擎，提升深圳海洋科技的全球影响力。

在海洋生态与文化领域，将海洋生态环境保护、海洋文化发展与城市发展紧密结合起来，重点构建世界级绿色活力海岸带、彰显海洋文化特色、打造国际滨

深圳湾

海旅游城市，营造陆海融合、人海和谐的国际海滨城市氛围，提升深圳海洋文化在全球的辐射力。

在海洋综合管理领域，将从完善海洋规划体系、健全海域管理体制机制、加强海洋基础能力建设等方面入手，对智慧海洋建设、海洋防灾减灾、海洋执法维权等进行全面部署，提升海洋法治化、精细化管理水平。

在全球海洋治理领域，将以举办国际海洋高端交流活动、谋划国际海洋事务组织落户深圳、构建“全球资源+中国消费”的远洋渔业格局等举措为重点，助力“21世纪海上丝绸之路”建设，争取为在国际海洋法律、规制、行业标准制定方面发出“中国声音”贡献深圳力量。

“十四五”期间，深圳将实施63个涉海重点项目，力争通过一批标志性、代表性、关键性项目，形成示范效应并持续发力，有效支撑全球海洋中心城市建设。

持续推动40个重点项目，包括推动设立国际海洋开发银行、按程序组建海洋大学、建设智能海洋工程制造业创新中心、推动建立国家深海生物基因库、规划建设国家远洋渔业基地和国际金枪鱼交易中心、设立深圳港航发展基金、建设优势特色海洋学科、推动设立中国海洋大学深圳研究院等。

大力推动23个新增重点项目，包括按程序组建国家深海科考中心、推动设立海洋产业发展基金、争取试点启运港退税政策、推动组建中国海工集团、推动建设中船南方海洋工程技术研究院、建设蛇口国际海洋城、规划建设水产实验基地、推动深圳湾红树林湿地纳入拉姆萨尔国际重要湿地名录、开展海洋生态环境基础调查、建设前海湾人工沙滩等。

此外，还将健全体制机制，成立深圳市全球海洋中心城市发展委员会，由市政府主要负责同志担任主任委员，审议全市重大涉海项目、规划和政策。强化专项资金扶持，积极争取国家和省重大专项资金，研究设立深圳市促进海洋产业发展专项资金。

珠海：构建“432”高质量现代海洋产业体系

“十三五”期间，广东省珠海市坚持“保护优先、依海而富、以海而强、人海和谐”理念，2016年至2019年，全市海洋产业总产值从1086亿元增至1594.3亿元，年均增长13.7%；相继颁布实施的《珠海经济特区海域海岛保护条例》《珠海经济特区无居民海岛开发利用管理规定》，是我国首次建立全面规范海域海岛管理、保护海域海岛生态环境、发展海洋经济综合性和统领性的地方性法规。

“十四五”期间，珠海市将全力构建“432”高质量现代海洋产业体系，形成两个超五百亿级产业集群（海洋旅游、海洋油气化工）、一个超三百亿级产业集群（海洋高端装备）、两个超百亿级产业集群（海洋生物、海水综合利用），打造1—2个海洋经济高质量发展示范区，打造具有国际影响力的现代海洋产业集群，力争到2025年，全市海洋生产总值达1530亿元，年均增速达8%左右，海洋生产总值占全市地区生产总值比重达25.5%左右。

在优化创新海洋经济布局方面，将塑造现代海洋城市新格局。按照海陆统筹、集群发展、深度合作的布局理念，高质量打造“一带双核三组团”，重点建设一批高质量海洋经济发展示范区和特色化海洋产业集群。深度参与珠穗深、珠港澳和珠中江阳三大海洋圈合作，构建高质量开放型现代海洋城市新格局。

在构建现代海洋产业体系方面，将强化现代海洋城市硬实力。以高质量发展为导向，突破发展海洋高端装备、海洋生物、海洋新能源、海水综合利用四大海洋新兴产业，巩固提升海洋旅游、海洋油气化工和海洋交通运输三大海洋优势产业，加快发展海洋金融和航运服务两大海洋高端服务业，构建“432”高质量现代海洋产业体系，打造具有国际影响力的现代海洋产业集群。

在完善海洋科技创新体系方面，将塑造现代海洋城市新动能。深度参与粤港

珠海横琴口岸

澳大湾区科技创新中心“两点两廊”建设，加强海洋基础研究与应用研究，不断提升海洋源头创新能力和成果转化能力，大力培育涉海创新型领军企业和中小企业，逐步壮大海洋科技创新人才队伍，打造具有国际凝聚力的海洋科技创新高地。

在建设海洋经济支撑体系方面，将增强现代海洋城市软实力。促进海洋生态、海洋开放合作和海洋管理与海洋经济协调发展，打造海洋生态高地、海洋开放高地和海洋管理高地，增强珠海现代海洋城市软实力。

在实施近中期战略性行动方面，将落实现代海洋城市新使命。围绕珠海建设现代海洋城市战略使命，分近期和中期两阶段，循序渐进实施一系列重点工程和任务。其中，近期为2021—2025年，内容包括：实施科技蓝海工程、补链强链工程、美丽海洋工程，出台海洋经济政策，强化海洋人才支持，推进集约高效用海，支持设立海洋学科，深化海洋国际交流；中期为2026—2035年，内容包括：拓宽涉海融资渠道，加强用海用地保障。

大连：海洋中心城市

辽宁省大连市位于东北亚经济圈中心位置，三面环海，是东北地区最重要的综合性外贸口岸。滩涂、海岛资源非常丰富，得天独厚的北纬39度地域环境能生产世界公认的优质海产品，海工装备和造船业国内保持领先，海洋盐业化工等产业久负盛名。早在2003年，中共中央、国务院就提出要充分利用东北地区现有港口条件和优势，把大连建成东北亚重要的国际航运中心。

“十四五”期间，大连市提出，到2025年，将建成中国北方重要的海洋中心城市，海洋经济增加值比2018年翻一番；到2035年，将建成东北亚海洋中心城市，海洋经济实现高质量发展，形成以海洋战略性新兴产业和现代海洋服务业为支撑的现代海洋产业体系。

在提升东北亚国际航运中心能级方面，将全面推进大连东北亚国际航运中心和物流中心建设，提升航运服务水平，优化综合服务环境。

在发展现代海洋产业方面，将继续做大做强滨海旅游业，优化调整现代海洋渔业，转型升级高端船舶及海洋工程装备制造业，创新发展海洋生物医药及新材料产业，培育壮大海洋化工业，大力开发海洋新能源产业。

在建设海洋科技创新高地方面，将完善海洋科技创新体系，加强重点海洋科技攻关，提升企业自主创新能力，集聚海洋科技创新资源。

在加强海洋生态文明建设方面，将完善海洋规划体系，实施总量控制和红线管控，加强海洋污染综合防治和生态修复，彰显海洋文化特色。

在全面提升海洋综合管治能力方面，将依托国家战略，深度参与“一带一路”建设，增创海洋经济开放合作新优势。

大连中山广场

宁波："一城、三湾、六片、四向"

浙江省宁波市是浙江省海洋经济发展示范区的核心区。2020年，宁波海洋经济总产值达5384.3亿元，实现海洋生产总值1674亿元，占全市地区生产总值比重为13.5%，占全省海洋生产总值比重约为18%；宁波舟山港迈入世界一流强港行列，2020年完成货物吞吐量11.72亿吨，连续12年位居世界首位；完成集装箱吞吐量2872万标箱，全球排名第三。

"十四五"期间，宁波市将深入推进海洋强市建设，坚持全球对标、港城融合、创新驱动、人海和谐，加快建设综合实力强、空间结构优、生态环境美、治理水平高的全球海洋中心城市，力争到2025年全市海洋生产总值突破3200亿元，占全省海洋生产总值比重达到25%；宁波舟山港货物吞吐量达13亿吨、稳居全球第一，集装箱吞吐量达3500万标箱、稳居全球前三，宁波舟山国际航运中心综合发展水平跻身全球前八；率先形成滨海旅游中心；海洋综合治理成为标杆，海洋综合管理改革和数字化走在全国前列。

在构建陆海统筹发展新格局方面，将突出"一城"引领、"三湾"协同、"六片"支撑、"四向"辐射。"一城"引领：全力打造全球海洋中心城市。"三湾"协同：统筹推进杭州湾、象山湾、三门湾协同发展，促进港产城融合发展。"六片"支撑：高起点打造前湾片区、镇海片区、北仑片区、象山港片区、象东片区以及南湾片区，形成具有国际竞争力的现代海洋产业集群。"四向"辐射：强化"沪甬北向""沿江西向""义甬舟西南向""沿海南向"四个方向联动发展。

在全力建设世界一流强港方面，将建设一流港口设施，打造世界级全货种专业化泊位群，巩固提升宁波舟山港国际集装箱运输主要枢纽港地位。大力拓展港

宁波市东部新城核心区

口腹地市场，创新“无水港”口岸监管模式。提升战略资源配置能力，探索油气全产业链为核心的大宗商品投资便利化、贸易自由化。打造现代航运服务高地，率先制定外轮远程检查指南和远程复查指南等国际海事规则，深化船舶交管、商渔碰撞风险防范领域创新实践。到2025年，建成世界级全货种专业化泊位群，大型专业泊位达40个，布局42个内陆“无水港”及营销网络，推进东华能源200万立方米LPG地下洞库、穿山北LNG接收站等项目建设，油气贸易总额突破4000亿元，打造具有特色的区域性航运服务中心等。

在提升海洋科技创新能力方面，将做强海洋科创平台主体，打造全国海洋新材料科技创新高地，打造海洋科技型中小企业、高新技术产业、创新型领军企业梯队，完善梯次培育和全链条培育机制。推动关键技术攻关及成果转化，试点推行科技项目推荐“悬赏制”、评审专家“邀请制”、项目评审“主审制”、项目经费“包干制”。加强海洋学科及人才队伍建设，建立跨区域新型实验室体系。

在做大做强现代海洋产业方面，将打造绿色石化龙头产业，推进镇海、北仑、大榭等三大石化园区协同融合发展，做强港航物流服务业、海洋工程装备业、海洋文化旅游业及现代海洋渔业四大支柱产业，培育海洋新材料、海洋电子信息、海洋生物制品与医药、临海航空航天及海洋新能源五大涉海特色产业。

在保护海洋蓝色家园方面，将统筹海岸带保护与开发利用，推进海岛统筹开发利用，加强海洋生态保护与修复，强化海洋污染综合治理。

在扩大海洋合作交流方面，将通过推进“一带一路”合作交流，积极探索建设中东欧海洋经济交流合作平台。加强长江经济带合作发展，打造内陆地区重要出海口。积极融入长三角一体化，共建沪杭甬湾区经济创新区。强化都市区辐射带动作用，推进甬舟、甬绍、甬台等一体化合作先行区建设，创新海洋经济联动模式，提升宁波海洋经济发展的首位度和竞争力。

在提升海洋综合治理能力方面，将建设数字海洋“智慧大脑”，完善海洋资源管理制度，深化海洋资源要素配置市场化改革，提升海洋防灾减灾治理能力。

在完善海洋经济“四个重大”支撑体系方面，将推动宁波舟山港一体化2.0、海洋资源配置市场化等重大改革。努力构建海洋产业集聚平台、海洋科技创新平台、海洋对外开放平台，打造宁波国家级海洋经济发展示范区、前湾新区、宁波中国—中东欧国家经贸合作示范区等重大平台。创新实施口岸监管政策、自贸区开放政策、大宗商品贸易政策等一批海洋经济重大政策。谋划建设在海陆基础设施、现代海洋产业、海洋科技创新、生态环境保护等领域的一批海洋经济引领性重大项目，形成一批走在前列的海洋强市建设突破点、增长点、特色亮点。

温州：“一廊驱动、一区示范、三带拓展、八大平台支撑”

浙江省温州市2020年实现海洋产业增加值1200亿元，比2015年的790亿元增长51.9%，年均增速达8.7%，高于全市GDP增速1.5个百分点；海洋产业增加值占地区生产总值的比重达17.5%，高于全省平均水平近3.5个百分点；成功获批国家海洋经济发展示范区，开展民营经济参与海洋经济发展新模式、海岛生态文明建设两大示范，取得阶段性成果。

“十四五”期间，温州市将力争实现海洋经济实力保持全省前列，海洋科技创新能力大幅跃升，双循环战略枢纽率先形成，智慧安全基础设施网络成型，海洋生态文明建设全国示范，全市海洋产业增加值突破2000亿元，占全市GDP比重达20%左右，年均增速达8%。

在构建海洋经济发展新格局方面，将构建“一廊驱动、一区示范、三带拓展、八大平台支撑”的全域海洋经济发展新格局。其中：“一廊”驱动，即依托环大罗山科创大走廊，打造服务海洋经济高质量发展的科创策源地；“一区”示范，即着力打造高质量发展的温州海洋经济发展示范区；“三带”拓展，即通过临港产业带、生态海岸带、西部生态休闲产业带建设，推动海洋经济内外联动拓展；“八大”平台，依托临港产业带建设，深化产业平台整合提升，重点建设沿海八大经开区（高新区）。

在增强海洋科技创新能力方面，将依托“一区一廊一会一室”，做强海洋科创平台和主体，推动海洋科创资源集聚建设，实施海洋科技创新企业主体“双倍增”计划。围绕海洋生物医药等方向，实施海洋“关键核心”技术攻坚，推动海洋科技攻关及成果转化。构建海洋科教人才支撑体系，加快集聚海洋高层次人才，构建海洋人才活力生态。

在构建现代海洋产业体系方面，将聚焦“5+5”产业链，构建现代海洋渔业、临海先进制造业、海洋现代服务业等为特色的现代海洋产业体系，培育壮大海洋经济发展新动能。发展现代海洋渔业集群，以国家级海洋牧场示范区建设为核心，高水平打造东部海洋渔业产业带。打造临海先进制造产业集群，衔接全市五大战新产业，高水平建设临港产业带。培育海洋现代服务业集群，着力发展以三大核心港区为重点的临港物流业，建设以“一核一带一岛一港”为重点的滨海文旅休闲度假城市。

在建设陆海联动基础设施方面，将坚持海域、海岛和海岸带一体化开发，加快“港产城一体化”建设，加快推进港口、航道、集疏运通道建设，打造辐射东南沿海重要枢纽港口；完善安全智慧防灾减灾网络。实施海塘安澜千亿工程，构建联合防灾减灾体系；构筑人海和谐的滨海空间，建设温州东部新区、浙江温州海洋经济发展示范区，省生态海岸带温州（苍南）168示范段，推动陆海联动基础设施建设。

在扩大海洋经济合作交流方面，将充分把握长三角一体化和“一带一路”的建设契机，全面推进温州海洋经济各领域对外深度交流与合作，提升海洋开放合作新高度。增强对外开放能力，打造海洋经贸合作高能级平台，到2025年累计开通外贸海运航线15条。深化区域合作交流，高水平建设长三角南大门区域中心城市，深化海峡两岸（温州）民营经济创新发展示范区建设。推动海洋全域发展，打造山海协作工程升级版，统筹设立“产业飞地”、多点布局“科创飞地”、规范发展“消薄飞地”。

在打造可持续海洋生态环境方面，将树立海洋生态文明意识，聚焦聚力推进长江经济带生态环境系统保护修复，妥善处置浅滩二期等历史围填海遗留问题；统筹海陆污染治理，重点对瓯江、飞云江、鳌江等3条主要入海河流及10个市级入海溪闸推进污染物减排；集约高效利用海洋资源，科学有序开发海洋空间，推动海洋绿色低碳发展，积极探索洞头“零碳岛”建设，构建海洋生态文明体系，保障海洋经济可持续发展。

在创新海洋经济发展体制机制方面，将创新海洋综合管理体制机制，持续探索民营经济参与海洋经济发展新模式，深化海洋经济领域金融改革创新，探索海域资源资产管理模式，构建海洋经济特色统计体系，构建海洋经济有效投资机制，实施省市县长项目工程和市级“152”项目工程，提高海洋管理社会化、法治化、智能化、专业化水平，建设海洋综合管理强市。

台州：“一体、两翼、三带、六区”

浙江省台州市2020年实现海洋生产总值700亿元，比2015年480.67亿元增长45.63%，年均增长9.13%，占地区生产总值比重为13.30%；台州港货物吞吐量突破5000万吨，集装箱吞吐量达到50万标箱；全市“湾（滩）长制”试点工作经验在全国推广。

“十四五”期间，台州市将积极构建“一体、两翼、三带、六区”的海洋经济新发展格局和“3+3+4”的现代海洋产业体系，建设成为全省湾区经济发展试验区，力争到2025年，全市海洋生产总值力争突破1000亿元，较2020年增长42.86%，年均增速8.6%；全市港口吞吐量达到1亿吨，标准集装箱吞吐量达到100万标箱。

在构建海洋经济新发展格局方面，将突出“一体、两翼、三带、六区”。“一体”引领：以台州湾区为主体的海洋经济发展核心区，规划形成高端服务、创新集聚、实业制造、港口枢纽四位一体的湾区核心。“两翼”拓展：提升发展南北两大湾区重点发展片区，包括“北翼”三门湾区（即北部湾区）和“南翼”乐清湾区（即南部湾区），扩大发展空间。“三带”支撑：串联三条各个县（市、区）和重点平台的海洋经济发展功能带，包括海洋产业创新带、海洋休闲旅游带、海洋产业联动带，促进协同发展。“六区”并进：重点谋划和打造台州湾新区、台州湾经济技术开发区、海峡两岸（玉环）经贸合作区、大陈岛国家级海岛现代化示范区、温岭东部新区、三门东部海洋经济发展示范区，强化载体建设。

在强化海洋创新能力培育方面，将大力提升海洋科创能力，深化“总部+基地”“研发+生产”飞地模式，完善“微成长、小升规、高壮大”梯次培育机

浙江台州市海岸线一角

制，实施创新链产业链贯通工程。加大涉海人才引进培养，探索实施“线上+线下”联动引才，大力推进“柔性引才”，实施工匠培育工程和“金蓝领”职业技能提升行动。推进海洋科技成果转化。

在建设“3+3+4”现代海洋产业体系方面，将全面融入长三角，主动拥抱智慧经济，充分发挥区域特色与产业优势，不断做大港航物流、海洋生物医药和近岸文旅三大核心产业，全力做强现代海洋渔业、海洋新能源和临港装备制造三大优势产业，积极培育海洋装备制造、海水淡化与综合利用、风电、化工新材料四大新兴产业。

在完善涉海基础设施和公共服务方面，将围绕海洋经济发展需求，重点加强港口物流、海洋信息、防灾减灾等重大基础设施建设，构筑“内联外畅”的高品质交通运输网络，推动“四港”联动发展，实施港口智慧化升级改造，推进海塘和渔港改造升级，提升海洋灾害预警预报及处置能力，提升海洋综合服务智治能力，加快构建适度超前、功能配套、安全高效的现代涉海基础设施支撑体系和公共服务体系。

在加快海洋经济开放协调与共享发展方面，将加快打造“一带一路”重要节点，深度融入长三角发展总体布局，加快探索以开放促改革、促发展的新路径，探索开通“义新欧+台州”班列，打造“自贸区+大湾区”双轮驱动的高级开放形态，打造海洋产业开放合作新高地。

在加强海洋生态保护和资源利用方面，将加强海洋环境污染防治，推进海洋生态建设和修复，合理开发利用海洋资源，大力发展低碳绿色海洋产业体系，促进海洋环境保护和海洋经济绿色发展。

舟山：海洋经济高质量发展示范区

浙江省舟山市是全国第一个以群岛建制的地级市，也是我国最大的群岛城市。到2020年底，海洋生产总值占GDP比重达65%以上，舟山港域港口货物吞吐量达5.71亿吨，国内首屈一指的鱼山石化基地一期全面投产。

“十四五”期间，舟山市将建设海洋经济高质量发展示范区，与宁波共建全球海洋中心城市，力争到2025年，海洋经济占比达70%以上，舟山港域港口货物吞吐量达7亿吨，初步建立具有国际竞争力的现代海洋产业体系，初步建成具有全国影响力的海洋电子信息科创高地、海洋生物科创高地、石化新材料科创高地、海洋智能制造科创高地。

在推进舟山江海联运服务中心建设方面，将大力推动宁波舟山港建设世界一流强港，加快建设国际一流江海联运枢纽港，打造以大宗商品中转、储运、加工、贸易为特色的国家战略重要支点。推动建设智慧绿色航运，提升海事服务能级，打造海事服务国际品牌。

在建设海洋科技创新策源地方面，将积极谋划滨海科创大走廊，加快构建技术创新中心体系，支持高新技术企业和科技型中小微企业成为创新重要策源地，支持浙江海洋大学、浙大海洋学院建设国内一流海洋类高校，布局海洋大科学装置，打造海洋电子信息、海洋生物、石化新材料、海洋智能制造等优势领域的区域性产业创新中心，强化产学研协同，积极承接沪杭甬科创和智力资源辐射。

在构建现代海洋产业体系方面，将提升船舶与临港装备产业，建设江海联运航运科技产业示范基地，建设世界佛教文化圣地和国际海岛休闲度假目的地，探索建设国际数字离岛，实施智慧海洋试点示范工程，开展智慧岛示范建设，建设国家特色海洋电子信息产业基地，打造全国特色海洋新能源制造与应用示范基

我国第一个国家级群岛新区——舟山

地，建设高能级产业平台，不断增强现代海洋产业体系核心竞争力。

在发展现代渔农业方面，将加快渔业转型升级，发展海水养殖业，提高水产加工现代化水平，打造渔业全产业链。推进国家远洋渔业基地、国家绿色渔业实验基地、远洋渔业特色小镇建设，打造中国远洋渔业第一市。

在加强海洋海岛综合保护开发方面，将严格落实海洋红线，完善海洋生态环境承载力监测预警体系，划定群岛特色生态控制区，全面实施“美丽海岛”“蓝色海湾”和舟山渔场修复振兴工程建设，加强主要流域源头地区生态保护，全面提升海洋生物多样性保护水平。

连云港：“一带贯穿、四圈聚力、两轴辐射”

“十三五”时期，江苏省连云港市海洋生产总值由2015年的682.8亿元增加到2020年的855.5亿元，占全市GDP比重保持在26%左右。

“十四五”期间，连云港市海洋经济发展将立足“一区一地一点一城市”，即国家海洋经济发展示范区、江苏沿海高质量发展产业高地、“一带一路”强支点、国家现代海洋城市。

在构建海洋经济发展格局方面，将构建“一带贯穿、四圈聚力、两轴辐射”的发展格局，形成港、产、城、海深度融合发展的海洋经济新空间。“一带贯穿”，即统筹山、海、港、产、城，高标准打造海洋产业集聚带、滨海特色城镇带、沿海生态风光带，高水平建设环海州湾蓝色经济腾飞带。“四圈聚力”，即重点建设连云、徐圩、赣榆、灌河四个临港产业圈，推动产业集群化、协同化、高端化发展，实现区域错位发展、联动发展。“两轴辐射”，即打造东陇海海洋经济辐射轴，拓展海洋经济发展战略腹地，培育连淮宁海洋经济辐射轴，积极融入长三角，培育海洋经济发展新空间。

在构建现代海洋产业体系方面，将提档升级现代海洋渔业、海洋交通运输业、滨海旅游业等海洋优势产业，提质赋能海洋装备制造业、海洋新材料产业、海洋清洁能源产业、海洋药物与生物制品业、海水利用业、海洋服务业等海洋新兴产业，集聚集约石化产业、冶金产业等临港产业。

在强化海洋科技创新力量方面，将强化海洋科技创新平台建设，攻克海洋领域重点技术，推动海洋科技成果加快转化，构筑海洋人才集聚高地，营造海洋创新创业优良环境。

在促进海洋生态文明建设方面，将加快海洋产业绿色低碳转型，促进海洋空

江苏连云港自贸片区

间资源节约集约利用，鼓励养殖用海与其他用海活动融合发展、立体利用，鼓励“风光渔”“风电＋海洋能”等其他海域综合利用模式，加强海洋生态系统保护修复，改善海洋生态环境质量，提升海洋防灾减灾能力。

在完善涉海基础设施体系方面，将构建现代化综合交通网络体系，强化稳定高效的能源供给，提高海河水利支撑能力，高标准布局智慧海洋“新基建”。

在构建海洋开放新格局方面，将高质量推进东西双向开放，宽领域推动南北深度融合，高标准建设自贸试验区，实举措深化国际人文交流。

泰州：打造沿江海洋经济创新带

江苏省泰州市拥有长江岸线125.68千米，且12.5米深水航道全线贯通，具有通江达海的区位优势。截至2020年底，泰州市共有涉海单位454家，实现海洋生产总值788.6亿元，占地区生产总值比重为14.8%。海洋船舶工业已成为泰州海洋经济的第一大板块，全市共有海洋船舶工业企业72家，2020年实现造船完工量93艘916.36万载重吨，分别占全省、全国、全球的52.9%、23.8%和10.42%。

“十四五”期间，泰州市将以构建现代海洋产业体系为重点，打造创新引领、富有活力的沿江海洋产业集聚区，力争到2025年，海洋经济综合实力和竞争力继续保持全省非沿海设区市领先地位，全市海洋生产总值超过1000亿元，年均增长超过6%。

在优化空间布局方面，将构建“一带、五区”的海洋经济空间格局，引导海洋经济转型升级和集聚发展。“一带”，即打造沿江海洋经济创新带，实现布局成带成片、港口成组成列、产业成群成链，包括以船舶制造为国际纽带，加强与全球海洋经济的联系，提升国际航运和国际贸易服务质效；以港港战略联盟为合作纽带，实现更高层次的江海联动；以跨江融合发展为区片纽带，加速集聚发达地区海洋创新要素。“五区”，即培育海洋经济重点发展区，包括靖江船舶及配套产业集聚区、泰州港海运与物流产业集聚区、泰兴海洋制造业产业集聚区、姜堰涉海设备制造业集聚区、医药高新区海洋生物产业集聚区。

在建设现代海洋产业体系方面，将推动海洋经济新旧动能转换，形成极具泰州特色的海洋产业核心竞争力。力争到2025年，保持造船完工量、新接订单量、手持订单量国内领先地位，推动骨干造船企业全面建立现代造船模式；加强高附加值船舶配套业发展，不断提升船舶配套能力，定向招引国内外知名船舶配套企业，加快建设全球服务网络；大力发展海洋交通运输业，推动“智慧港口”建设，力争到2025年底实现港口吞吐量超4.5亿吨、集装箱吞吐量超45万标箱。在海洋新兴产业发展上，大力发展海洋工程装备制造产业，积极发展海洋药物和生物制品业，扶持壮大涉海文化产业。推进海洋现代服务业加速升级，做大做强现代船舶生产性服务业，有效提升航运服务业，加快发展海洋信息服务业，鼓励发展海洋金融服务业。

青岛：“双核引领、湾区联动、集聚发展、区域协同”

山东省青岛市于2016年获批国家“十三五”首批海洋经济创新发展示范城市，连续出台《“海洋+”发展规划》《建设国际先进的海洋发展中心行动计划》《大力发展海洋经济，加快建设国际海洋名城行动方案》《新旧动能转换“海洋攻势”行动方案（2019—2022年）》等一系列规划措施，努力推动海洋经济高质量发展和国际海洋名城建设全面起势。“十三五”时期，全市海洋生产总值年均增长14%以上，占GDP比重由2015年末的22%提升至2019年的28.7%。

“十四五”期间，青岛市将坚持陆海统筹协调发展，突出以海带陆、以陆促海，形成“双核引领、湾区联动、集聚发展、区域协同”发展布局，海洋生产总值年均增速7%左右，海洋经济规模继续走在全国、全省的前列，力争到2025年全球海洋中心城市影响力显著提升。

在坚持陆海统筹协调发展方面，将突出以海带陆、以陆促海，形成“双核引领、湾区联动、集聚发展、区域协同”发展布局。强化西海岸新区、蓝谷核心区的“双核”引领作用，促进胶州湾东岸、胶州湾西岸、胶州湾北岸、崂山湾—鳌山湾西岸等湾区联动，强化重点海洋产业园区建设，推动海洋产业集聚发展，推进胶东经济圈海洋经济一体化发展。

在构建现代海洋产业体系方面，将按照“3+X”的思路，重点发展海工装备制造、海洋药物和生物制品、海水淡化等海洋战略性新兴产业及其他潜力产业，发挥中国海洋工程研究院、中国船舶集团海洋装备研究院、青岛海洋生物医药研究院、青岛海洋食品营养与健康创新研究院等科技平台作用，建立健全“企业+研究院”前端、中端、后端对接机制，推进一批支撑作用强的重点项目建设，提高深远海开发技术研发和装备集成建造水平，加快构建现代海洋产业体系。

青岛西海岸新区

在加快建设世界一流港口方面，将加快港口资源整合，实现由目的地港向枢纽港、由物流港向贸易港“两大转型”。推进国际航运服务中心建设，进一步完善现代航运服务体系，加快建设中日韩跨境电商零售交易分拨中心、上合组织国家地方特色商品进口体验交易中心，打造上合组织国家面向亚太市场的出海口。

在强化海洋科技创新引领方面，将加快建设国际海洋科技创新中心，依托海洋试点国家实验室、中国科学院海洋大科学研究中心、国际院士港等，实施海洋关键领域科技攻关，完善海洋科技成果交易转化、海洋高技术产业示范等机制。推动部、省、市共建国家深海基因库、国家深海大数据中心、国家深海标本样品馆，形成深海资源全链条服务支撑能力。支持中国海洋大学加快建设特色显著的世界一流大学，培育海洋拔尖创新人才。

在深度参与全球海洋治理方面，将坚持“走出去”和“引进来”相结合，积极参与海洋命运共同体和蓝色伙伴关系建设，搭建海洋领域国际合作交流平台，建设海洋命运共同体先行示范区。

在加强海洋生态文明建设方面，将践行“绿水青山就是金山银山”的理念，深入推进海洋资源集约节约利用、海洋环境综合治理，提高海洋防灾减灾能力，不断优化沿海人居环境和景观。加强海洋生态保护与修复，提升海洋生态系统碳汇增量，助力实现碳达峰碳中和目标。

烟台：“一核引领、两翼突破、七湾联动”

“十三五”时期，山东省烟台市主要海洋产业产值由3100亿元迈过4000亿元大关，“六个突破”领域海洋产业产值约占全市主要海洋产业产值的80%；集中打造莱州湾、庙岛群岛、四十里湾、丁字湾等4条海洋牧场发展带，启动亚洲最大的海洋牧场建造项目“百箱计划”，“长鲸1号”“长渔1号”“耕海1号”等一批多种类型现代化海洋牧场综合体示范工程投入运营，海洋牧场产业链产值达520亿元，现代渔业走在全国前列；烟台船舶及海工装备基地成为全球四大深水半潜式平台建造基地之一、全国五大海洋工程装备建造基地之一，国内交付的半潜式钻井平台80%在烟台制造；“蓝鲸1号”“蓝鲸2号”在南海顺利完成两轮可燃冰试采任务，将我国深水油气勘探开发能力带入世界先进行列；滚装车运输、商品车出口、对非贸易量等指标位居全国港口前列。

“十四五”期间，烟台市将以建设国家海洋高质量发展先行区、国家海洋牧场建设示范城市、国际海工装备制造名城、国际仙境海岸文化旅游中心城市、黄渤海国际航运中心城市、国家海洋生态建设名城为发展定位，力争到2025年，全市海洋生产总值达2500亿元，占全市地区生产总值比重达25%，建成国内一流的海洋经济大市。

在构建海洋发展新格局方面，将打造“一核引领、两翼突破、七湾联动”的海洋高质量发展新格局。“一核”是以烟台市城区为空间载体，集中布局新产业、新技术、新业态、新模式等“四新”经济，兼顾海洋科教服务、滨海文化旅游、港口航运服务等海洋服务业，统筹建设烟台海洋高质量发展核心区。“两翼”是以黄海丁字湾沿岸和渤海莱州湾沿岸为两翼，通过陆海联动、双向拓展构建全市沿海海洋经济带，对接胶东经济圈及环渤海经济圈建设，形成“核心带

山东烟台港

动、双向突破、两翼齐飞”的烟台海岸带发展格局，促进全市陆海经济协同发展。“七湾”是以芝罘湾、套子湾、龙口湾、四十里湾、蓬莱湾、太平湾、丁字湾7个海湾为主要空间载体，以临港产业基地和现代产业园区建设为核心，突出湾岛集聚、海陆一体，大力发展湾区经济，围绕现代渔业、海洋旅游、港口物流、船舶与海工装备制造、海洋化工等重点海洋产业发展，构建南北海岸互通、东西湾区互动、海陆产业互补的陆海发展新格局。

在海洋产业发展方面，将优化提升海洋第一产业，推进现代渔业高质量发展；培育壮大船舶与海洋工程装备制造产业、海洋药物和生物制品产业、海洋可再生能源产业、海水淡化产业、海洋化工产业、海洋电子信息产业等海洋第二产业；加快发展海洋文旅产业、海洋交通运输产业、涉海服务产业等海洋第三产业。

在海洋经济创新方面，将实施海洋经济科技创新工程，搭建海洋科技创新载体，完善海洋科技成果转化机制，强化海洋科技人才队伍建设，加快推进智慧海洋建设；实施开放合作创新工程，推进海洋全面对外开放，加快国际合作平台建设，提升国内区域合作水平，引导企业国际化发展。军民融合创新工程，加快推进“中国东方航天港”建设，逐步打造集研发、制造、发射、应用、配套、文旅于一体的全产业链商业航天高科技产业集群。

在海洋生态文明管控方面，将深化海洋环境污染治理，建立陆源、海上、养殖区等综合防控机制，对入海河流和河口海域开展联动治理。完善海洋保护网络建设，强化海洋保护地和海洋保护区管控力度。实施海洋生态修复工程，按照“一湾一策”的要求，实施重点岸线、滩涂及海湾等生态修复行动。引导海洋产业绿色发展，积极拓展生态养殖、生态旅游、绿色航运、绿色化工产业链。创新海洋生态治理，完善重点海湾及入海河流污染物动态监测体系，压实入海河流治理、入海排污口整治、岸线生态保护等海洋生态环境保护责任。

三亚：引领自由贸易港海洋经济开放合作

“十三五”时期，海南省三亚市海洋生产总值年均增速达11.8%。海洋旅游业是三亚市的支柱型海洋产业，2020年全市海洋旅游业增加值实现69.02亿元，占海洋生产总值的26.2%。

“十四五”期间，三亚市将努力建设成为现代化热带滨海城市、深海科技研发基地、水产南繁育种基地和热带海洋科研教育基地；海洋经济生产总值年均增长力争达13.7%，到2025年突破500亿元，占三亚市地区生产总值比例突破45%，占全省海洋生产总值比重突破15%，实现再造“海上”三亚的战略目标，形成“海洋强市”发展态势。

在优化海洋经济空间布局方面，将形成产业集聚效应突出、功能清晰、特色鲜明、重点区域发展成效明显的“双核、两翼、多岛、外联”现代海洋经济空间格局。双核即分别以“三亚崖州湾科技城”和“三亚中央商务区”建设为重点，建立海洋经济发展核心区。两翼分为“东翼”和“西翼”，即依托海棠湾、亚龙湾建设东翼拓展区，依托三亚湾、崖州湾以及三亚崖州湾科技城建设西翼拓展区。多岛即加强分类指导，做精做强蜈支洲岛、西瑁洲岛等海岛旅游产品，推进东锣岛旅游资源开发。外联即“外部联动”，以南海资源保护与开发为目的，加强与三沙市、粤港澳大湾区及海上丝路国家的合作，实现互通互利共赢。

在构建现代化海洋产业体系方面，将做大做强高端滨海旅游，拓展海上、海岛旅游发展空间，积极发展邮轮游艇旅游，重点打造低空旅游、水上运动、海上娱乐、海洋探险等新型旅游项目，加快建设国际海洋旅游目的地，拓展远海体验游、高端精品游新业态，积极打造具有鲜明特色的海洋主题公园，打造全国海洋旅游的主战场、制高点和突破口。

海南三亚

在加强海洋经济区域合作方面，将加强与三沙市、粤港澳大湾区及“21世纪海上丝绸之路”沿线国家交流合作，不断扩大海洋经济合作，建立优势互补、互利共赢的区域合作关系。

在加强海洋生态文明建设方面，将积极对标海洋生态文明示范区战略定位，坚持统筹陆海空间，促进陆海一体化保护与发展，继续加强海洋环境治理，海域海岛综合整治和生态修复，实行最严格的生态环境保护，深化生态文明体制改革，形成生态文明建设长效机制，确保海洋生态环境质量只能变好不能变差。

沿海省市海洋经济发展战略的经验启示

沿海省市“十四五”时期海洋经济发展思路，对接海洋强国国家战略，对接国家重大区域发展战略，对接本省市经济社会发展总体规划，立足本省市海洋经济发展基础、现实条件和未来趋势，科学规划、超前布局，突出优势、补齐短板，对新发展阶段福建海洋经济的发展提供了一些可资借鉴的启示。

第一，立足发展禀赋，明确发展定位。

沿海省市立足于本地区位优势、资源优势和发展基础等，提出“十四五”时期海洋经济发展定位。比如，上海市将着力建设全球领先的国际航运中心，海南省将做大“深海”文章，辽宁省将夯实“蓝色粮仓”。福建省可充分发挥突出的山海优势，挖掘海洋、海湾、海岛、海峡、“海丝”的巨大潜力，推进海岛、海岸带、海洋“点线面”综合开发，打造更高水平的“海上福建”，建设海洋强省。

第二，优化空间布局，加强海陆互动。

沿海省市立足于拓展蓝色发展空间，推进陆海统筹、向海发展。比如，江苏省提出“全省都是沿海，沿海更要向海”，打造“两带一圈”；浙江省提出“一环、一城、四带、多联”；山东省提出“一核引领、三极支撑、两带提升、全省协同”；广东省提出陆海一体的“一核、两极、三带、四区”。福建省海域面积13.6万平方千米，拥有海岛2214个，大陆海岸线居全国第二，海岸线曲折率为全国之最，可进一步统筹陆地、海岸、近海、远海空间布局和资源开发，坚持“海岸—海湾—海岛”全方位布局，完善“一带两核六湾多岛”的发展格局，全省域发展海洋经济，提升海洋经济内陆辐射能力。比如，可以大力发展临港工业，促进海陆产业互动；大力发展以海铁联运为重点的集疏运体系，实现多种运输方式对接；大力加强海陆综合管理，加强对陆上污染源，以及沿岸开发区、工业园区的监督和管理。

第三，坚持科技创新，赋能蓝色经济。

沿海省市都把科技创新作为推动海洋经济高质量发展的重要抓手，从关键技术、成果转化、创新平台、人才培养、学科建设等方面，提出一系列针对性举措。比如，山东省将打造特色鲜明、要素集聚、带动有力的国际海洋科技创新引领区；浙江省将做强海洋科创平台主体，培育海洋科技型企业，增强海洋院所及学科研究能力，加快涉海类学科专业建设。福建省可着眼于海洋科技发展前沿和海洋经济主战场，重点突破关键核心技术，加快海洋创新成果转化，打造海洋创新发展平台和人才集聚高地，加强海洋类本科高校和涉海高峰高原学科建设，培养引进一批海洋“高精尖缺”人才，强化海洋创新支撑，促进海洋经济高质量发展超越。

第四，构建现代体系，做强海洋产业。

沿海省市都重视巩固优势海洋产业，做强做大临海产业，提升海洋服务业，培育新兴海洋产业，构建现代海洋产业体系。比如，浙江省将建设世界级临港产业集群，聚力形成两大万亿级海洋产业集群，培育形成三大千亿级海洋产业集群，积极做强若干百亿级海洋产业集群。福建是海洋资源大省，也是海洋经济大省，可进一步巩固海洋渔业优势产业，做强石油化工、冶金新材料、海洋船舶工业等临海产业，提升滨海旅游、航运物流、海洋文化创意、涉海金融等服务业，培育海洋信息、海洋能源、海洋药物与生物制品、海洋工程装备制造、邮轮游艇、海洋环保、海水淡化等新兴产业，构建富有活力和竞争力的现代海洋产业体系。

第五，坚持生态优先，促进人海和谐。

沿海省市都坚持开发与保护并重、污染防治与生态修复并举，持续改善海洋生态环境质量，集约节约利用海洋资源，构建人海和谐的海洋生态文明。比如，浙江省将增强海岸带防灾减灾整体智治能力，完善全链条闭环管理的海洋灾害防御体制机制；山东省将探索建立沿海、流域、海域协同一体的综合治理体系。福建省可充分发挥生态文明试验区的作用，持续推进海洋生态保护，强化陆海污染联防联控，推动海洋生态整治修复，提升海洋生态产品的供给能力，完善海洋综合治理体制机制，打造全国海洋生态文明建设的样板。

第六，坚持开放合作，实现共同发展。

沿海省市积极推动海洋经济区域合作，积极融入全国沿海海洋经济整体布局，持续拓展蓝色经济国际合作空间。比如，浙江省将共建“一带一路”国际贸易物流圈，高水平建设宁波“17+1”经贸合作示范区，积极参与海上丝绸之路蓝碳计划；山东省将高水平建设各类涉海论坛展会，打造国际航运服务、金融、经贸、科技等多领域、全方位的高能级海洋开放合作平台，建设东亚海洋经济合作先导区。福建省可深度推进闽台合作，加强与“海丝”共建国家和地区的互联互通，对接长三角和粤港澳大湾区建设，打造国际国内大循环的重要节点，在更大范围、更宽领域、更深层次推进海洋开放合作，增强海洋战略保障能力。

福建海洋经济发展战略演进：依海而兴

海，是福建省的“半壁江山”，是福建省的重要优势。福建省地理上最大的特色，就在于依山面海、山海兼备，海直接关系到福建省的兴衰和未来发展。自古以来，福建就有“闽在海中”“开海兴闽”“海为田园、鱼为衣食”等说法，海洋开发和对外交往活动开展较早且较为活跃，“兴盐渔之利，行舟楫之便”是其生动写照。福建是中国海洋文明最具代表性的地区之一，唐代的福州与广州、交州、扬州并称“中国四大通商口岸”，宋代的泉州港是举世闻名的“海上丝绸之路”的发祥地，明代的福州长乐太平港是郑和下西洋的驻泊地和出洋地，明代中后期的漳州月港是唯一合法的对外贸易港口，明清时期的福州是唯一通琉球的官方口岸，近代的福州、厦门是中国重要的通商口岸。但由于清代的闭关锁国政策，以及旧中国政府的腐败无能，福建海洋资源的开发利用和海洋经济发展在很长一段时间内一直停滞不前。

中华人民共和国成立后，福建逐步恢复对海洋资源的开发利用，传统的海洋产业起步发展。然而，由于受到“左”的错误思想和“重陆轻海”观念的影响，以及当时计划经济体制和“以粮为纲”基本国策的制约，加上“海防前线”的战略定位，福建海洋经济发展比其他沿海省份滞后。最初的海洋开发利用活动局限于近海渔业，在资金和技术条件还不成熟的情况下，海洋产业的构成一般以海洋水产、海洋运输、海盐等传统海洋产业为主。1978年，全省渔业总产值仅1.98亿元，沿海港口吞吐量仅408万吨。

改革开放以来，历届福建省委省政府高度重视发挥海的优势，把海洋作为经济社会发展的重要依托和载体，强调向海洋要财富、变海洋资源优势为经济发展优势，对不同历史时期海洋开放开发进行科学的谋划和定位，制定并实施相应的海洋经济发展战略，推动福建海洋经济不断迈上新台阶，推动福建从海洋资源大省向海洋经济强省转变。

大念“山海经”

1978年底党的十一届三中全会召开之后，随着改革开放重大决策的贯彻实施和台湾海峡局势的逐步缓和，福建从“海防前线”一跃成为中国改革开放的前沿，沿海经济的发展越来越受到重视。福建省委省政府充分运用党中央、国务院赋予福建在对外经济活动中实行“特殊政策、灵活措施”的优势，积极探索加快经济发展的新路子，在改革开放中先行一步。

改革开放之初，海洋捕捞占福建鱼产量的70%，是渔业的大头，也是全省极宝贵的资源。省委省政府着力从体制、渔业政策和经营管理上加以调整改革，充分发挥现有渔船的能力，改革渔具，增加设备，提高捕捞技术，进一步利用外海资源，并充分利用海涂和江、河、水库等内陆水面，发展海水、淡水养殖事业，为增加外贸出口，繁荣国内市场，改善人民生活作出贡献。

“闽之水何泱泱，闽之山何苍苍，若要福建起飞快，就看思想解放不解放。”1981年1月，刚到福建任省委常务书记的项南在中共福建省代表会议上这样抒发对福建的感情和期望。他一针见血地指出，要使福建改革开放先行一步，经济比邻省发展得活一点、快一点，就必须解放思想，不断清除“左”倾思想的影响，弄清楚“特殊政策”特殊在哪里、“灵活措施”灵活在哪里。他根据中央领导同志的谈话意见和自己对福建现状的了解分析，强调指出，福建有山区多、草坡地多、海域宽阔、爱国华侨多、科技人员多以及作为祖国东南前哨的战略地位等非常好的条件，完全有可能建成全国重要的林业、牧业、渔业、经济作物、轻工业、外贸、科教和统一祖国的基地。随后他又多次提出，福建要发挥优势，念好“山海经”。3月，项南在全省科技会议上具体分析了福建的优势和劣势，强调要扬长避短，发展科学技术，发展轻型经济结构，多念“山海经”。他指出，福建陆地面积是12万平方千米，合1.8亿亩；耕地充其量只有2000万亩，才占1/9，8/9是山区丘陵。而福建背山面海，渔场面积13.6万平方千米，比全省陆地面积大，可以养殖的水面2000多万亩，比耕地面积大。其实，整个太平洋，只要有本事，都可以去开发、去利用。然而，福建虽然可以出产各种各样的海产品，但水产业比起其他地方来却还很落后。因此，他强调，“一个山，一个海，潜力大得很，这是许多兄弟省比不上的，我们就要念好这本经，什么经？‘山海经’”。

为了念好“山海经”，同年4月，省政府公布了经省五届人大常委会通过的《关于农业生产若干具体政策问题的规定》，要求根据多数群众的意愿和因地制宜的原则，实行多种形式的责任制，允许多种经营形式、多种劳动组织、多种计酬办法同时存在，不要搞一刀切。如在渔业方面，允许以大队、生产队或生产单位进行核算；海洋捕捞也允许以生产队、船、生产作业单位实行大包干，确定奖赔、比例分成等办法。集体经营的海滩养殖要实行包到组、包到户、包到劳；集体无力开发的荒滩海涂，由社、队统一安排，划给社员开发使用，10年不变；池塘养殖可以包到户、包到劳；水库、河浦、港道养殖实行队、组专业承包。

经过对省情的深入调查研究和科学认识，1981年秋，福建省委正式提出念好“山海经”、建设八个基地（林业、牧业、渔业、经济作物、轻型工业、外经、科教、统一祖国）的战略构想，强调走扬长避短的发展路子，充分发挥福建山、海、侨、台、特（特殊政策、特区）的潜在优势，放眼8倍于耕地的山区和10倍于耕地的海域的综合开发，掀起向“山海”进军、向山和海要财富的热潮。此后，全省各地、各部门进一步解除旧的思想束缚，转变观念，明确表态只要是有利于山海开发，依靠政策勤劳致富的，均可以“八仙过海，各显神通”，谁种谁有，谁养谁收，从而充分调动了广大群众的积极性和创造性。全省范围内形成了全民大念“山海经”的热潮，各地从自己的实际出发，开发优势产业，宜造林的造林，宜种植的种植，宜养殖的养殖，全省种养、加工等产业搞得有声有色。

全省沿海各地的“海经”念得如火如荼，除大搞捕捞外，还充分利用责任滩、自留滩，大力发展海水养殖。1982年10月，省委省政府作出《关于加速发展水产养殖业的决定》，强调大力发展水产养殖业是实现20世纪末全省渔业产值翻两番的主要途径，要求各地认真贯彻水产养殖方针，稳定和完善生产责任制、落实自留滩和责任滩政策，发展水产养殖。每户可划给自留滩1至2亩，社员个人或几个人已合股开发利用的面积，如超过当地自留滩规定数量的，可改为该社员承包责任滩，允许继续使用；对二类水产品包括海珍品和养殖鱼，实行派购与议购相结合的政策，派购基数一定三年不变，完成交售任务后，允许自行处理；大力搞好养殖产品的加工和综合利用，提高产值和效益。这期间，省里专门组织了浅海、滩涂调查和渔业区划工作，为充分开发利用浅海、滩涂提供科学依据。同时，大抓科研成果和生产技术的推广运用，不断提高经济效益；大抓基础设施建设，发展苗种生产，进行人工育苗，开展科学养殖；针对沿海渔区的特点和水产资源条件，因地制宜，宜养则养，宜捕则捕，综合经营，自己解决资金投入，采取各种购销形式，疏通流通渠道，使海水养殖业得到极大发展。连江县开发利用大片荒滩取得显著成效，1981年全县渔业总产量达117万吨，为全省之冠。所辖东升大队三年产值翻了两番半，成为远近闻名的“百万富翁队”，同时大力发展人工养殖，效益大增，1984年人均年收入1200元。晋江县祥芝公社祥农大队大力发展海产品养殖业，在加工、包装上狠下功夫，使海产品价格成倍提高，实现了大幅增值。祥芝公社祥渔大队变单一作业为多种作业，变单一经营为多种经营，除捕捞外，渔、工、商、运一起上，发展了冷藏、造船、修船、家具、沙发等产业，兴办了工商运和其他服务行业32家，加上家庭工副业和水产业的发展，1984年全村人均年纯收入达927元。1984年6月，省委省政府在晋江县召开全省水产品加工包装现场会，及时推广祥农、祥渔的经验，进一步促进了全省水产品加工业的发展。至同年底，全省已有水产品加工专业户和联合体2.5万多个，保鲜加工水产品占水产品总产量的27%，小包装已达到100多个品种。

与此同时，随着家庭联产承包责任制的落实，渔业体制改革稳步推进。在海洋捕捞方面，各渔区普遍实行了以船为分配单位的大包干，贯彻多劳多得的方针，并允许自筹资金，合股联营。随后为了解决在船网渔具的使用上继续存在的吃“大锅饭”弊端，又把船网渔具折价归作业单位所有，实行以船核算。在生产上，认真进行作业结构调整，并在1982年发展“三种作业”，推行“三个突破”，即发展流钓作业、鱿鱼作业、外海拖网作业，突破马面鲀生产、中上层鱼类生产和海虾生产。在海水、淡水养殖方面，实行包到组、包到户、包到劳的做法，实行划分自留滩、责任滩的政策，鼓励发展养殖业。沿海各县、市把可用于养殖的滩涂全部划归村使用，村里除分户划给自留滩外，其余均作为责任滩由群众承包经营，从而确定了滩涂的使用权和经营权。全省总共划出30万亩沿海滩涂给社员作自留滩，以发展贝类、藻类等养殖。

1984年9月，在充分调查摸底和广泛听取意见的基础上，省六届人大常委会第九次会议通过《福建省八个基地建设纲要（试行）》（以下简称《纲要》），将大念“山海经”、建设八个基地的战略构想转化为全省人民的共同意志，对于充分发挥本省优势，加速经济社会发展，使福建走在全国现代化建设前头，起到了重要的作用。《纲要》指出，福建水域广阔，渔场相当于陆地的总面积，还有大量可供养殖的浅海、滩涂以及池塘、河沟、水库、湖泊、稻田等，水产资源丰富，潜力很大。重点发展沿海各县的水产和内陆的淡水养殖，是念好“山海经”的一个重要方面。《纲要》提出，渔业基地要贯彻“以养殖为主，养殖、捕捞、加工并举，因地制宜，各有侧重”的方针；要以提高经济效益为中心，建立良好的生态体系，认真保护、合理利用和积极增殖近海资源，大力发展浅海滩涂的淡水养殖业，发展外海和远洋渔业，切实搞好水产品保鲜、加工。力争到20世纪末，水产品产量比1980年增加2倍以上，水产品产值比1980年翻两番以上，做到增产、增值和增收。具体步骤是：1990年以前，调整和建立与资源相适应的多水域、多品种、多作业的生产；逐步搞好福厦两个国营海洋渔业基地配套建设，加快福鼎沙埕、闽江口、平潭东澳、惠安崇武、龙海石码等重点群众渔港的后勤基础设施建设，筹建一支装备先进的外海、远洋渔业船队，建立苗种饵料生产供应体系。扩大海淡水养殖面积，建成一批鱼虾贝养殖的稳产高产商品基地；重点港湾、江河要进行人工放流增殖，渔业生产要由狩猎式逐步向农牧式转化；建立鱼糜制品、鱼制品加工包装中心、海藻加工基地；相应发展船机修造、渔具制造等工业。当前，一要完善渔业生产责任制，扶持渔区群众开发经营自留滩、责任滩和浅海养殖；充分利用现有淡水水面，因地制宜，挖塘养鱼，积极发展淡水养殖业；二要开放水产品市场，国有渔业、水产供销部门要积极参与市场调节，使价格趋于合理；三要加强水产科学教育、资源调查和信息咨询，积极引进、试验、推广新品种、新技术，培养水产技术力量；四要认真贯彻渔业法规，加强渔政管理，保护水产资源；五要积极组织外海捕捞；六要发展专业和群众性的水产品保鲜加工和综合利用工业；七要掌握国外水产信息，建立专业的海鲜品基地，搞好渔业基地建设主要项目的前期工作；八要广辟渔业资金来源，国家、集体和群众集资一齐上，积极利用侨资、外资，兴办中外合营渔业。

在全省各地大念“山海经”的浪潮下，渔业基地建设取得显著成效。在渔业生产体制上，普遍推行了联产承包责任制，海上捕捞业实行以船核算，养殖业实行家庭联产承包与联合体承包为主的经营方式。在合理利用和积极增殖近海资源的同时，改善条件，努力将捕捞推向外海和远洋，大力发展海淡水养殖业，切实搞好水产品保鲜加工和包装，扩大水产品供销的市场调节，使渔业生产的产量质量和经济效益得到大幅度提高。1981年至1984年，全省利用滩涂面积57.4万亩，浅海养殖面积5.2万亩，渔业基地产值年均递增15.8%，渔业总产量和海洋捕捞产量均居全国第四位，海水养殖产量居全国第一。

实施沿海经济发展战略

20世纪80年代中期，世界经济格局发生了重大变化。随着韩国、新加坡和中国香港地区、台湾地区等亚洲“四小龙”经济的迅速崛起，亚太地区成为国际经济发展最活跃的区域之一，这为中国扩大开放提供了机遇。为适应新形势，中共中央、国务院从全国经济建设的全局需要和沿海地区有利的发展条件出发，酝酿制定扩大对外开放的方案，并着手开辟沿海经济开放区，把发展外向型经济摆上重要位置。1985年2月，国务院批准将长江三角洲、珠江三角洲和闽南厦漳泉三角地区辟为沿海经济开放区，作为实施对内搞活经济、对外实行开放的重要步骤。闽南厦漳泉三角地区包括厦门市的同安县，龙溪地区的漳州市（现漳州市芗城区）、龙海县、漳浦县、东山县，晋江地区的泉州市（现泉州市鲤城区）、惠安县、南安县、晋江县、安溪县、永春县等11个县（市），福建在全国沿海地区经济发展大局中占有重要位置。一个月后，国务院又批准广东、福建两省继续实行“特殊政策、灵活措施”，探索和总结把经济建设搞得更快些、更好些的经验。

同年6月底7月初，中共福建省第四次代表大会召开，进一步强调要抓住机遇，善于运用中央赋予的特殊政策，念好“山海经”，建设八个基地，发掘自然资源的潜力；要利用华侨多、面对台湾等有利条件，使福建山、海、侨、台、特的潜在优势得到更加充分的发挥。大会确定了抓好沿海、山区两条线的经济发展方针。沿海一条线包括漳州、厦门、泉州、莆田、福州、宁德6个地市，要继续抓好外经、侨务和对台工作，进一步完善港口等基础设施，建立新兴产业群体，实行外引内联，增强出口创汇能力，使之形成对外开放的前沿地带。沿海农村要充分发挥滩涂浅海和亚热带气候的优势，大力发展鱼、虾、贝、藻等养殖业，多创外汇，并充分发挥侨乡优势，实行外引内联，把引进侨资外资、引进技术当作重要的任务来抓。1986年3月，国务院印发《关于扩大沿海经济开放区范围的通知》，将福建省宁德、霞浦两县列为经济开放区，享受中央给予闽南厦漳泉三角地区的各项政策，福建沿海经济开放区范围进一步扩大。12月，省委召开四届四次全会，决定继续实施沿海、山区两条线的经济发展战略，大力发展外向型经济。在经济发展布局上，沿海一线处于先导地位，厦门经济特区、福州开放城市和经济技术开发区、闽南厦漳泉三角地区，在对外贸易和引进资金、技术、人才、管理以及对外政策等方面要大力发挥窗口作用，率先发展外向型经济，带动和支援山区一线经济的开发和发展。在翌年1月召开的全省农村工作会议上，省委强调要树立发展本省大农业的指导思想，“山海经继续念，山海田一起抓”。

随着中国沿海地区扩大开放，从南到北有4个经济特区、14个沿海开放城市、3个开放的三角洲和三角地区、2个开放半岛（即辽东半岛和胶东半岛），形成了辽阔的沿海开放地带。1987年底，国务院提出实施沿海地区发展外向型经济的战略构想，要求沿海地区积极参与国际交流和竞争，以沿海经济的繁荣带动整个国民经济的发展。翌年1月和3月，国务院先后批准了福建沿海21个县（市、区）为沿海开放区，加上石狮由镇升格为市，福建沿海经济开放区的范围由原来的闽南厦漳泉三角地区的11个县（市），扩大到全省沿海地带的33个县（市、区），即：厦门市的同安县，漳州市的芗城区、龙海县、漳浦县、东山县、诏安县、云霄县、南靖县、长泰县、平和县、华安县，泉州市的鲤城区、惠安县、南安县、晋江县、安溪县、永春县、德化县、石狮市，莆田市的城厢区、涵江区、莆田县、仙游县，福州市的闽侯县、长乐县、福清县、连江县、平潭县、闽清县、罗源县、永泰县，宁德地区的宁德县、霞浦县。沿海经济开放区面积由13223平方千米扩大到41626平方千米，占全省总面积的34.4%；人口由751.59万人增加到1710.41万人，占当年末全省总人口的60%。沿海经济开放区的范围更加广阔，使福建的对外开放进一步扩大。5月，省委四届八次全会提出“抓紧三年，奋斗八年，力争提前五年实现第二步目标”的口号，明确近三年加快实施沿海经济发展战略、大力发展外向型经济的总要求，即以改革总揽全局，坚持改革、开放、发展相结合，实现外向型经济整体起步，带动全省经济以较高的速度发展。在此基础上，提前五年实现第二步奋斗目标，即：到1995年，实现国民生产总值、国民收入、工农业总产值、地方财政收入第二个翻番，外向型经济初具规模，经济实力较大增强，大部分地区人民生活达到小康水平。

进入20世纪90年代，改革开放十二年奠定的基础，海峡两岸关系的新发展以及世界局势的变化，为福建外向型经济向更高层次发展提供了有利契机。为贯彻党中央关于“进一步贯彻沿海地区经济发展战略，积极发展外向型经济”的指示精神，1990年10月召开的中共福建省第五次代表大会提出，继续实施外向型经济发展战略，树立沿海、山区“一盘棋”思想，根据不同地区、不同时期的实际，注意开放的层次性和发展的渐进性，努力做到梯度推进、优势互补、共同发展。根据省党代会的部署，省委于1992年1月作出《关于加快综合改革试验进一步扩大开放推动外向型经济发展的决定》，强调福建的对外开放要把重点突破和区域带动结合起来，实施“南北拓展、中部开花、山海协作、共同发展”的发展战略。

为落实沿海经济发展战略，发展外向型经济，省委省政府着力发挥福建临海资源优势，大力发展水产业。确定以开发性生产为主攻方向，突出地把水产业工作重点转移到建设大众化水产品和出口水产品生产基地，开拓外海、远洋渔业和出口水产品的加工业上来，闯出了一条“捕养并举，捕养加结合”发展水产业的新路。1991年7月，省委省政府召开全省水产工作会议，作出了“全面开发‘海上田园’，加快水产事业发展”的战略部署，并出台《关于加快渔业生产发展的若干政策规定》。沿海各地（市）县结合当地实际，提出了开发“海上田园”的规划和目标，制定了比省里更优惠的鼓励水产业发展的政策和措施。在掀起水产养殖热潮中，全省建设了“两个基地”（城镇商品基地和水产品出口创汇基地），开拓了“两个产业”（外海远洋渔业和水产品加工业），成绩卓著。至1991年底，福建水产品产量达135.71万吨，居全国第一位，被农业部授予“全国渔业先进省”称号。同时，港口建设和海运事业也得到快速发展。至1991年底，全省拥有大中小泊位428个，其中，万吨以上大型深水泊位8个，千吨级至5000吨级中型泊位16个；先后整治了福州港、泉州港航道和湄洲湾10万吨级航道，使全省沿海港口货物吞吐量达到1706.38万吨，港口集装箱吞吐量达到11.3万标箱、96.58万吨；建立了一支拥有各种船舶86艘、净载重量32万吨、客位4089个的海运船队，与12个国家和地区、72个港口通航。

20世纪90年代初调任中共福州市委书记的习近平，基于对世界经济发展格局和趋势的深刻洞察，高瞻远瞩地提出建设“海上福州”战略，在全国率先进军海洋，成为21世纪海上丝绸之路建设的领航者。他强调：“福州的优势在于江海，福州的出路在于江海，福州的希望在于江海，福州的发展也在于江海。”1992年，他倡导并主持编制《福州市20年经济社会发展战略设想》（即“3820战略工程”），奠定了福州对外开放大格局。1993年9月，他在福州市海洋开发、海岛建设、海防管理调研座谈会上指出，认识海洋的目的是为开发海洋，建设“海上福州”。要从福州市海洋资源特点和经济技术基础实际出发，坚持以改革促开发，以科技为先导，全面振兴海洋经济，逐步在闽江口金三角经济圈的东南部建成以海洋开发为主的“海上福州”。1994年5月26日，福州市委市政府在平潭县召开建设“海上福州”研讨会，习近平系统阐述了对发展海洋经济的深刻认识：这是经济发展的必然趋势，也是培育经济新发展点的主要途径。6月，福州市委市政府出台《关于建设“海上福州”的意见》，第一次以全局的眼光、全新的理念，谋划、推动福州海洋经济和区域经济社会发展，在全国沿海城市率先发出“向海洋进军”宣言。提出建设“海上福州”总体思路：一是实现“一个目标”，即用7年时间，到2000年，海洋产业生产规模、海洋开发能力达到国内先进水平，海洋产业产值突破百亿元大关。再用10年时间，即到2010年，把闽江口金三角经济圈的沿海地带和广阔海域建成养殖和海洋工业高度发达，港口经济和运输业实力雄厚，海岸经济、滨海旅游、商业贸易兴旺的繁荣地带和海域。到2010年，实现全市海洋产业总产值650亿元，占国民生产总值的1/3，使海洋产业成为国民经济的支柱产业之一。二是组建“两支船队”，即组建外海远洋捕捞船队、海上运输船队，其中港澳国际航线力争到2000年发展到15万吨，到2010年发展到60万吨。

三是建设“三大工程”，即围垦工程、港口建设工程、海岛（含沿海突出部）建设工程。四是扩展“四个基地”，即扩展水产养殖基地，使之成为建设“海上福州”的重点产业；扩展滨海旅游基地；扩展海洋工业基地，建成全国性的水产生产加工基地，依靠港口和开发区、投资区，发展矿藏采掘、运输、加工，船舶修、造、拆、洗，生化药物、保健食品等海洋工业；扩展对台经贸合作基地。习近平率先提出的“海上福州”战略，为此后历届福州市委市政府重视发展海洋经济奠定了坚实的基础，也为全省乃至全国发展海洋经济提供了鲜活的样本。

1992年初邓小平南方谈话发表后，八闽大地掀起了一场进一步解放思想的大讨论，进一步拓宽了福建的经济发展思路。3月，省委省政府提出加快闽南三角地区经济发展的新思路。7月，省委省政府提出《加快福建经济发展的战略设想》，强调沿海开放地区要南北拓展，中部开花，连片开发，实现超常规发展，并对闽东南沿海地区的发展提出更加明确的要求。厦门经济特区要用更快速度，建成以工业为主、以科技为先导，第三产业发达的现代化港口城市，以实施自由港的某些政策为突破口，办成社会主义的“香港”。泉州湾要以土地成片开发和利用外资改造老企业为主要形式，加快发展外向型经济。九龙江口要以港尾港区建设带动土地成片开发，逐步成为对台“三通”口岸。福州市要以马尾经济技术开发区和福清湾投资区为重点，以闽江流域为腹地，建设马尾保税区，建成沿江、沿海两条开放走廊，形成环绕闽江口金三角经济圈的现代化开放城市，进而向闽江中、上游拓展，加快闽江流域的经济开发，并向闽东辐射，促使闽东沿海形成以赛岐、三都澳为中心，以资源加工混合型产业为发展方向的经济区域。湄洲湾开发要以泉州、莆田为依托，以港口和新型工业建设为重点，逐步形成以重工业、旅游、出口加工业为主导的综合性港口工业城市和国际中转港。8月，省委省政府进一步解放思想，理清发展思路，强调要以厦门经济特区为龙头，加快九龙江口三角洲、闽江口三角洲、湄洲湾地区的发展，沿着整个黄金海岸，逐步建成海峡西岸的经济繁荣地带，促进内地山区的开发建设，形成全省大开放、大发展的格局。

同年10月召开的党的十四大，充分肯定了福建在全国开放格局中的战略地位，并把闽东南地区与长江三角洲、珠江三角洲、环渤海地区一起开辟为经济开放区，作为加速开放开发的重点地区。闽东南地区包括福州、厦门、泉州、漳州、莆田5个地级市辖区，人口占全省2/3，土地面积占全省1/3以上。10月底，省委召开五届七次全会，在综合考虑闽东南的地理位置、经济基础，及其在全国开放开发中的地位和在促进祖国统一中的作用等因素的基础上，正式提出加快闽东南地区开放开发、推动全省大开放大发展的战略思路。全会强调，闽东南地区要加快以厦门经济特区为龙头的闽南三角地区、以福州开放城市为中心的闽江下游地区和湄洲湾等沿海地区的发展，逐步形成海峡西岸的经济繁荣地带，促进其他地区共同发展。翌年1月的省政府工作报告进一步明确加快闽东南地区开放开发的战略思路，即实施“南北拓展、中部开花、连片开发、山海协作、共同发展”战略，突出闽东南沿海地区的开放开发，以厦门经济特区为龙头，加快厦漳泉地区、闽江下游和湄洲湾区域建设，逐步建成海峡西岸经济繁荣地带，带动并加快内地山区的开放和开发，发挥各自优势，形成全省沿海、沿江、沿线、沿边全方位的大开放、大发展格局。

在实施沿海经济发展战略的大背景下，福建加快闽东南开放开发，建设海峡西岸经济繁荣地带，有力地推动了海洋经济的发展。1993年，省委省政府作出“科技兴海”的战略决策，并把霞浦县列为“科技兴海”试点县，重点开展海湾扇贝育苗和养殖等项目。1994年初，省委省政府提出，全省“科技兴海”工作要在近期内取得实质性的进展。大黄鱼从育苗到养殖实现重大技术突破，大黄鱼规模养殖取得初步成功，对海水养殖业影响重大。1995年，连江黄岐半岛被确定为“海洋科技综合开发试验区”，实施海带深度系列加工技术开发、扇贝人工育苗养殖技术开发、红螺人工育苗养殖技术示范推广等3个科技示范项目，取得可观的经济效益。三年间，省科委实施“科教兴海”项目85项，投入经费1028万元，地方、企业投入1亿元，创产业产值4亿元、税利5000万元、创汇3000多万元，海洋经济发展取得良好效益。

在“全面开发‘海上田园’，加快水产事业发展”“科技兴海”等战略决策的推动下，全省水产业持续、快速、高效发展。1995年，全省水产品总产量达257.27万吨，比上年增长13.5%，连续三年净增产量超过30万吨，1990年净增112.43万吨，增长77.6%。其中：捕捞产量165.53万吨，水产养殖产量91.74万吨，分别比1990年增长39.5%、1.67倍。全省水产品人均占有量81.8公斤，比1990年增长1倍多，比全国人均水平高出4倍，继续居全国首位。全省水产业总产值现行价262.18亿元。其中渔业产值194.47亿元，比1990年增长1.3倍。全省渔民人均纯收入3198元，比农民人均收入高出1150元。全省水产品出口创汇6亿美元，比1990年增加4.84亿美元，增长5倍多。渔业产值占大农业总产值比重由1990年的15.5%上升到25.4%，继续居大农业第二位。沿海有3个地市、8个县（市、区）水产业产值在大农业产值中比重超过50%。南平、三明、龙岩内陆三地市的渔业产值增长幅度更大，占大农业的比重分别由1990年的1.9%、2.0%和1.7%上升为6.8%、5.4%和3.8%。随着水产业在农业和农村经济中的占比逐步提高，水产业已成为全省农村经济发展中的一个优势产业。

建设海洋经济大省

“把什么样的福建带入21世纪？”“福建在全国应当占有什么样的位置？作出什么样的贡献？”1995年10月召开的中共福建省第六次代表大会，描绘了福建迈向新世纪的宏伟蓝图，确立了全省区域发展的战略布局：以厦门经济特区为龙头，加快闽东南开放与开发，内地山区迅速崛起，山海协作联动发展，建成海峡西岸繁荣地带，积极参与全国分工，加速与国际经济接轨。在此战略布局基础上，大会根据全国沿海省市的发展情况明确提出，必须把开发利用海洋摆到重要位置，要增强海洋国土观念，加强海洋的科研和管理，保护海洋生态，大力培植海洋产业，逐步建立以港口经济为导向，以海洋水产、海洋运输、滨海旅游和滨海矿业为重点的蓝色产业体系，建设海洋经济大省。大会通过《中共福建省委关于制定福建省国民经济和社会发展“九五”计划和2010年远景目标的建议》，明确提出“加大海洋开发力度，建设海洋经济大省”的对策措施，即进一步强化海洋意识，增强海洋国土观念，大力培育和发展海洋产业。继续以海岸带和近海为重点，逐步把生产空间向外海拓展，建立以海洋水产、海洋运输、滨海旅游和滨海矿业为重点的蓝色产业体系。组织好海洋开发的重大战略的实施，抓紧海堤建设，有计划地实施围海造地工程，继续改善沿海岛屿及突出部的基础设施条件；大力开发海洋水产业，大兴海水养殖业，进一步发展海洋捕捞业特别是远洋渔业；建设港口城市，发展港口海运，振兴临港工业，繁荣港口经济；综合利用盐业资源，发展制盐业和海洋化工，扩大产业规模；加快滨海矿业的发展，提高各种矿产品的深度加工水平，形成规模经济；综合开发滨海旅游资源，重点开辟一批具有海洋特色的旅游项目和旅游景点；加强海洋的科研和管理，保护海洋生态，提高开发海洋资源效益。

根据“建设海洋经济大省”的战略部署，在港口建设方面，福建突出重点、两头并进、协调发展，初步形成以福州港、厦门港为重点主枢纽，以沿海其他中小型港口、泊位为配套，立足东南沿海、辐射周边省区的港口群和集疏运体系。至1996年底，全省沿海港口已拥有200吨级以上码头泊位142个，其中万吨级以上深水泊位30个，沿海港口吞吐能力达2800万吨，1996年实际货物吞吐量3959万吨，比1978年增长9.1倍。全省已开放13个海岸、38个一类口岸、24个对外小额贸易的二类口岸。海港共开辟至欧美及日本、东南亚、中国港澳等60多个国家和地区160多条航线。有定期集装箱、杂货航班往返日本、新加坡、中国香港等港口。厦门港拥有大小码头泊位81个，万吨级以上码头泊位15个，已开辟有直达新加坡、日本、美国和欧洲等地港口航线60多条，并与世界100多个国家和地区往来。同时，厦门港10万吨级油码头正式投入运营，结束了福建省沿海无法接卸大型成品油货船的历史。福州港跻身为国家一类大港，至1996年已建有5个作业区、74个100吨级以上码头泊位，形成了多泊位、多功能、多类型的生产格局。全港货物吞吐量达1248万吨，成为全国国际集装箱运输“十强”港口之一。福州港、厦门港被列为对台船舶直航试点口岸，在对台经贸活动中发挥了重大作用。

随着港口、机场等交通设施的改善，福建对外开放口岸迅速增加。至1996年底，全省已有福州港、厦门港、泉州港、漳州港、福建炼油专用码头、秀屿港、湄洲港客运码头、肖厝港、三都澳和福清湾松下港等10个海港一类口岸，福州、厦门、武夷山3个空港一类口岸，同时还开辟了33个海港二类口岸，以及25个对台小额贸易点、12个对台短期渔工劳务输出点、32个台轮停泊点和4个台轮避风点，形成海、陆、空全方位，大、中、小并举，具有不同功能的口岸开放格局。

党的十五大召开之后，1997年9月下旬召开的省委六届七次全会提出，进一步解放思想，大力实施新一轮创业，推进闽东南开放开发，推动内地山区迅速崛起，建设海峡西岸繁荣带，把福建改革开放和现代化建设事业全面推向21世纪。为加快建设海峡西岸繁荣带，1998年10月，省委六届九次全会作出《关于进一步加快山区发展的决定》和《关于进一步加快发展海洋经济的决定》，强调必须进一步发挥福建的“山海”优势，坚持“优势互补、互惠互利、长期协作、共同发展”原则，进一步发挥闽东北、闽西南两大协作区的作用，加快山海协作步伐，促进山区与沿海共同发展。省政府分别相应制定了贯彻决定的实施意见。

关于加快海洋经济发展，省委提出，坚持科教兴省和可持续发展战略，依托沿海陆域经济发展，以海洋水产、港口海运、滨海旅游、临海工业和海洋工业为重点，尽快建立起以资源为基础、科技为先导、效益为中心、市场为导向和以现代化港口城市为主干的布局合理、结构优化、外向度高、调控有序、生态环境好的海洋经济体系，使海洋经济成为推动福建经济跨世纪发展和加快建设海峡西岸繁荣带的主要经济支柱。

加快发展海洋经济的基本目标，总体上分两步走。第一步，到2000年，海洋开发取得明显成效。即针对闽东、闽中、闽南不同地区的具体实际，在以海岸带和近海为重点，组织好海洋开发重大战略的实施的基础上，逐步把生产空间向外海拓展，初步建立以海洋水产、港口海运、海洋高新技术开发、滨海旅游和临海工业等为重点的海洋产业体系。全省海洋产业增加值达330亿元左右（1990年不变价），占国内生产总值的比重达15%，部分县市达20%。第二步，到2010年，全面开发和综合利用海洋资源，基本建成海洋经济大省，即以海洋高新技术带动新兴产业群的发展，全省海洋产业增加值达1700亿元（1990年不变价）左右，占国内生产总值的比重达30%，部分县市达35%，海洋产业开发的主要经济指标居全国沿海省份的前列，将沿海地区建设成为海洋产业与现代化港口城市、临海工业区、滨海旅游区、创汇农业区融为一体的经济发达地带。

在“建设海洋经济大省”战略及省委省政府出台一系列重大政策措施的推动下，“九五”期间，福建海洋经济发展取得显著成效。1995年至2000年，全省海洋产业总产值由436亿元提高到1038亿元，年均增长19%；海洋产业增加值由201.5亿元提高到460亿元，占全省GDP的11.7%，年均增长18%，比全省GDP增幅高出5个百分点。全省水产品总产量年均递增10.7%，2000年达527.89万吨；人均水产品生产量连续5年居全国首位，2000年达158公斤。2000年，全省水产业总产值达

575亿元，比上年增长17.9%，水产业增加值达330亿元。名优水产品养殖业、精深水产品加工业和轻型、节能、高效捕捞作业的快速发展，有效地优化了农业结构，增加了渔民收入。渔业第一产业产值达320亿元，占大农业产值的33.1%，所占比重比上年增长3个百分点以上。全省渔民人均年纯收入达4500元，比上年增长3.4%，比农民人均年纯收入高出1200元。海洋经济的快速发展，为建设海洋经济强省奠定了坚实基础。

建设海洋经济强省

进入21世纪，时任福建省省长习近平高度重视福建的海洋优势，坚持海陆统筹，致力和探求发展海洋经济，以推进福建省的全面发展。他强调，要高度重视海洋开发与管理工作，把开发与保护海洋资源、大力发展海洋经济，作为一项事关长远和牵动全局的战略性工程来抓。海洋经济的发展绝不能以牺牲海洋生态环境为代价，要从海洋资源的永续利用和对子孙后代负责的高度出发，坚持开发与保护并重，注意经济效益、社会效益和生态效益的综合平衡。他提出，要重点发展海洋水产业、海洋港口运输业、滨海旅游业三大优势产业，培育壮大海洋能源、海洋药业和保健业、海洋信息服务业三大新兴产业，尽快建立起以资源为基础、科技为先导、效益为中心、市场为导向和以现代化港口城市为主干的布局合理、结构优化、外向度高、调控有序、生态环境好的海洋经济体系，使海洋经济成为推动福建经济发展和加快建设海峡西岸繁荣带的主要支柱。习近平立足福建，眼望世界，列出了发展海洋经济的优势产业和大力培育的新兴产业，勾勒了建设海洋经济强省的建设蓝图。

习近平还针对福建省的地缘特征和当时民众对海洋的认知度，强调指出，必须进一步提高全省人民的海洋经济意识、海洋环境意识，使海洋国土观念深入人心，真正在思想上实现“四个转变”：从狭隘的陆域国土空间思想转变为海陆一体的国土空间思想，从单一的海洋产业思想转变为开放的多元的大海洋产业思想，从追求陆地经济效益的大陆经济思想转变为多层次、大空间、海陆资源综合开发的现代海洋经济思想，从海洋谁占谁开发的旧观念转变为有序开发有偿使用的新观念。“一个观念、两个意识、四个转变”，彻底改变中国历史上“重陆轻海”的传统思维，树立海、陆整体国土观，实施海陆统筹发展战略，确立了“依海富省、以海强省”的发展道路。这不仅是福建建设海洋强省的指导方针，也折射出建设海洋强国的基本思想。

2000年10月，省委召开六届十二次全会，习近平在会上作《关于〈中共福建省委关于制定国民经济和社会发展第十个五年计划的建议（草案）的说明〉》，明确提出实施“建设海洋经济强省”战略。他强调指出，加强发展海洋经济，一要强化海洋国土意识和海洋经济意识，坚持科技兴海，全面开发海洋资源，形成海洋产业组合优势，加快把福建省建设成为海洋经济强省。二要大力发展海洋渔业，合理布局临海工业，努力培育海洋药物、海洋能源开发及海洋资源综合利用等新兴产业，积极发展海洋运输业。三要加强典型海洋生态、典型海洋景观、历史遗迹等滨海旅游自然资源的保护，开发海洋旅游资源。四要重视海洋资源的合理开发和保护，合理分配海洋环境容量，加强各类海洋自然保护区建设。为扎实推进海洋经济强省建设，2001年，习近平在全国率先主持制定并实施《福建省“十五”和2010年海洋经济发展规划纲要》。同年11月底12月初，中共福建省第七次代表大会作出构建“山海协作、对内联接、对外开放”三条战略通道的决策，提出要着力拓宽山海协作通道，加大对山区开发力度，加快向海洋发展步伐，山海联动，促进全省区域经济协调发展；增强海洋国土观念，合理规划、科学开发和依法保护海洋资源，壮大海洋经济。2002年，省政府提出《关于加强海洋经济工作的若干意见》，对实施“建设海洋经济强省”战略做出具体部署。

海洋经济工作的指导思想是：以建设海洋经济强省为目标，着力调整优化海洋产业结构和布局，大力实施可持续发展、科技兴海和外向带动战略，建立健全海洋法制体系，依法加强海洋综合管理，保护海洋资源环境，努力把福建省建设成为海洋经济发达、海洋产业布局合理、海洋科技先进、海洋生态环境优良、海洋管理规范的海洋经济强省。

海洋经济工作的目标任务是：海洋经济开发实现从传统开发向现代化开发转变，从粗放型开发向集约型、生态型开发转变，形成海洋产业组合优势，实现海洋产业结构的优化升级，全面提高海洋经济发展的整体效益，逐步形成发达的蓝色产业带，海洋经济取得明显成效，实现海洋生态效益、经济效益和社会效益统一协调发展。到2005年，全省海洋产业增加值达910亿元，占全省GDP的15%；到2010年，全省海洋产业增加值达1900亿元，占全省GDP的20%，基本实现建设海洋经济强省的目标。同时，建立比较完善的海洋综合管理体系，建立全方位、立体化的海洋监测监视网络。海洋环境和灾害预报系统，海域使用管理、海洋生态环境保护和防灾减灾取得明显实效。海洋污染得到有效遏制，到2005年，全省海水水质达到国家二类或优于二类的近岸海域面积达到30%以上，到2010年达到50%以上。

加强海洋经济工作的主要措施是：优化海洋渔业产业结构，进一步提高海洋渔业综合效益；大力发展海洋二、三产业，提高海洋综合开发水平；增加海洋产业投入，建立多元化的海洋投入机制；积极扩大对外开放，拓展海洋产业外向空间；积极推进科教兴海，提高产业整体素质；坚持可持续发展战略，不断提高海洋资源的综合利用水平；健全海洋管理机制，提高海洋综合管理水平。

在“建设海洋经济强省”的战略决策下，福建海洋经济快速发展，领先于沿海各省市。2002年，全省水产品总产量558.71万吨，比1999年增长11.23%；水产业总产值719.99亿元，增长47.63%；渔业产值343.39亿元，占农业总产值的31.6%；水产业增加值406.07亿元，占全省GDP的8.67%；水产品人均占有量157.38公斤，稳居全国首位；渔民人均纯收入4941元，比1999年增长13.48%；水产品出口创汇5.71亿美元。全省拥有千吨级以上泊位132个，其中万吨级以上泊位42个，沿海主要港口货物吞吐量10201万吨。厦门、福州2个主枢纽港的功能更加完善，双双跻身全国吞吐量超千万吨和集装箱吞吐量前10名大港行列。海洋经济逐渐成为福建经济发展的一个重要产业。

2002年11月召开的党的十六大，确立了全面建设小康社会的奋斗目标。为加快福建发展，2004年初，省委提出“建设对外开放、协调发展、全面繁荣的海峡西岸经济区”的战略举措。8月，省委召开七届七次全会，批准实施《海峡西岸经济区建设纲要（试行）》。此后，党的十六届五中、六中全会和国家“十一五”

规划纲要都明确提出“支持海峡西岸和其他台商投资相对集中地区经济发展”。这都为福建进一步建设海洋经济强省提供了新的发展空间。

2006年3月，福建省委省政府提出《关于加快建设海洋经济强省的若干意见》，要求抓住国家鼓励东部地区率先发展、支持海峡西岸经济发展的重大历史机遇，以科学发展观统领海洋经济强省建设。强调以陆域经济为依托，以开放创新为动力，以临港经济发展为突破，以资源合理开发和集约利用为重点，加强陆域经济与海域经济的互动联动，加快建设现代化海洋产业体系和基础设施体系，壮大海洋经济规模，转变海洋经济增长方式，实现由海洋资源大省向海洋经济强省的跨越，增创海峡西岸经济区建设的新优势，凸显福建在全国海洋经济和港口经济发展格局中的地位和作用。力争在“十一五”期间，海洋产业增加值年均增长16%，到2010年海洋产业增加值达到1900亿元，比2000年翻两番，占全省生产总值的18%以上。海洋产业结构进一步优化，形成以港口物流业、海洋渔业、滨海旅游业、船舶修造业和海洋矿产能源业、海洋药业、海水利用业、海洋信息服务业等为主体的蓝色产业体系；临港工业加快集聚，形成若干以港湾为依托具有较强竞争力的临港经济密集区，以及一批海洋产业总产值超100亿元的海洋经济强县（市）和产值超10亿元的大型海洋骨干企业；科技进步对海洋经济发展的促进作用进一步增强，海洋科技进步综合指标继续保持全国先进行列；海洋基础设施体系和海洋环境、灾害预警预报系统进一步完善，海洋资源开发利用合理有序，成为全国重要的临港工业基地、海水养殖加工基地、滨海旅游基地、物流集散基地、海洋科技创新与教育基地，基本建成海洋综合实力较强、产业结构合理、海洋科技先进、海洋资源节约和生态环境友好的海洋经济强省。

《关于加快建设海洋经济强省的若干意见》提出了建设海洋经济强省的一系列策略举措：加快港口及腹地通道建设，不断拓展发展空间；壮大临港重化工业，促进产业集聚；大力发展海洋服务业，加快以港兴市步伐；转变海洋渔业增长方式，提升市场竞争力；提高海洋科技创新能力，加快发展海洋新兴产业；完善海洋防灾减灾体系，提高海洋开发的安全保障水平；坚持开发与保护并重，推进海洋经济可持续发展；发挥“五缘”优势，深化闽台海洋经济合作；创新机制体制，增强海洋经济发展的活力。

同年9月，省政府制定出台《福建省建设海洋经济强省暨“十一五”海洋经济发展专项规划》（以下简称《规划》），进一步明确海洋经济发展布局，即：按照海峡西岸经济区“延伸两翼、对接两洲，拓展一线、两岸三地，纵深推进、连片发展，和谐平安、服务大局”的基本态势，以福州、厦门、泉州三大中心城市为核心，以漳州、莆田、宁德为重点，连接长江三角洲和珠江三角洲的经济发展，做大做强海洋产业和临港工业，增强沿海一线的辐射、带动和支撑作用；强化港口基础设施和腹地通道建设，促进南平、三明、龙岩发展，形成纵深推进、连片发展的格局；发挥海洋大通道功能，构建服务西部开发、中部崛起的新的对外开放综合通道，加强对台平台建设，服务全国发展大局。

《规划》提出构建四大海洋经济集聚区：闽东海洋经济集聚区要加快发展成为福建省东北部临港工业、水产养殖、修造船、海洋新能源和重要滨海旅游业快速发展的新兴区域；闽江口海洋经济集聚区要大力发展电力、修造船、钢铁等临港重化工业，建设罗源湾、福清湾和平潭岛沿岸海洋农牧化基地和较完备的远洋渔业，扶持发展港口物流业、滨海旅游业和海洋运输业，开发利用风能、潮汐能等新能源，加快建设成为我国东南沿海海洋经济发展重要的新增长区域；湄洲湾、泉州湾海洋经济集聚区要加快建设成为国家重点石化基地之一，福建省新兴临港工业和能源基地、海洋交通运输基地、远洋渔业基地、区域性物流枢纽中心，成为我国东南沿海海洋经济发展新的亮点地区；厦门、漳州海洋经济集聚区要大力发展海洋生物制药、海水综合利用等高新技术产业，壮大港口运输业、临港工业和滨海旅游业，优化提升海洋渔业，积极拓展闽台海洋合作，加快建设成为我国东南沿海重要的海洋综合开发基地和海洋经济发展的优势区域。

同年11月，中共福建省第八次代表大会提出，要站在新的历史起点上全面推进海峡西岸经济区建设，使福建成为全国经济发展的重要区域，成为服务祖国统一大业的前沿平台，为全面建设惠及全体人民的更高水平的小康社会奠定坚实基础。大会强调，坚持陆域开发与海域开发联动，加快建设现代化海洋产业体系，积极发展海洋科技，有效利用和保护海洋资源，海洋经济发展达到全国先进水平。2007年党的十七大再次明确提出，“支持海峡西岸和其他台商投资相对集中地区经济发展”，更加突显了建设海峡西岸经济区的战略地位。2009年5月，时任国务院总理温家宝来闽考察时强调，要大力发展海洋产业，充分利用海洋资源，建设现代化海洋产业开发基地，形成具有区域特色和竞争力的蓝色产业带。2010年2月，时任中共中央总书记胡锦涛在视察福建时指示，要积极培育战略性新兴产业，从福建的实际出发，加快发展海洋新兴产业。

在建设海峡西岸经济区的战略引领和党中央、国务院对福建发展海洋经济的大力支持下，福建建设海洋经济强省迎来了更有利的机遇，取得了更有效的成果。“十一五”期间，福建海洋经济实力持续提升，已成为国民经济的重要支柱。全省海洋生产总值年均增长16.7%，2010年达到3680亿元，占全国海洋生产总值的9.6%，占地区生产总值的25%，总量居全国第5位。海洋三次产业比例为8.3∶43.4∶48.3，海洋产业集中度明显提高，海洋渔业、海洋交通运输、滨海旅游、船舶修造、海洋工程建筑5个海洋传统产业增加值之和达1030亿元，占主要海洋增加值的75.1%。同时，海洋药物、海产品精深加工等技术研发取得重大突破，海洋科技进步贡献率达59%。在全国率先初步建成海上立体实时监测网，率先开展13个主要海湾数模与环境研究，为全省合理围填海、科学开发海洋、进一步加强海洋生态环境保护提供了科技支撑。率先开通对台海上直航、对台海上直航客滚轮航线，率先实现两岸间双向旅游，“两门”“两马”“泉金”等“小三通”航线成为两岸人员往来的黄金航道。在全国率先建立海域使用补偿和海域使用权抵押登记制度，率先创立乡镇海管站和村级协管员制度，率先实施海湾围填海规划的战略环境评价制度，率先完成省内海域勘界和海岸线修测工作，连续多次被国家海洋局授予“全国海洋综合管理特等奖”。

建设海峡蓝色经济试验区

福建建设海洋经济强省的显著成效，突显了福建在全国海洋经济发展中的地位和贡献。2010年6月，福建省政府向国务院呈报《关于恳请将福建列入国家海洋经济发展试点的请示》，积极争取成为国家海洋经济发展试点省份。8月上旬，全省打造海峡蓝色产业带建设海洋经济强省领导小组成立，由时任省长任组长。紧接着，《福建海峡蓝色经济试验区发展规划》和《福建海洋经济发展试点工作方案》的编制工作正式启动。2011年3月，国务院批复实施《海峡西岸经济区发展规划》，明确提出，支持福建开展全国海洋经济发展试点，充分利用海洋资源优势，加快发展海洋经济，努力建设海峡蓝色经济试验区，建成全国重要的海洋开发和科研基地。同年11月召开的中共福建省第九次代表大会作出决策，发挥海洋资源优势，加快发展海洋新兴产业和涉海现代服务业，打造海峡蓝色经济试验区。

2012年4月，福建加快海洋经济发展领导小组成立，加强对全省海洋经济发展工作的领导，统筹协调海洋经济发展试点工作。8月，省委九届五次全会研究出台《中共福建省委、福建省人民政府关于加快海洋经济发展的若干意见》，充分阐明加快海洋经济发展、打造海峡蓝色经济试验区、建设海洋经济强省的重大意义，要求进一步增强海洋意识，紧紧抓住国家支持福建开展全国海洋经济发展试点的重大机遇，进一步解放思想，敢于先行先试，把加快海洋经济发展摆上重要战略位置，为建设更加优美更加和谐更加幸福的福建作出更大贡献。同时，省政府配套出台《关于支持和促进海洋经济发展九条措施》，在海洋产业园区建设、企业发展、品牌培育、科技创新、远洋渔业等方面，就扎实推进全国海洋经济发展试点工作，建设海峡蓝色经济试验区提出了一系列力度大、针对性和可操作性强的政策措施。

同年9月，《福建海峡蓝色经济试验区发展规划》（以下简称《发展规划》）获国务院批准，并于11月正式公布。以《发展规划》为依据制定的《福建海洋经济发展试点工作方案》同时公布。《发展规划》主体区范围包括福建省管辖海域和福州、厦门、漳州、泉州、莆田、宁德6个沿海设区市及平潭综合实验区陆域，海域面积13.6万平方千米、陆域面积5.47万平方千米。为增强腹地支撑保障能力，将福建省其他地区作为规划联动区。福建成为继山东、浙江、广东之后第4个国家海洋经济发展试点省份，福建海洋经济发展也正式上升为国家战略。

《发展规划》要求以科学开发利用海峡、海湾、海岛资源为重点，着力推进体制机制创新，坚持“陆海统筹、集聚升级、创新驱动、闽台合作、人海和谐”原则，优化海洋开发空间布局，构建现代海洋产业体系，深化闽台海洋开发保护合作，强化海洋科技教育支撑，提高海洋资源环境承载力，完善沿海基础设施和公共服务，提升海洋综合管理水平，将福建海峡蓝色经济试验区建设成为突出两岸深度合作特色、具有较强竞争力的海洋经济科学发展示范区，切实提高福建海洋经济总体实力和综合竞争力，加快建设海洋经济强省和海峡西岸经济区，为我国建设海洋强国作出更大贡献。

《发展规划》立足福建在海洋经济发展中的综合优势，落实国家关于发展海洋经济的战略部署，科学确定福建海峡蓝色经济试验区的发展定位，即深化两岸海洋经济合作的核心区、全国海洋科技研发与成果转化重要基地、具有国际竞争力的现代海洋产业集聚区、全国海湾海岛综合开发示范区、推进海洋生态文明建设先行区、创新海洋综合管理试验区。

《发展规划》明确提出福建加快海洋经济发展的目标：到2015年，海洋生产总值年均增长14%以上，海洋生产总值达到7300亿元；海洋三次产业比例调整为4：44.5：51.5，现代海洋产业体系基本建立，形成若干以重要港湾为依托，布局合理、优势集聚、联动发展的海洋经济密集区，两岸海洋经济合作核心区基本形成；海洋科技创新体系基本建立，科技创新能力明显提升，建成全国科技兴海示范基地；海洋生态环境明显改善，近岸海域一类、二类水面占海域面积力争达到65%；海洋基础设施和公共服务能力进一步提升，基本建成海洋监测、预警、预报、应急处置等防灾减灾体系以及海洋管理技术支撑体系；海洋综合管理水平显著提升，基本实现法治化、规范化、信息化。到2020年，全面建成海洋经济强省。海洋经济持续快速发展，海洋开发空间布局显著优化，现代海洋产业体系形成；闽台海洋经济融合不断深化，形成两岸共同发展的新格局；海洋科技创新能力和教育水平居全国前列；各类海洋功能区环境质量基本达标，近海生态环境保持优良；现代海洋综合管理体制和海洋公共服务体系趋于完善。

《发展规划》提出，要坚持陆海统筹、合理布局，有序推进海岸、海岛、近海、远海开发，突出海峡、海湾、海岛特色，着力构建“一带、双核、六湾、多岛”的海洋开发新格局。“一带”是主体，要以推进沿海产业群、城市群、港口群“三群”联动发展为重点，将福建海岸带打造成以若干高端临海产业基地和海洋经济密集区为主体、布局合理、具有区域特色和竞争力的海峡蓝色产业带。“双核”是建设的突破口，要充分发挥福州、厦漳泉两大都市圈产业基础好、科研力量强、港口及集疏运体系较为完备等方面的优势，建成我国沿海地区重要的现代海洋产业基地、海洋科技研发及成果转化中心，形成引领海峡蓝色经济试验区建设、带动周边地区发展的两大海洋经济核心区域。“六湾”是开发的重点，要依托环三都澳、闽江口、湄洲湾、泉州湾、厦门湾、东山湾六大重要海湾，充分发挥海湾作为临港产业集中地、城市化重要平台、人口趋海转移承接地的重要功能，坚持优势集聚、合理布局和差异化发展，建设形成具有较强竞争力的海洋经济密集区。“多岛”是开发的依托，要按照“科学规划、保护优先、合理开发、永续利用”的原则，加快平潭岛、东山岛、湄洲岛、琅岐岛、南日岛等重点海岛开发和无居民海岛的有序开发、有效保护，探索生态、低碳的海岛开发模式，发展特色产业，建成各具特色的功能岛。

《发展规划》公布后，省政府又制订并实施《福建省海洋新兴产业发展规划》《福建省现代海洋服务业发展规划》，以及海洋生物医药、海洋工程装备、海水综合利用等十个实施计划，进一步强化规划引导。2014年6月，国家海洋局发布《关于进一步支持福建海洋经济发展和生态省建设的若干意见》，从海洋资源综合开发管理、海洋科技创新及公共服务平台项目建设、海洋经济创新发展区域示范项目建设、海洋生态文明建设先行先试、促进海洋经济持续健康发展、海洋经济对外开放6个方面出台16条措施，支持福建深入实施海洋强省和生态省战略，增强引领示范效应。

党的十八大以来，以习近平同志为核心的党中央着力推动“建设海洋强国”的重大战略部署，福建海洋经济发展上升为国家战略。在党中央、国务院的大力支持下，在《福建海峡蓝色经济试验区发展规划》的引领下，“十二五”期间，福建海洋经济加快发展，成为推动全省经济科学发展跨越发展的重要支撑。海洋经济综合实力持续提升。全省海洋生产总值年均增长13.3%，高于全省GDP平均增速，2015年达到6880亿元。海洋渔业、海洋交通运输、海洋旅游、海洋工程建筑、海洋船舶等五大海洋主导产业优势明显，增加值总和占全省海洋经济主要产业增加值总量的70%以上。2015年，全省海水产品总产量达636.31万吨，居全国第二；远洋渔业综合实力居全国首位；水产品出口创汇55.49亿美元，位居全国第一；沿海港口货物吞吐量5.03亿吨，集装箱吞吐量1363.69万标箱；完成水路货运量29370.64万吨，货物周转量4308.03亿吨千米；海洋旅游业实现旅游总收入3141.51亿元。海洋生物医药、邮轮游艇、海洋工程装备等新兴产业蓬勃发展。环三都澳、闽江口、湄洲湾、泉州湾、厦门湾、东山湾六大海洋经济密集区初步形成，海洋经济已成为全省国民经济的重要支柱。海洋创新引领作用明显增强，2015年海洋科技进步贡献率达59.5%。海洋生态环境保护取得新进展，2015年全省近岸海域水质达到或优于二类的面积达66.1%，位居全国前列。海洋基础设施和公共服务能力持续提升，新增万吨级及以上深水泊位40个，新增港口货物吞吐能力1.3亿吨。制定《福建省海岸带保护与利用管理条例》，完善海岸带综合管理体制建设，自然岸线保有率居全国前列。海洋开放合作深入拓展，建立闽台现代渔业合作示范区，率先开通平潭对台海上直航高速客滚航线，率先建立中国—东盟海产品交易平台。

建设平潭综合实验区、福建自由贸易试验区、21世纪海上丝绸之路核心区、福州新区、福厦泉国家自主创新区、国家生态文明试验区等一系列国家战略落地福建后，多重政策叠加与外溢效应，为福建发展壮大海洋经济、建设海洋经济强省，提供了有利条件和广阔空间。2016年5月，《福建省“十三五”海洋经济发展专项规划》（以下简称《规划》）出台，强调要深入贯彻党的十八大精神，落实习近平总书记系列重要讲话精神和对福建工作的重要指示，坚持新发展理念，遵循“转型升级，创新发展”“海陆联动，协调发展”“生态优先，绿色发展”“合作共赢，开放发展”“民生为本，共享发展”的基本原则，面向21世纪海上丝绸之路核心区建设，以转型升级为主线，着力发展特色鲜明的海洋经济，推进现代海洋产业集聚发展；着力建设公共创新服务平台，提升海洋科技支撑能力；着力加强资源保护和环境整治，推进海洋生态文明建设；着力深化海洋综合管理体制改革，培育海洋经济竞争新优势，全面建成海洋经济强省，为推动福建省经济社会发展再上一个新台阶，建设机制活、产业优、百姓富、生态美的新福建作出贡献。

《规划》明确海洋经济发展总体目标是：立足福建海洋经济发展的比较优势，落实国家海洋经济的区域战略部署，全面推进福建海峡蓝色经济试验区和21世纪海上丝绸之路核心区建设。到2020年，福建海洋经济综合实力和竞争力居全国前列；海洋经济空间布局和产业结构显著优化，现代海洋产业体系基本建立；海洋自主创新能力、教育水平、人才实力显著提升，海洋科技进步贡献率显著提高，海洋科技创新体系更加完善；各类海洋功能区环境质量基本达标，海洋生态环境保持优良；海洋综合管理改革全国领先，海洋基本公共服务体系和海洋综合管理体制趋于完善，全面建成海洋经济强省。《规划》要求，立足福建在海峡、海湾、海岛方面的突出优势，根据沿海自然资源条件和区域的比较优势，坚持陆海统筹，优化海洋产业布局，优化区域空间结构，持续推进海峡蓝色产业带建设、强化两大海洋经济核心区地位、高标准打造六大湾区海洋经济、合理开发特色海岛，构建优势互补、协调发展的区域海洋经济发展新格局。

《规划》提出海洋经济发展的六大重点任务：一是抓住供给侧结构性改革新机遇，把握“互联网＋”发展新趋势，进一步强化创新驱动，大力培育海洋产业发展新模式、新业态，突出龙头企业带动作用，实现海洋新兴产业突破性发展，推动现代海洋服务业大发展，加快海洋传统产业升级，完善现代海洋产业体系，打造海洋经济升级版；二是实施科技兴海战略，提升海洋科技创新能力，发展繁荣海洋科教事业，优化海洋科技人才结构；三是坚持绿色低碳发展，有序开发、集约节约利用海洋资源，落实国家水污染防治计划和福建省工作方案，加强海陆污染综合防治和海洋生态文明建设，切实提高海洋经济可持续发展能力；四是优化港口物流、海洋信息、防灾减灾等重大基础设施建设，提升海洋经济发展的承载能力与公共服务水平；五是深化与“海丝”沿线国家和地区海洋经济贸易文化交流合作，发挥对台先行先试的独特优势，探索侨胞、台胞等参与海洋经济发展的有效途径，建立海上经济合作和共同开发机制，全方位、多领域提高福建海洋经济对外开放水平，实现互利共赢；六是突出海洋综合管理体制机制改革创新，努力在重要领域和关键环节改革上取得突破，增强海洋经济发展动力与活力。

同年11月，中共福建省第十次代表大会确立“再上新台阶、建设新福建”的发展战略，并明确提出要加快智慧海洋建设，发展特色鲜明的湾区经济，迈出海洋经济强省建设新步伐。2017年10月，党的十九大作出“坚持陆海统筹，加快建设海洋强国”的重大战略决策。2018年11月，福建省委省政府提出《关于进一步加快建设海洋强省的意见》（以下简称《意见》），要求把高质量发展与实现赶超有机结合起来，以供给侧结构性改革为主线，以科学开发利用海峡、海湾、海岛、海岸资源为重点，着力创新体制机制，提高海洋开发能力，加快完善海洋设施、壮大海洋产业、提升海洋科技、保护海洋生态、拓展海洋合作、加强海洋管理，打造海洋经济高质量发展实践区，到2020年基本形成海洋现代产业体系，到2025年建成海洋强省。

《意见》明确了福建建设海洋强省的发展目标：到2020年，海洋现代产业体系基本形成，力争海洋生产总值突破万亿元，年均增长9.5%左右，占全省生产总值比重为29%左右。海洋基础设施体系逐步完善，港口功能整合优化有序推进；海洋科技创新体系基本建立，科技对海洋经济的贡献率达60.5%；海洋生态环境明显改善，海洋功能区水质达标率达85%以上，近岸海域一类、二类水质面积占海域面积的81%左右，自然岸线保有率不低于37%，各类海洋功能区环境质量基本达标；海洋开放合作水平明显提高，与“海上丝路”共建国家和地区的海洋合作交流持续深化；海洋综合管理能力明显提升，形成领导有力、协调高效、陆海统筹的海洋保护开发体制机制。到2025年建成海洋强省，主要体现在6个方面：一是海洋经济综合实力居全国前列，全省海洋生产总值达到1.8万亿元左右，占全省生产总值比重30%左右，占全国海洋经济生产总值比重13%左右。二是海洋科技创新走在全国前列，海洋科技创新平台达到全国一流水平，“智慧海洋”建设实现跨越，海洋科技关键共性技术和配套技术取得突破，海洋新兴产业占海洋经济生产总值的比重提高到18%左右，建成我国科技兴海重要示范区。三是海洋基础设施体系跃上高水平，建成全国一流的现代化枢纽港、物流服务基地、大宗商品储运加工基地、港口营运集团。四是海洋生态环境质量展现高颜值，海洋功能区水质达标率达88%以上，近岸海域一类、二类水面占海域面积达83%左右，自然岸线保有率不低于37%。五是海洋开放合作水平迈上新台阶，与“海上丝路”共建国家和地区在海洋互联互通、经济、科技、生态等方面合作取得突破性成果。六是海洋综合管理创新打造新样板，建成完备、高效的海洋保护开发、综合管理和公共服务体系，海洋监测预警、应急救助、防灾减灾机制更加成熟定型。

《意见》确定了建设海洋强省的7项重点任务：一是优化海洋开发布局，加快构建现代海洋经济体系；二是提升海洋基础设施，加快打造核心港区；三是建设海上丝绸之路核心区，加快海洋开放合作步伐；四是着力建设美丽海岛，加快培育现代海洋服务业；五是加强智慧海洋建设，加快构筑海洋科技创新基地；六是突出海洋生态保护，加快推动海洋可持续发展；七是注重体制机制创新，加快提升海洋综合管理能力。

福建深刻把握新时代新形势新战略新要求，立足福建海洋经济发展的比较优势，加快海洋强省建设，全面推进海峡蓝色经济试验区和21世纪海上丝绸之路核心区建设，全省海洋经济进一步发展壮大。“十三五”期间福建海洋生产总值保持10%以上的年增长速度，2018年首次突破万亿元，2021年突破1.1万亿元，居全国第三。水产品总产量830万吨，居全国第二。海洋渔业、滨海旅游、海洋交通运输等主导产业优势明显，国家海洋经济发展示范区、示范城市和省级海洋产业发展示范县建设提速。海水养殖产量、远洋渔业产量、水产品人均占有量等指标，更是达到了全国第一。

建设“海上福建”

在全国进入新发展阶段、福建全方位推进高质量发展超越的重要时刻，2021年3月，中共中央总书记、国家主席、中央军委主席习近平来闽考察，提出“一个篇章”总目标、“四个更大”重要要求和四项重点任务，并明确提出要壮大海洋新兴产业，强化海洋生态保护，为新发展阶段福建海洋经济发展提供了根本遵循。

同年5月，为深入贯彻落实习近平总书记来闽考察重要讲话精神，加快建设“海上福建”，推进海洋经济高质量发展，全方位推进高质量发展超越，省政府制定出台《加快建设“海上福建”推进海洋经济高质量发展三年行动方案（2021—2023年）》（以下简称《方案》）。《方案》强调，要以习近平新时代中国特色社会主义思想为指导，全面贯彻落实党的十九大和十九届二中、三中、四中、五中全会精神，坚持稳中求进工作总基调，立足新发展阶段，贯彻新发展理念，积极服务并深度融入新发展格局，以深化供给侧结构性改革为主线，着力创新体制机制，推进海岛、海岸带、海洋“点线面”综合开发，加快完善海洋设施，壮大海洋产业，提升海洋科技，保护海洋生态，拓展海洋合作，加强海洋管理，推进湾区经济高质量发展，建设更高水平的“海上福建”，为奋力谱写全面建设社会主义现代化国家福建篇章提供有力支撑。《方案》明确建设“海上福建”的基本原则是：坚持陆海统筹、湾港联动，坚持科技兴海、创新驱动，坚持生态优先、绿色发展，坚持开放合作、互利共赢。

《方案》提出建设“海上福建”的主要目标是：到2023年，海洋经济质量和效益明显提升，现代海洋产业体系基本建立，海洋资源优势逐步转化为经济优势、高质量发展优势，打造海洋渔业、绿色石化、临海冶金、海洋信息、航运物流、滨海旅游等6个千亿产业。全省海洋生产总值达到1.5万亿元左右，占全省生产总值比重达到28.5%左右。全省港口吞吐量突破6.5亿吨，集装箱吞吐量超过1920万标箱。海洋功能区水质达标率达87%左右，近岸海域一类、二类水面占海域面积达82%以上，自然岸线保有率达到37%。到“十四五”末，在“海上福建”建设和海洋经济高质量发展上取得更大进步，基本建成海洋强省。海洋经济综合实力居全国前列，全省海洋生产总值达到1.8万亿元左右，占全省生产总值比重30%左右。海洋基础设施体系跃上高水平，沿海港口吞吐量突破7亿吨，集装箱吞吐量达到2150万标箱。海洋生态环境质量展现高颜值，海洋功能区水质达标率达88%以上，近岸海域一类、二类水面占海域面积达83%左右，自然岸线保有率不低于37%。到2035年，在“海上福建”建设和海洋经济高质量发展上跃上更大台阶，海洋经济综合实力、海洋基础设施、海洋科技创新、海洋生态环境稳居全国前列，海洋开放合作水平迈上新高度，建成具有国际竞争力的现代海洋产业基地和我国科技兴海重要示范区，为全方位推进高质量发展超越提供重要支撑。

《方案》还明确了建设“海上福建”的11项重点任务，即促进海洋信息产业实现倍增、大力发展临海能源产业、建设海上牧场、推进临海产业现代化、做大做强东南国际航运中心、构建海洋药物与生物制品产业高地、打造国际滨海旅游目的地、深化海洋生态综合治理、抢占海洋碳汇制高点、强化海洋科技创新、推进海洋开放合作。

同年6月，省委召开十届十二次全会，讨论通过《中共福建省委关于学习贯彻习近平总书记来闽考察重要讲话精神谱写全面建设社会主义现代化国家福建篇章的决定》，明确提出了八大方面重点任务。其中，加快建设“海上福建”作为加快建设现代化经济体系，大力推进高质量发展的三大任务之一。全会强调要建设更高水平的“海上福建”，推进海洋经济高质量发展。7月9日，福建省推进海洋经济高质量发展会议在福州召开。时任省委书记尹力在会上强调，要深入学习贯彻习近平总书记关于海洋强国建设的重要论述和来闽考察重要讲话精神，开足马力、扬帆起航，劈波斩浪、乘势而上，进一步推动形成大抓海洋建设的良好氛围，奋力开创海洋强省建设新局面，为谱写全面建设社会主义现代化国家福建篇章注入强劲的蓝色动能。

尹力指出，习近平总书记始终高度重视海洋事业发展，早在20世纪90年代初就提出建设“海上福州”战略构想，在福建工作时反复强调要加快建设海洋经济强省；党的十八大以来，推动实施“建设海洋强国”的重大战略，发表了一系列重要论述；当年3月来闽考察，明确指出要壮大海洋新兴产业，强化海洋生态保护。这些都必须认真学习领会、全面贯彻落实。福建因海而生、向海而兴，海洋兴则福建兴、海洋强则福建强。海洋是福建高质量发展的战略要地。福建省全方位推进高质量发展，重要动能在海洋，重要空间在海洋，重要潜力在海洋。全省各级各部门要充分认识推进海洋经济高质量发展的重大意义，深刻认识这是贯彻落实习近平总书记重要要求和党中央决策部署的重要举措，是顺应经济发展规律的必然选择，是加快建设现代化经济体系、服务和融入新发展格局的内在要求，以强烈的责任感紧迫感使命感，进一步关心海洋、认识海洋、经略海洋，推动海洋强省建设不断取得新成效。

尹力强调，要坚持从实际出发，加强陆海统筹，大力推进海洋经济高质量发展的重点工作。加快推进海洋科技创新，在基础研究、产学研融合、“智慧海洋”建设上下功夫，加快实施一批海洋科技研发项目，大力培育引进一批海洋科技型企业，推动海洋经济向创新引领型转变。加快建设现代海洋产业体系，把培育壮大海洋产业与优化海洋开发建设布局有机结合起来，培育形成特色鲜明的优势产业集群。加快打造世界一流的海洋港口，推动港口运作一体化、集疏运快捷化、通关便利化，进一步优化口岸营商环境，切实做大做强沿海港口群，壮大湾区经济。加快构建绿色可持续的海洋生态环境并加强相关科学研究，像对待生命一样关爱海洋，抢占海洋碳汇制高点，加强海洋污染协同治理，推进海洋生态保护修复，加强海洋环保基础科学、前沿技术的研究与运用，实现海洋资源有序开发利用，为子孙后代留下碧海蓝天。加快提升海洋开放合作水平，着力构建蓝色经济大通道，打造开放合作大平台，深化闽台海洋大融合，不断激发海洋强省建设活力。

同年11月，中共福建省第十一次代表大会提出，做大做强做优数字经济、海洋经济、绿色经济、文旅经济，是福建发展的比较优势所在。要深化“海上福建”建设，迭代实施海洋经济高质量发展三年行动，打造海洋优势产业集聚区和新兴产业集群，建设世界一流的现代化港口群，力争海洋生产总值年均增长8%以上。同时，为加快建设“海上福建”，打造新时代海洋强国建设的生动实践，《福建省“十四五”海洋强省建设专项规划》（以下简称《专项规划》）正式公布。规划范围包括福建省管辖海域及全省陆域，重点是沿海市、县（区）及其毗邻海岛。

《专项规划》提出，要以习近平新时代中国特色社会主义思想为指导，深入贯彻党的十九大和十九届二中、三中、四中、五中、六中全会精神，全面贯彻习近平总书记来闽考察重要讲话精神，坚持稳中求进工作总基调，立足新发展阶段，贯彻新发展理念，积极服务和深度融入新发展格局，以深化供给侧结构性改革为主线，着力创新体制机制，推进海岛、海岸带、海洋“点线面”综合开发，加快完善海洋设施、壮大海洋产业、提升海洋科技、保护海洋生态、拓展海洋合作、加强海洋管理，推进湾区经济发展，打造更高水平的“海上福建”，建设海洋强省，为谱写全面建设社会主义现代化国家福建篇章提供有力支撑。《专项规划》进一步明确了建设海洋强省的基本原则：陆海统筹、湾港联动，科技兴海、创新驱动，绿色发展、人海和谐，对外开放、互利共赢，深化改革，全民共享。

《专项规划》提出了建设海洋强省的主要目标：“十四五”期间，持续优化海洋强省战略空间布局，着力打造现代海洋产业体系，加快构建海洋经济高质量发展创新支撑平台，不断完善海洋基础设施服务环境，扎实推进海洋生态文明建设，努力拓展蓝色伙伴关系网，健全海洋综合治理机制，力争到2025年，在“海上福建”建设和海洋经济高质量发展上取得更大进步，基本建成海洋强省。主要体现在6个方面：一是海洋经济更具实力。“十四五”期间，全省海洋生产总值年均增长率8%以上，超过全省地区生产总值增幅1个百分点以上，海洋经济质量和效益明显提升，现代海洋产业体系基本建立，建成具有国际竞争力的现代海洋产业基地。二是科技创新更具动力。形成布局合理、功能完善、体系健全、共享高效、适应福建省海洋经济高质量发展需求的科技创新平台体系和科技人才队伍，创新链与产业链深度融合。新增省级以上涉海创新平台5个，海洋新兴产业专利拥有量6000项，建成我国科技兴海重要示范区。三是基础设施更具支撑力。建成全国一流的现代化枢纽港、物流服务基地、大宗商品储运加工基地、港口营运集团，全省沿海港口货物吞吐量突破7亿吨，集装箱吞吐量达到2150万标箱，新建万吨级泊位30个，新建、改造、提升各类渔港225个，其中新建中心渔港和一级渔港25个。四是海洋环境更具魅力。开创富有特色的海洋生态保护模式，近岸海域水质优良（一类、二类）比例达86%，大陆自然岸线保有率不低于37%（以国家核定数为准），岸线修复长度155千米，滨海湿地恢复修复面积达到3800公顷。五是开放合作更具活力。与“海丝”沿线国家和地区在海洋经济、科技、生态、航运等方面合作取得突破性成果。福建在两岸海洋合作中先行先试作用进一步凸显。新增国际航线5条。六是海洋治理更具效力。建成完备、高效的海洋保护开发、综合管理和公共服务体系，海洋监测预警、应急救助、防灾减灾机制更加成熟定型。民生福祉达到新水平，沿海渔船就近避风率达93%以上，人均水产品占有量达到220千克，渔民人均可支配收入不低于3万元。《专项规划》还展望了到2035年的远景目标，即要在“海上福建”建设和海洋经济高质量发展上跃上更大台阶，海洋经济综合实力、海洋基础设施、海洋科技创新、海洋生态环境稳居全国前列，海洋开放合作水平迈上新高度，海洋管理体制机制进一步健全，建成具有国际竞争力的现代海洋产业基地和我国科技兴海重要示范区。

《专项规划》从持续优化海洋强省战略空间布局、高质量构建现代海洋产业体系、高能级激发海洋科技创新动力、高标准推进涉海基础设施建设、高站位打造海洋生态文明标杆、高水平拓展海洋开放合作空间、高效能完善海洋综合治理体系等方面，对“十四五”时期海洋强省建设提出了有指导性、针对性的对策措施。

福建发展海洋经济的战略优势

福建拥有四五千年的海洋文化历史，不仅是古代海上丝绸之路的重要起点和发祥地，而且是新中国最早实行对外开放的省份之一，整个历史发展进程凸显因海而生、向海而兴的特色。福建拥有独特的区位优势、丰富的海洋资源、深厚的海洋文化底蕴、良好的海洋生态环境，海洋、海湾、海岛、海峡、“海丝”赋予了福建向海发展、向海图强的巨大潜力和优势。世界各国争先抢占海洋经济发展制高点，党中央不断加快建设海洋强国的步伐，福建省委省政府全方位推动高质量发展，为福建大力发展海洋经济、建设海洋强省提供了重要战略机遇。在推进新发展阶段新福建建设、奋力谱写全面建设社会主义现代化国家福建篇章的新征程上，福建完全有基础、有条件、有能力承担起建设海洋强省、助力建设海洋强国的历史重任。

一、福建发展海洋经济的潜力和优势

福建是海洋大省，在推进实施国家海洋发展战略、建设海洋强国中肩负着重大的历史使命。福建区位优势独特，海洋资源丰富，文化底蕴深厚，生态环境良好，具有加快发展海洋经济、建设海洋强省的巨大潜力和优势。

一是区位优势独特。福建地处我国东南沿海，位于台湾海峡西岸，连东海、南海而通太平洋，是中国距东南亚、西亚、东非和大洋洲最后的省份之一。福建北承浙江海洋经济发展示范区，南接广东海洋经济综合试验区，西连广大内陆腹地，联结长江三角洲和粤港澳大湾区，是我国深化对外开放的重要窗口、促进两岸交流合作的前沿平台，在完善我国沿海地区开发开放格局中具有重要作用。

二是海洋资源丰富。福建是海洋资源大省，海域面积13.6万平方千米，6个沿海设区市和平潭综合实验区陆域面积5.47万平方千米。陆地海岸线北起福鼎市沙埕南关山，南至诏安县宫口西端，蜿蜒长达3752千米，居全国第二位；全省共有大小港湾125个，水域广阔，终年不冻，可建万吨级以上泊位的深水岸线长210.9千米，其中三都澳、罗源湾、兴化湾、湄洲湾、厦门湾、东山湾可建20万—50万吨级超大型泊位的深水岸线长47千米，岸线曲折率和深水岸线长度均居全国首位。全省有海岛2215个，其中面积大于500平方米的海岛1374个，数量均居全国第二位。滩涂广布，未开发利用的浅海滩涂面积为6000多平方千米。近海生物种类3000多种，可作业的渔场面积达12.5万平方千米，水产品人均占有量位居全国第一。海洋矿产资源种类多，已发现60多种，其中有工业利用价值的20余种。台湾海峡盆地西部油气蕴藏区域达1.6万平方千米，50米等深线以深海域风能理论蕴藏量超过1.2亿千瓦。沿海旅游资源丰富，如“国家重点风景名胜区”鼓浪屿、清源山、太姥山、海坛岛，“国家旅游度假区”湄洲岛，“海上绿洲”东山岛等。沿海地热梯度较大，地热资源丰富，具有开采价值的热水区域较多。沿海风能资源丰富，可利用时数7000—8000小时。沿海可利用潮汐发电的海水面积3000平方千米，潮汐能理论装机容量3425万千瓦，可开发装机容量1033万千瓦，占全国的49.2%。

三是文化底蕴深厚。福建拥有四五千年灿烂辉煌的海洋文化历史，是我国海洋文化的重要发源地。地域特色鲜明的船政文化、海上丝绸之路文化、郑和下西洋文化、妈祖文化等在我国乃至世界海洋文明发展史上具有重要地位。福建先民早在春秋战国时期“水行而山处，以舟为车，以楫为马，往若飘风，去则难从”，造船历史悠久，舟船文化源远流长，依山傍水的马尾是中国船政文化的发祥地、近代海军的摇篮。福建海外交通发达，是海上丝绸之路的重要起点和发祥地，泉州港是中世纪著名的世界贸易港，商人、旅行家、僧侣及各行各业的外国人士汇集于此，带来了佛教、伊斯兰教、基督教、印度教、摩尼教、犹太教文化，他们与中国本土的道教、民间宗教互相辉映，形成多种宗教文化并存的局面。海神妈祖是航海者海上活动的精神支柱、保护神，福建是妈祖信仰的发祥地，福建人是妈祖信仰的主要传播者，从宋代开始，妈祖信仰随着福建人经商、移民、从政，由福建向全国传播，向东南亚乃至世界各地传播，影响极其深远。此外，许多重要的海外交通著作、译著在福建写成，记载了海外国家的物产资源、风土人情、中外贸易、航海经验等，如宋元时期的《诸蕃志》《岛夷志略》等、明清时期的《东西洋考》《渡海方程》《四夷考》《海岛逸志》《海国闻见录》等，林则徐审编的《四洲记》为魏源撰写《海国图志》奠定了基础。

四是生态环境良好。福建属亚热带海洋性气候，无严寒酷暑，四季常青。全省已建立海洋自然保护区13个、海洋特别保护区35个、国家级海洋公园7个，形成了全省海洋保护区网络体系，保护类型涉及红树林、典型海岸带湿地、典型无居民海岛、渔业资源、地质遗迹以及濒危物种等。2020年，福建近岸海域国考点位优良水质比例、大陆自然岸线保有率均高于国家下达的目标要求。

二、福建发展海洋经济面临的战略机遇

21世纪可以说是“海洋的世纪”。海洋在世界政治、经济、军事等领域的战略地位更为显著，世界对海洋的争夺和在海洋领域内的竞争日趋激烈，新一轮科技革命推动新技术在海洋领域的融合应用方兴未艾，发展蓝色经济、抢占制高点成为世界各主要海洋国家新的战略选择。党的十八大以来，以习近平同志为核心的党中央顺应世界发展潮流，立足新发展阶段，贯彻新发展理念，构建新发展格局，推动实施“建设海洋强国”战略，海洋在全国经济发展大局和对外开放战略中的角色和地位更加重要。福建省委省政府贯彻落实党中央决策部署，坚持陆海统筹，全方位推动高质量发展，全省海洋经济综合实力显著增强，为加快建设“海上福建”、实现海洋强省目标，提供了重要保障，奠定了坚实基础。迈向新时代新征程，福建海洋经济发展迎来了重要的战略机遇期。

1. 海洋经济发展步入新常态，为福建海洋强省建设提供了重要的创新机遇

进入21世纪，由于世界经济遭遇资源环境瓶颈，陆域资源、能源和空间的压力与日俱增，世界各主要海洋国家纷纷将国家战略利益竞争的视野转向资源丰富、地域广袤的海洋，开发海洋资源、发展海洋经济成为推动世界经济可持续发展的重要战略。同时，以国际金融危机引发全球经济衰退为转折点，伴随着新一轮科技革命，新一代信息技术、生物技术、新能源技术、新材料技术、智能制造技术、卫星通信技术等领域呈现多点突破、群发性突破的态势，新技术在海洋领域的融合应用越来越广泛，海洋经济新常态的阶段性特征凸显。

从国际看，海洋开发更加依靠高新技术向高精深层次拓展，海洋研究领域不断深化，海洋开发深度和难度不断加大，基础海洋科学、应用海洋科学、海洋高新技术不断取得重大进步，从而引发了海洋开发的热潮，推动了现代海洋产业的发展，海洋运输业、海洋工程装备制造业、海洋生物医药业等产业取得重大进展。同时，注重海洋资源的保护，确保海洋的可持续利用，已成为各沿海国家追求海洋经济可持续发展的自觉行动，“维护海洋健康”成为21世纪保护人类自己的活动。

从国内看，为改变因海洋开发方式粗放导致海洋经济发展与生态环境保护的矛盾日益凸显的状况，海洋经济逐步向质量效益型转变，海洋经济发展呈现产业结构持续优化、战略性新兴产业迅速起步、新型产业形态加速涌现的新态势；随着沿海地区人口密度的日趋增大，经济的进一步发展及城镇化进程的加快，海洋资源需求迅速增长，海洋资源供给将面临更大的压力，这促使海洋开发方式逐步向循环利用型转变，依照生态文明的理念，形成资源节约、环境友好的生态化循环生产方式，使海洋开发利用活动与海洋资源环境承载能力相协调，打造海洋生态文明新常态；为转变海洋资源开发方式，促进海洋经济转型升级，海洋科技逐步向创新引领型转变，科技创新对海洋经济的引领作用越发明显：海水养殖由

近海向远海快速拓展，海洋生物制品向高值化、高端化发展，环境友好型的生产工艺大大提升了产品附加值，一批海洋装备产品国际竞争能力显著提升，海水利用技术产业化水平进一步提高；为应对各种复杂局面，提高海洋维权能力，坚决维护本国海洋权益，海洋维权逐步向统筹兼顾型转变，通过整合海监、海警、渔政、海上缉私警等队伍的职责，重新组建国家海洋局，进行海上统一执法，提高执法效能。

从省内看，随着福建加大国家创新型省份和福厦泉国家自主创新示范区建设，数字福建建设成果斐然，海洋产业与科技对接机制不断完善，创新将成为海洋强省建设的重要驱动力。“十三五”以来，福建深入实施创新驱动发展战略，全省创新体系更加健全，创新环境不断优化，创新能力明显增强。2021年福建高新技术产业化效益指数居全国第四，科技促进经济社会发展指数、科技创新环境指数均居全国第九，公民具备科学素质比例居全国第七。《福建省“十四五”科技创新发展专项规划》紧盯“加快科技自立自强步伐、建设高水平创新型省份”目标，聚焦创新高地、重大攻关、创新主体、研发平台、人才育引、开放合作、体制创新等七个方面重点任务，实施科技创新走廊建设行动、高新区高质量发展行动、基础研究和源头创新行动、科技重大攻关行动、企业创新能力培育提升行动、高水平科技创新平台建设行动、促进科技成果转化应用行动、高层次人才育引行动、科技特派员助力产业转型和乡村振兴行动、深化海峡两岸创新融合发展行动、全社会研发投入提升行动、产业自主知识产权竞争力提升领航计划等12项科技创新行动（计划），力争到2025年福建科技综合实力全国排名进入前12位，国家创新型省份格局基本形成。同时，在数字中国建设峰会引发的“磁场效应”下，福建加快打造国家数字经济发展高地、数字中国建设样板区和示范区，以“数字”驱动各方面改革创新，以“数字”引领高质量发展，实现数字产业化和产业数字化双轮驱动，推动数字经济快速发展，2021年福建数字经济增加值达2.3万亿元。

2. 党中央支持福建加快发展海洋经济，为福建海洋强省建设提供了重要的政策机遇

党的十八大以来，以习近平同志为核心的党中央从实现中华民族伟大复兴的高度出发，推动实施“建设海洋强国”战略，提出一系列新理念新思想新战略，出台一系列重大方针政策，推出一系列重大举措，推进一系列重大工作，是全国海洋事业发展的根本遵循。在此战略引领下，以海洋经济为主体，北起辽宁沿海经济带，经天津、上海、福建等省市，南至海南国际旅游岛，一条完整的沿海区域蓝色经济形成，中国经济开始由注重内陆向陆海并重并向海洋延伸。2012年9月，国务院批准福建建设海峡蓝色经济试验区，福建海洋经济发展上升为国家战略。党的十九大进一步作出“坚持陆海统筹，加快建设海洋强国”的重大战略决策，党中央赋予福建全方位推动高质量发展超越的重大历史使命和重大政治责任，为福建加快建设海洋强省提供了强有力的政策支撑。2021年3月，习近平总书记来闽考察并发表重要讲话，提出要加快建设“海上福建”，推进海洋经济高质量发展，进一步为建设海洋强省指明方向。“十四五”时期，福建将深入贯彻落实习近平总书记来闽考察重要讲话精神，着力做好数字经济、海洋经济、绿色经济、文旅经济四篇大文章，加快建设“海上福建”，推进海洋经济高质量发展，以“一带一路”共建与RCEP签订为契机，推动构建新时代全面开放新格局，充分释放政策效应，为海洋强省建设提供重要支撑。

3.“十三五”时期福建海洋经济取得高质量成就，为福建海洋强省建设提供了重要的发展机遇

福建坚持陆海统筹，陆地经济与海洋经济一起抓，既抓好宝贵的耕地和动植物种源保护、林业资源和生态环境保护，又抓好海洋资源保护开发利用，推动全省海洋经济取得高质量发展。主要表现在：

海洋经济综合实力明显增强。“十三五”期间，全省海洋生产总值年均增长8.2%，由2015年的7076亿元提高到2020年的1.05万亿元，居全国第三，占全省地

区生产总值的23.9%，海洋经济成为拉动国民经济增长的重要引擎。海洋三次产业结构由2015年的7.3∶37.1∶55.6调整为2020年的6.5∶31.7∶61.8。海洋资源开发和产业布局持续优化，“一带两核六湾多岛”的发展格局基本形成。福州、厦门成功获批国家海洋经济创新发展示范城市和海洋经济发展示范区，在全国海洋经济发展中的地位显著提升。海洋渔业发展成效突出，海水养殖产量、远洋渔业产量、水产品出口额和水产品人均占有量等指标全国排名第一。全球首艘227米深海采矿船、全球最大深海微生物库等相继建成。临海工业集约化发展，建成具有全球影响力的不锈钢产业集群，形成湄洲湾、古雷、江阴和可门等石化产业集聚区。“水乡渔村”“清新福建”等旅游品牌建设成效显著，全省海洋旅游总收入超过5000亿元。

海洋科技创新能力实现重大突破。一是创新载体和平台建设取得新成效。扎实推进自然资源部第三海洋研究所、自然资源部海岛研究中心、近海海洋环境科学国家重点实验室、大黄鱼育种国家重点实验室、福建省水产研究所、厦门南方海洋研究中心等重大创新载体建设。成立海洋生物种业技术国家地方联合工程研究中心、福建省海洋生物资源综合利用行业技术开发基地、闽东海洋渔业产业技术公共服务平台、福建省卫星海洋遥感与通讯工程研究中心等一批重大创新平台。成立福建海洋可持续发展研究院，打造立足福建、面向全国、服务全球的海洋高端智库平台。二是海洋产业协同创新环境不断改善。成立海洋生物医药产业创新联盟、水产养殖尾水治理技术集成与创新联盟等省级海洋产业创新联盟4家，积极支持大黄鱼产业技术创新等企业战略联盟建设。推动组建福建省协同创新院海洋分院，有效整合涉海科技力量，促进390余项海洋技术成果成功对接。突破了一批关键共性技术瓶颈，12项成果获国家技术发明（或海洋行业科技）奖。加快推进“智慧海洋”工程建设，首次举办数字中国建设峰会智慧海洋分论坛。组织实施海洋科技成果转化与产业化示范项目300多项，科技成果转化率不断提升，有力推动了海洋战略性新兴产业提速增效。

涉海基础设施建设取得显著成效。世界一流港口建设持续推进，2020年，全省沿海港口货物吞吐量达6.2亿吨，其中福州港货物吞吐量2.49亿吨，厦门港货物吞吐量2.07亿吨。全省万吨级以上深水泊位达到184个，三都澳、罗源湾、江阴、东吴等港区疏港铁路支线建设有效提升港口集疏运能力。渔港基础设施建设取得新成效，新建、整治维护83个不同等级渔港，渔船就近避风率从45%提高到67%。启动“5G+”智慧渔港建设，渔业生产安全条件明显改善。在全国率先建成覆盖全省海洋渔船的北斗卫星应用网络，创新研发海洋渔船“插卡式AIS”设备并在全国推广。实施“智慧海洋”示范工程建设，海上交通、海洋预报、海洋渔业、海洋资源开发、海洋环境监测、涉海电子政务等领域信息化水平大幅提升，建成数字福建云计算中心等数据基础设施，海洋数据汇聚基础不断夯实，实现向数据要管理效率。

海洋生态文明建设扎实推进。印发实施《福建省海岸带保护与利用管理条例》，编制《福建省海岸带保护与利用规划》，出台《福建省近岸海域海漂垃圾综合治理工作方案》《福建省加强滨海湿地保护严格管控围填海实施方案》，编制实施市县两级水域滩涂养殖规划，加快生态文明先行示范区建设。全省共划定海洋生态保护红线区面积11881.6平方千米，占全省选划海域面积的32.9%。强化陆海统筹，全面推进蓝色海湾整治、滨海湿地修复、生态岛礁保护、海漂垃圾治理和排污口排查整治，组织实施环三都澳海域综合整治、九龙江—厦门湾污染物排海总量控制试点、闽江口周边入海溪流整治等重大工程，实现“河湾同治”。全省已建立海洋自然保护区13个、海洋特别保护区35个、国家级海洋公园7个，形成了全省海洋保护区网络体系。全省海洋生态环境总体良好，为海洋经济可持续发展提供了有力保障。

海洋开放合作进一步拓展。开放合作平台建设成效显著，中国（福州）国际渔业博览会已发展成为全球第三大渔业专业博览会，持续举办厦门国际海洋周、平潭国际海洋旅游与休闲运动博览会，平潭台湾农渔产品交易市场启用。“海丝”沿线国家港航合作全面加强，“丝路海运”命名航线达72条。实施渔业“走出去”战略，远洋渔业规模稳步增长，建成宏东渔业公司毛里塔尼亚基地等一批境外渔业基地，推进福清元洪国际海洋食品园建设，加快南极磷虾资源开发，全球渔业资源整合能力显著提升。厦门与美国旧金山市联合开展海洋垃圾监测、评估与防治创新合作。

海洋治理体系能力不断提升。建立海岸带综合管理联席会议制度，促进陆海统筹治理。海域资源市场化配置工作走在全国前列，率先开通福建海洋产权交易服务平台，开展海洋自然资源资产负债表编制及其价值实现机制试点工作，推进“养殖海权改革”试点，实行所有权、使用权、经营权“三权分置”，制定完善海域使用权招拍挂出让管理办法和配套制度。全面加强滨海湿地保护，严格管控围填海，促进海域节约集约利用。全面开展海洋经济调查工作，摸清海洋家底。开展“海盾”“碧海”和无居民海岛专项执法行动，海上多部门联合执法能力进一步提升。

三、福建海洋经济发展瓶颈

当今世界正经历百年未有之大变局，国际经济、科技、文化、安全、政治等格局都在发生深刻调整。全球经济增长放缓与贸易保护主义叠加使“逆全球化”倾向凸显，全球供应链受到严重冲击，给海洋产业链安全带来一定风险。这些外部环境变化使福建海洋强省建设面临重大挑战。而且，与海洋经济高质量发展的要求以及广东、山东等海洋强省相比较，福建虽拥有发展海洋经济的巨大潜力和诸多优势，但仍存在一些薄弱环节和发展瓶颈。

第一，海洋科技自主创新能力仍需花大力气提升。当前，福建海洋经济正处于转变发展方式、优化产业结构、转换增长动能的攻坚期，海洋科技创新水平与海洋经济高质量发展还不适应。与广东、山东等省相比，科技创新是福建发展海洋经济的突出短板。福建海洋科技力量主要集中在海洋水产、海洋环境方面，支撑现代临港产业、海洋新兴产业发展的科研力量不足，高端技术人才缺乏，设计研发能力不强，导致无法扩张规模，提升产品层次。创新型企业主体的数量和规模优势不足，大多数中小海洋企业没有研发机构，海洋科研院校缺乏，高等院校内设置的与海洋相关的专业较少。科技对海洋经济的贡献率仍较低，特别是海洋高端装备、海洋生物医药等产业总体规模较小、应用领域较窄，产学研结合不够紧密，海洋领域重大创新平台布局不够完善，海洋科技成果转化效率还需进一步提升，海洋人才队伍有待优化壮大。

第二，海洋资源集约化利用与海洋环境保护有待强化。随着海洋开发向纵深发展，沿海各地对海岸带的需求快速增长，统筹利用港口岸线开展一体化开发，集约利用自然岸线、滩涂和海域等资源十分必要。与此同时，随着全省城市化进程的加快和临港工业特别是石化、造船、冶金、大型林浆纸一体化等产业的发展，陆源污染排放、临海重污染工业、湾内粗放养殖、近海无序捕捞、港口建设等活动，导致直接或间接排放入海的生活污水、工业废水、农业面源污染物不断增加，进一步加剧了海洋生态环境压力。此外，部分沿海地区非法采挖海砂和局部区域不合理的围填海等海岸工程开发建设，致使沿海滩涂、湿地面积减少，海洋生态环境受到不同程度的影响，海洋生态系统受到不同程度的损害，局部海域生态功能明显下降。可见，统筹推进海洋经济高质量发展与海洋生态环境保护，任务十分艰巨。

第三，海洋管理体制机制尚不完善。海洋管理涉及经济、产业、科技、生态、执法等多方面，是综合管理而非行业管理。然而目前海洋管理在体制机制上由多部门分散管理，存在部门间职能交叉、信息不畅、沟通效率较低等问题。同时，全省沿海地区海洋环境保护队伍和能力建设相对滞后，大部分沿海市、县（区）基层政府海洋行政管理机构不健全，人员少，设备缺乏，海洋执法力量薄弱，应对溢油、危险化学品泄漏等突发事件的应急响应能力建设较为薄弱，在实践中难以形成执行有力的组织体系，降低了海洋治理效能。

福建海洋经济高质量发展：向海图强

海洋是广阔的蓝色国土，是巨大的资源宝库，是高质量发展的战略要地，是新的社会经济领域、新的生产生活空间。目前全世界人口的60%以上居住在距海岸100千米的地区，世界财富的50%集中在沿海港口城市，全世界最发达的城市基本上是沿海港口城市，而且世界人口、城市、产业正进一步呈现出向海发展、向海而兴的趋势。从我国的情况看，沿海200千米范围内的地区，以占全国不到30%的陆域土地，承载着40%以上的人口、50%以上的大城市，创造了70%以上的国内生产总值，吸引了80%以上的外来直接投资，生产着90%以上的出口产品。从福建看，福州、厦门、漳州、泉州、莆田、宁德6个沿海设区市和平潭综合实验区，集中了全省75%以上的人口、80%以上的经济总量。开发利用蓝色海洋，加快发展海洋经济，已成为当今世界潮流。向海图强，是福建全方位推动高质量发展的必然选择。

建设海洋强国是实现中华民族伟大复兴的重大战略任务。党的十八大以来，习近平总书记着眼于中国特色社会主义事业发展全局，统筹国内国际两个大局，坚持陆海统筹，坚持走依海富国、以海强国、人海和谐、合作共赢的发展道路，通过和平、发展、合作、共赢方式，扎实推进海洋强国建设。这是党中央准确把握时代发展趋势、深刻分析国内外形势作出的重要战略决策，为我国海洋事业发展指明了方向，也为推进福建海洋经济高质量发展提供了根本遵循。福建认真落实习近平总书记当年提出的建设“海上福州”“海洋经济强省”等战略思想，深入贯彻落实习近平总书记来闽考察重要讲话精神，坚定“蓝色信念”，劈波斩浪，充分发挥海洋资源禀赋，围绕海洋强省目标，加快建设“海上福建”，持续推进海洋经济高质量发展，为谱写全面建设社会主义现代化国家福建篇章注入强劲的蓝色动能。

规划立海："一带两核六湾多岛"

向海图强，规划先行。福建坚持"海岸—海湾—海岛"全方位布局，推进海岛、海岸带、海洋"点线面"综合开发，进一步优化"一带两核六湾多岛"的海洋经济发展总体格局，着重构建陆海统筹经济带，做强福州、厦门两大示范引领区，加快环三都澳、闽江口、湄洲湾、泉州湾、厦门湾、东山湾六大湾区高质量发展，提高平潭岛、东山岛、湄洲岛、琅岐岛、南日岛等重点海岛开发与保护水平，推动形成各具特色的沿海城市发展格局，打造福建海洋经济高质量发展的战略支撑空间。

东山金銮湾

一、构建陆海统筹经济带

海岸带是人类赖以生存发展的最重要的居住地，是经济资源开发利用强度最大的区域。陆海统筹，就是从陆海兼备的条件出发，统筹陆地、海岸、近海、远海空间布局和资源开发，促进陆海两大系统优势互补、良性互动和协调发展。坚持陆海统筹，优化海洋经济发展格局，需要树立大海洋、大空间、海陆一体的现代海洋思维，推动陆海资源要素充分流动和优化配置，加快提升陆海统筹开发水平，不断增强海陆资源的互补性、产业的互动性和区域海洋经济的关联性，构建陆海资源开发、产业发展布局和生态环境保护统筹发展的沿海经济带。

作为福建陆海经济联动、经贸通内联外的“黄金地带”，沿海经济带包括福州、厦门、漳州、泉州、莆田、宁德和平潭综合实验区等沿海六市一区产业带及附近海域海岛。构建陆海统筹经济带，着力布局建设现代化港口集群、海洋产业集聚区、高端临港临海产业基地和海洋生态保护区，不断优化产业链分工布局，完善基础设施配套，增强海洋生态产品供给服务能力。

具体而言，沿海六市一区立足要素禀赋和比较优势，坚持既错位发展又有机融合、全省一盘棋的发展原则，明确沿海城市海洋经济发展定位和主导方向，统筹布局，形成各具特色、优势互补、集聚发展的格局，打造一条现代化港口集群、海洋产业聚集的陆海统筹经济带。

福州市作为省会城市，是两个核心城市之一，也是一个临河临海的城市，尤其是福州新区的启动，将福州的中心城区逐步向东推进。福州深入实施“海上福州”战略，着力提高海洋经济实力，优化海洋经济结构，提升港口规模水平，瞄准海洋经济密切相关的新领域、新业态，打造全球化发展的海洋新兴产业基地，大力发展千亿临海能源产业，打造千亿级新材料产业基地。着力高起点建设国际深水大港，打造世界知名的现代渔业之都，加快建设福州（连江）国家级远洋渔业基地和国际远洋渔业母港，推动打造连江省级海洋产业发展示范县，建设国家海洋经济发展示范区和海洋经济创新发展示范城市，打造浓厚海洋文化和国际滨海旅游目的地，发挥东南沿海海洋交流合作新桥梁纽带作用，打造“海丝”沿线具有重要国际影响力的海洋中心城市。

厦门市锚定海洋经济发展方向，进一步优化海洋经济发展布局，加快推进“三园、两带、两港、一区”、厦门东南国际航运中心和海洋科技创新高地建设，创新海洋生态文明体制机制，深化国家海洋经济发展示范区和海洋经济创新发展示范城市建设，建设东部沿海地区重要的国际海事仲裁中心，打造具有国际特色的海洋中心城市，全面建成现代海洋城市和海洋强市。

漳州市着力构建“一带两湾四基地、陆海联动、跨区融合”的新格局，巩固渔业优势，推进海洋渔业产业转型升级，做强临港工业，建设全国重要绿色石化基地，打造临海冶金优势产业链，推动海工装备和船舶产业优化升级，加快海洋信息、海洋新能源和海洋生物等海洋新兴产业，提升海洋服务业发展水平，建设东山、诏安省级海洋产业发展示范县。

泉州市作为古代海上丝绸之路重要起点，着力在“一带一路”和福建21世纪海上丝绸之路核心区建设中凸显泉州的先行作为。依托世界文化遗产“泉州：宋元中国的世界海洋商贸中心”，深入挖掘“海丝”文化内涵，建设“海丝”核心区主要旅游城市，全力推动泉州市21世纪海上丝绸之路先行区建设。着力完善“一湾三环多区”的格局，做大做强海洋生物加工利用产业链、绿色石化等临海工业优势产业，打造一流的海洋健康休闲食品基地，培育发展海洋药物与生物制品、海洋电子信息等新兴产业集群，建设石狮、晋江省级海洋产业发展示范县。

莆田市拥有全国沿海重要港区和全省首个获批的国家级海洋牧场示范区，着力发挥独特的港口资源优势，发力打造临港经济新引擎，拓展新增量，提升港产城联动能级。要实施南日岛国家级海洋牧场示范区拓展工程，推进秀屿省级海洋产业发展示范县建设，建设湄洲岛国际生态旅游岛，推动妈祖文化在“海丝”沿线国家和地区的文化感召力，构建中心渔港经济区和两岸渔业合作平台，形成以产兴港、以港促城、生态宜居的港产城融合发展格局。

宁德市着力巩固海洋渔业产业优势，做大做强水产品牌；壮大新能源、冶金材料等临海工业，推进临海产业全产业链发展；加快培育海洋药物与生物制品等新兴产业。加快开发嵛山岛、东冲半岛、三都澳等滨海旅游目的地，打造山海联动全域旅游示范区。

平潭岛是福建第一大岛、我国第五大岛，具有“实验区＋自贸区＋国际旅游岛”多区叠加优势。平潭打造国际旅游岛，加快培育壮大滨海旅游、现代物流业，做大海洋运输业，高起点发展会展业，打造大健康产业新高地。

二、做强福州、厦门国家海洋经济发展示范区

作为福建两大中心城市，福州和厦门拥有厦门经济特区、福州新区、福厦泉国家自主创新示范区、中国（福建）自由贸易试验区，产业基础好、科研力量强，港口和集疏运体系较为完备。尤其是被确定为首批国家海洋经济发展示范区后，福州、厦门两大示范区更是成为福建海洋经济发展的重要增长极和海洋强省建设的重要支撑。做强两大示范区，对推动福建海洋经济高质量发展意义重大。依托海洋产业、科技创新和对外合作等重大功能平台，立足海洋城市特色和优势，提升福州和厦门在海洋科技、海洋产业体系建设和海洋开放合作等方面创新发展的示范带动和引领作用。

作为全国海洋经济发展示范区中唯一的省会城市，福州坐拥“蓝色宝藏”，尤其是习近平总书记在福建工作期间提出“海上福州”战略，为福州市海洋经济的快速发展指明了方向，也为福州海洋经济发展示范区建设夯实了基础。福州着力继续深入实施“海上福州”战略，实施强省会战略，围绕海洋资源市场化配置和涉海金融服务模式创新的示范任务，进一步探索完善海洋生态产品价值实现途径，践行“政府＋企业＋金融＋渔民”的“四元”协同运作机制；全方位创新涉海金融服务模式，积极发挥“海洋银行”作用，提高金融机构服务海洋产业发展的水平，加大对海洋新兴产业的资金支持，为企业涉海业务打造特色金融产品。

加快机制创新，加强科技引领，积极培育和壮大海洋战略性新兴产业，推进海洋产业链协同创新和海洋产业结构优化升级。推进福州国际深水大港、福州（连江）国家远洋渔业基地等海洋产业集聚区发展，提升现代海洋渔业，做大做强海洋新兴产业和现代海洋服务业，推动临海临港产业集聚发展。强化福州作为东南沿海重要门户和福州21世纪海上丝绸之路战略枢纽城市的功能定位，努力拓展与"海丝"沿线国家和地区海洋经济交流合作，着力将福州打造为"海丝"沿线具有重要国际影响力的海洋中心城市。同时加快福州都市圈建设，构建滨海滨江区域发展格局。以环三都澳湾区、闽江口湾区、湄洲湾湾区三大湾区为主要载体，建设滨海环湾经济发展带和闽江综合服务发展带，聚焦差异化竞争优势，优化产业结构，发挥沿海环湾优势，推动沿海港口、临港工业区、闽江口综合服务、区域商贸、总部经济、科技研发等建设。推进滨海新城—平潭环福清湾、平潭—福清环福清湾、宁德—罗源环三都澳湾协同发展，构筑金融、对外贸易、离岸创新创业等合作平台，建设闽台产业园，加强生态修复与蓝色产业联动协作，推动汽车产业、新能源产业跨区域联动发展，探索建立水产品交易平台、水产品电子商务新模式，示范带动全省海洋经济高质量发展。

作为福建唯一的副省级城市、经济特区，厦门具备较好的海洋产业基础和较为雄厚的科研力量。围绕国家海洋经济发展示范区建设任务，明确"高素质、高颜值"的国际特色海洋中心城市战略目标，进一步增强海洋资源综合利用能力，构建现代海洋产业体系，重点发展壮大海洋生物医药与制品业、海洋新材料、海洋信息产业与智慧海洋、海洋文化创意产业、现代海洋科技文化服务业等战略性新兴产业集群，迈向全国、全球价值链的中高端；提升海洋旅游、港口物流、金融服务、海洋文化创意、总部经济等现代海洋服务业发展水平；推动以高崎中心渔港、欧厝综合渔港、海洋高新产业园区为核心的"两港一区"建设，发展现代渔港经济；大力推进科技创新驱动，培育企业创新主体地位，培育一所海洋职业大学，成立海洋创新实验室，建设国际海洋科考保障基地，建设一批企业新型高效创新载体和海洋科普基地，加快推动海洋高新产业园区建设，形成国内外有影

厦门湾

响力的海洋科技创新示范基地；推动海洋绿色生态示范基地建设，打造国际海洋体育赛事中心，创建海洋文化交流品牌，推进厦门海洋治理现代化和海洋生态文明建设，建设高颜值的国际海洋生态之城；加快厦门东南国际航运中心建设，提升厦门21世纪海上丝绸之路战略支点作用；做大高端滨海旅游，打造丰富多元的滨海旅游产品体系，推动全域旅游纵深发展和厦门国际滨海旅游名城建设；立足厦门湾区发展趋势，发挥厦门示范区引领作用，深度统筹陆海产业，打造核心湾区经济圈，使厦门湾成为宜业、宜居、宜游的高端、时尚、活力湾区，提升海洋经济辐射带动和区域协同发展能力，示范引领全省湾区经济高质量发展。加快实施海洋开放互联战略，推动区域海洋产业融合发展，加强闽西南协同发展和厦漳泉金海洋合作，建设海洋产业合作示范园区。深化对台海洋合作，率先探索形成两岸海洋融合发展新路。持续深耕蓝色合作，进一步打造“厦门国际海洋周”“金砖＋”平台，积极推进海洋产业国际交流合作，参与国际海洋治理，拓展蓝色经济圈，加速走国际化海洋强市之路，实现跨区域海洋合作，构筑海洋发展新格局。

三、高质量建设六大湾区

福建省拥有中国乃至全世界极其优良的港湾，环三都澳、闽江口、湄洲湾、泉州湾、厦门湾、东山湾六大湾区都是极具特色的优质湾区，是海洋经济高质量发展的核心承载区。福建向海图强，要立足沿海各湾区的发展基础、区位特征和资源禀赋，做好湾区经济文章，推动各湾区优势凸显、布局合理、功能互补和差异化发展，打造产业集聚、科创突出、交通便捷、要素流动、城市群集、生态优良的现代化湾区，从实际出发，努力打造特色鲜明、具有较大影响力的万亿级湾区经济。

环三都澳：构建“一核、三湾、五轴”。湾区位于宁德市境内，拥有城澳、关厝埕、漳湾深水岸线资源。高水平建设三都澳集聚发展核心，统筹开发三都澳、福宁湾、沙埕湾，加快湾区同城化建设，构建蕉城—古田、蕉城—屏南、蕉城—周宁、蕉城（福安）—寿宁、福鼎（霞浦）—柘荣等辐射山区五县的经济发展轴，构建“一核、三湾、五轴”区域发展总体格局，打造世界级消费类聚合物锂离子电池、锂离子动力电池生产基地和不锈钢生产基地，形成多渠道、多层次、全方位山海协作格局。

闽江口：高质量打造金三角经济圈。坚持“3820”战略工程思想精髓，促进湾区资源统筹开发，高质量推动闽江口金三角经济圈建设，建设现代化综合服务魅力湾区、国家重要枢纽港、高新技术产业基地，力争打造闽江口万亿级湾区经济。重点建设福州新区—滨海新城—环福清湾组团。重点发展滨海新城、三江口、罗源湾、江阴半岛、平潭岛产业集中区，推动临港产业基地建设，推进连江远洋渔业基地、马尾海洋经济带、船政工业园建设，壮大福州港及海峡西岸北部港口群，打造罗源湾、松下、江阴三大临港物流园区，建成连接两岸、辐射内陆的现代物流中心。

湄洲湾：打造绿色循环型环湾工业基地。推进湄洲湾南北岸合理布局和协调开发，建设现代能源基地、先进制造业基地、妈祖文化中心、现代滨海城市。以湄洲湾北岸为重点开发区域，建设临港产业带。重点发展福建莆田湄洲湾北岸经济开发区、福建仙游经济开发区、莆田高新技术产业开发区等产业基地，推进石门澳、东吴、莆头、东峤、枫亭等临海工业区建设，促进环湾园区集中布局、集约发展，推动打造绿色循环型环湾工业基地。

泉州湾：高质量谋划环湾城市新区。以两江四岸为主要承载，高质量谋划环湾城市新区。推进台商投资区、石狮、晋江、南安滨海新区等开发，重点建设泉州港（石湖港区）港后物流园区、石狮海洋生物科技园、台商投资区海洋经济产业园、海西（惠安、石狮、晋江）海工机械装备制造基地、晋江海洋健康休闲食品基地等特色产业基地，共同推进产业基础高级化、产业链现代化。推进泉州湾中心港区规划建设，打造环湾贸易航运中心、北翼能源商贸储运中心和对台运输的重要通道。

厦门湾：打造活力迸发的创新型湾区。立足厦门湾区发展趋势、资源禀赋、产业基础、科技力量等独特优势，深度统筹陆海产业，加快推进“跨岛发展”，打造产业聚集、科技密集、交通汇集、城市群集的创新型湾区。高质量打造万亿级湾区经济圈，使厦门湾成为宜业宜居宜游，高端、时尚、活力的湾区。

东山湾：做大做强漳州南部增长极。东山湾区位独特、资源丰富，以东山、诏安两个省级海洋产业示范县为引领，加大资源整合力度，大力促进集聚发展，强化古雷港经济开发区、云霄临港工业集中区、常山开发区现代海洋渔业产业园、诏安海洋生物产业园、东山经济技术开发区、古雷石化基地、东山湾国家级深远海海上风电装备制造基地、东山光伏玻璃产业园等现有发展载体的功能支撑，择优集聚布局发展高端临港产业，培育壮大临港石化、水产品深加工、光电光伏、海洋生物医药、新型玻璃、新能源、船舶制造等特色产业，提升发展现代物流、山海旅游、健康养生等服务产业，加快推进东山生态旅游岛建设，高标准建设绿色生态型湾区。加大港区码头和集疏运体系的建设力度，推动形成连片开发的格局，做大做强漳州南部增长极。

四、加强重点海岛保护开发

福建是拥有2200多个岛屿的海岛大省，海岛数量位居全国第二，在资源开发、生态保护等方面具有重要的作用。作为沿海经济带的前沿阵地，海岛资源开发保护在福建海洋经济发展中具有特殊的意义。提高海岛资源的开发和保护水平，按照“科学规划、保护优先、合理开发、永续利用”的原则，综合考虑海岛地理位置、区位条件、生态环境特点、资源特征、开发利用现状及社会经济发展需求等因素，分类指导，根据海岛资源禀赋条件和特色，实施差异化保护和开发，推动特色海岛的有效保护和合理开发。积极探索海岛发展新模式，充分发挥重要海岛的较强辐射与带动能力，不断提高岛陆联动发展水平，增强海岛资源开发保护的生态效益、经济效益和社会效益协调发展，实现海岛的持续发展和永续利用。

对于陆域面积大、城镇依托好、开发利用较为综合的海岛，加快实现发展规模和质量双提升。这些海岛主要包括平潭岛、东山岛、湄洲岛、琅岐岛、南日岛、粗芦岛等重点海岛。平潭岛突出两岸合作，着力发展旅游业、高新技术产业和现代服务业；东山岛突出港湾、滨海景观、海洋生物等资源优势，着力发展渔港经济区、滨海旅游、海产品精深加工等产业；湄洲岛重点打造生态环境优美的国家旅游度假区和世界妈祖文化中心；琅岐岛重点打造以生态旅游度假、健康养生、智慧创意、休闲宜居等综合服务为主体的国际生态旅游岛；南日岛大力发展海洋牧场，加快岛上及附近海域的风能开发，打造特色渔业岛和海洋可再生能源基地；粗芦岛突出海洋产业，加快建设国家级远洋渔业基地、修造船基地、船政工业园，打造现代化国际远洋渔业母港。

对于其他重要的有居民岛屿，结合各自特点，发展特色产业，探索生态、低碳的海岛开发模式。重点发挥浯屿岛、浒茂岛、三都岛、西洋岛、大嵛山岛、大练岛、东庠岛的自然和人文资源优势，重点发展海上田园、湿地观光、高端商

南日岛

务、休闲渔业、生态旅游等特色产业。加强东壁岛、惠屿岛等岛屿的有效保护与开发，推进海岛及邻近海域资源的可持续利用。对这些岛屿的整治修复要注重提升生态系统自身的稳定性和改善人居环境。

对于无居民海岛，加强保护和生态修复，试点开发利用。这些海岛大多具有资源丰富的天然条件，且有着各自独特的生态系统和原始自然的风貌，各具特色的海岛构建了一个多样的海洋生态系统。对其保护和利用要因岛制宜，科学统筹编制拟适度开发利用无居民海岛单岛规划，制定相关保护机制。全面规范海岛开发利用秩序，引导重要海岛的岛陆、岸滩及近岸海域的合理利用。对具备条件的海岛完善基础设施建设，开展无居民海岛保护性开发利用试点，适度发展高端生态型旅游产业，探索科研公益设施和旅游开发利用相结合的开发模式，组织开展海岛开发项目推介，提升海岛开发水平。加快平潭大屿岛“美丽中国·海洋生态”示范岛建设，积极开展海岛生态保护示范，将大屿岛打造成集科技、智慧和生态为一体的综合示范岛。对暂不具备开发建设条件的岛屿，做好海岛资源的预留保护。加强对无居民海岛的生态修复，加强环境监测，因地制宜，围绕着岛陆植被修复、淡水资源保护、潮间带生态修复等，统筹协调海域、海岛和海岸带综合修复和保护，自然恢复与持续保护相结合，维护海岛生态系统良性循环，推动海岛可持续发展。

五、高标准建设涉海基础设施

涉海基础设施既是推动海洋经济发展的重要基础，也是构建防灾减灾体系的重要屏障。以信息化、智慧化、现代化为核心，加快传统和新型海洋基础设施深度融合，围绕着港口、交通、信息、平安保障等基础设施和公共服务体系建设，统筹规划，建设世界一流现代化港口群，优化港口集疏运体系，打造现代渔港体系，着力加强海洋防灾减灾基础设施和安全保障能力建设，为海洋强省建设提供基础支撑。

第一，建设世界一流现代化智慧绿色港口。

加快集约化、专业化、规模化港口群建设，优化壮大以厦门港、福州港两个主枢纽港为核心的东南沿海现代化港口群，配套建设港铁联运一体化基础设施，打造厦门、福州等国际海运枢纽。

加快智慧绿色港口建设，推进智慧港口信息基础设施建设，逐步实现港口生产全领域、全过程的智能化，打造和推广中国港口改造升级的福建模式。健全高效便捷的监管政策，持续推进互联网、物联网、大数据、云计算、区块链、5G等信息技术与港口服务监管深度融合，推进港口服务便利化，提高口岸智能化检测查验能力水平，提升“大港口”管理效能。强化陆海码头污染监管整治，落实新建港区环保设施的同步规划建设，提升绿色港口建设示范效应。建设港口船舶水污染物接收、转运和处置设施，构建设施齐备、制度健全、运行有效的港口和船舶污染防治体系。推动清洁低碳的港口用能体系建设，提高港口资源节约循环利用水平。

推动港口一体化发展，以港口岸线资源集约化利用为导向，对厦门港集装箱干线港、福州港江阴港区、福州罗源湾、漳州古雷、湄洲湾东吴、泉州石湖、泉州斗尾、宁德三都澳等港区港口，以及厦门港古雷港区、湄洲湾斗尾港区等重点港区港口，差别化推进专业化泊位和公共配套基础设施建设，完善港区服务大型临港产业功能。同时，加快港口资源整合，优化港区功能布局，强化各港区整合协作、互补发展，提升港口群整体效能，形成功能分工合理、空间布局优化、保障能力充分、具有比较优势的现代化港口群，促进产业群、港口群、城市群联动协调发展。

第二，优化港口集疏运体系。

完善疏港公路、铁路体系，加快形成便捷、高效、开放的港航运输体系。着力打通沿海港口后方货运铁路通道，推进重点港区疏港铁路支线全覆盖，实现沿海港口与铁路、高速公路、国省道、工业区、开发区、科技园区顺畅连接。推进铁海联运、公海联运、江海联运等多式联运。拓展江海联运通道，建设规模化、集约化的内河港区，增强内河航运带动经济发展的作用。提升晋江、三明、龙岩、武夷山等陆地港服务功能。支持内陆省份在福建省建设“飞地港”，拓展面向江西等内陆腹地的海铁联运、山海协作。推进“海丝”与“陆丝”双向互联互通大通道建设，建设面向“海丝”沿线国家和地区通达便捷高效的交通网络和互联大通道，促进中西部省份经福建省港口对外贸易发展，促进沿海港口与中欧班列有效衔接，加快形成陆海联动、东西双向互济效益，实现“海丝”与“陆丝”无缝对接。

第三，打造现代渔港体系。

渔港是渔业安全生产最重要的基础设施，也是发展海洋经济的重要基地和枢纽。加快推进沿海现代渔港建设工程，建设形成布局合理、定位明确、功能完善、安全可靠、环境优美、管理有序的现代渔港体系，提高渔业防灾减灾能力，推动渔业产业发展，助力渔区乡村振兴。

加强渔港基础设施的建设与提升，加快渔业现代化设施的引入与升级，推动传统渔港向现代化渔港方向发展。着力建设闽东绿色生态渔港区、闽中协调发展渔港区、闽南创新驱动渔港区，建设以环三都澳及三沙湾特色养殖品种和捕捞为核心的闽东渔港群，以黄岐半岛、闽江口养殖及远洋捕捞为核心的闽中渔港群，以惠安、石狮、晋江远洋捕捞和旅游为核心的闽中南渔港群，以漳浦、东山、诏安精深加工和捕捞为核心的闽南渔港群。新建一批沿海渔港，升级改造和整治维护一批渔港、避风锚地，新建或提升防浪避风设施，改善渔船卸港作业条件，提高渔港安全停泊避风能力。

提升现代渔业装备水平，鼓励开展渔船更新改造，推广渔船标准化船型，积极推进新技术、新设备、新能源在渔船上的应用，加大渔船安全、消防、救生及通信导航等设施设备升级改造力度，依法加强渔船安全救助终端设备管理，提升渔船安全性能，完善海洋渔业安全应急通信网，加强渔业无线电设备的规范管理，优化布局现有岸台基站并进行升级改造，引导渔船向“安全、环保、经济、节能、适居”的方向发展。

完善渔港运营和信息化建设，理顺渔港产权、使用权、收益权的关系，促进渔港建、管、护良性循环和可持续发展。规范健全渔港的经营管理制度和机制，创新渔港建设投融资体制机制，全面提升全省渔港建设管理水平，提高渔港运营效率。加强助导航设施、渔港监控系统建设，提高渔港信息化水平，逐步实现对出海渔船、渔民的动态管理，推动渔区信息化、智能化发展，为智慧渔业的发展提供孵化条件。加快推进智慧渔港建设，推动“5G＋智慧渔港”建设试点示范。建设渔港环境保障安全生产信息化体系，以港管船，实现对全省海洋渔船信息化监管服务全覆盖。

进一步完善渔业生产码头等设施，改善码头靠泊利用、渔货及渔需物资装卸，提高渔港生产效率。加强港区道路、卸渔区、交易区、冷链物流、精深加工等配套设施的建设升级。加快渔港经济区建设，以渔港为基础，发展捕捞生产、卸港交易、加工运销、补给休闲等，延伸海洋渔业经济产业链。推动渔区产业结构调整升级，推动现代渔业、海洋资源深加工、滨海休闲渔村等沿海渔区特色产业发展。推进渔业渔区现代化，促进渔民转产转业、增产增收，助力渔区乡村振兴。重点建设福鼎、三沙湾、三都澳、东冲半岛、黄岐半岛、平潭岛群、莆田、泉港、惠安、连江、石狮、晋江、翔安、龙海、漳浦—云霄、东山、诏安渔港经济区，使之成为沿海区域经济社会发展的重要平台、产业融合发展的重要基地、防灾减灾的重要屏障、现代渔业管理的重要支撑和特色城镇建设的重要载体。

第四，完善海洋防灾减灾基础设施。

沿海地区是遭遇台风、海啸、风暴潮等自然灾害最为频繁的区域，完善海洋防灾减灾基础设施，对于改善沿海地区生态状况、提升海洋灾害风险防治能力、促进海洋经济可持续发展意义重大。以防潮防台风为重点，加快完善海洋防灾减灾配套基础设施，全面提升平安海洋、平安福建的基本保障能力。一是高标准实施沿海、海岛和入海河口防洪防潮工程，推进闽江、九龙江、晋江、木兰溪和其他独流入海河流防洪防潮治理，打造保障有力、集约高效的沿海防洪防潮减灾体系。推进海堤除险加固和生态化建设，进一步增强沿海海堤防御风暴潮能力。二是推进沿海防护林体系建设，加强沿海基干林带建设，实施乡镇级海岛绿化提升，构筑沿海绿色屏障。推进灾损基干林带修复和老化基干林带更新等工程，对海岸前沿的耕地，鼓励采取征用、调整和租赁等多种方式开展休耕造林。加强对现有红树林的保护，充分利用闲置滩涂种植恢复红树林。三是加强海洋预报预警服务体系建设，完善精细化、网格化和智能化海洋预报业务系统，全面实现从传统站点海洋预报向网格海洋预报转变，为重点渔港、养殖区、重要航线、海上风电、核电、石化基地和港口码头等提供专项海洋观测预报服务，实现精密观测、精准预报、精细服务，全面提升海洋预警预报服务能力。四是加强近海治安管控建设，完善95110海上报警服务平台运行，协同推进县（市、区）级海警工作站建设，提升省、市、县三级治安管控联动效能。建立海上治安管理大数据中心，强化海域治安大数据分析处理和服务，为有效防范和遏制近海治安问题提供有力的技术支撑。

产业强海：构建现代海洋产业体系

构建现代海洋产业体系，可以从根本上改变对资源、资本过度依赖和劳动密集型的传统粗放式发展模式，实现海洋资源、资本和要素的优化配置，是转变海洋经济增长方式，实现海洋高质量发展的现实需求。加快构建现代海洋产业体系，是推动福建海洋经济高质量发展和建设海洋强省的核心内容。不断完善现代渔业优势产业，积极壮大先进临海工业产业，持续提升现代海洋服务业，大力培育海洋新兴产业，促进海洋产业、科技创新、现代金融、人力资源、海洋文明、医药生物和生态环保协同发展，构建具有国际竞争力的现代化海洋产业体系，为福建海洋强省建设打造“蓝色引擎”。

一、高质量发展现代渔业

海洋渔业是现代农业和海洋经济的重要组成部分。福建在海洋渔业领域深耕多年、基础深厚。向海图强，福建坚持生态优先、养捕结合的原则，集中力量破难题、补短板、强优势、控风险，推动种业创新、养殖升级、捕捞转型、加工提质、增殖科学，着力加强海洋渔业可持续发展能力，建成中国重要的“海上粮仓”。

第一，促进水产养殖业转型升级。

加快海上养殖转型升级是发展海洋经济、强化海洋生态保护的重要举措。优化养殖空间布局，加强宣传和监管，积极引导渔民群众科学用海、依法用海、规范养殖。构建“品种优、技术强、效益高”的现代化海水养殖产业链条，以技术创新促进渔业产业提质增效。

推动水产种业创新和产业化发展，加快生物育种技术运用，研发培育特殊基因新品种，加强特色优势水产良种资源保护，因地制宜发展高附加值的水产良种养殖。推动渔业良种化，发展工厂化育苗、智能化生态繁育，建设若干地方特色品种遗传育种中心，扶持创建一批国家级和省级水产原良种场，提升良种供种能力和水平。培育一批“育繁推一体化”具有核心竞争力的现代渔业种业龙头企业，推动福建省优势特色水产养殖品种的规模化种业基地建设。建设大黄鱼、鲈鱼、坛紫菜、海带、牡蛎、鲍鱼等水产养殖核心品种种质资源库，进一步巩固福建省特色优势种业全国领先地位。

大力发展深海智能养殖渔场，积极探索立体开发模式，支持福州、宁德等地实施深海装备养殖示范工程，支持龙头企业牵头组建全省深海养殖装备租赁公司，加大深海养殖装备应用推广力度。加强水产品销售服务，构建养殖装备运行维护、渔业养殖、饲料供给、冷链物流、水产品销售和加工全产业链。科学规划水域滩涂养殖，探索建立基本水产养殖区保护制度，保护渔业基本生产空间。积极发展陆基工厂化全循环海水养殖、池塘工程化循环水养殖、多营养层级养殖、全塑胶渔排养殖等模式，打造定海湾、南日岛、湄洲湾南岸、东山湾、诏安湾等绿色养殖示范区。依托示范区等载体，创建一批集聚度高、竞争力强的现代化渔业产业基地。严格实行伏季休渔制度，加快发展海洋牧场、人工鱼礁、放流增殖和底播增殖等生态增殖渔业，持续推进福清、连江等国家级海洋牧场建设，开展鲍鱼、大黄鱼等海产品立体式、机械化、生态型海上智慧养殖。

第二，扎实发展远洋渔业。

在近海渔业资源要素的约束下，有度有序利用渔业资源。严格控制并逐步减轻捕捞强度，加强产出控制，建立健全渔业资源总量管理制度，推行渔业捕捞限额制。同时进一步加强捕捞渔船控制，引导采取环境友好型作业方式，建立渔港渔获物监测平台，完善渔港监督与服务机制。坚持走生态优先、保护与合理利用相结合的发展道路，实现福建省国内捕捞能力与近海渔业资源可捕量相适应的目标。

随着海洋产业的转型升级，走向远海成为必然。建设现代化远洋渔业船队，支持“造大船、闯深海”，提升远洋渔船装备水平，鼓励发展大洋渔业，拓展过洋性渔业，加强南极磷虾资源开发，力争远洋渔业综合实力居全国前列。加快建设福州（连江）国家远洋渔业基地，重点建设现代化国际远洋渔业母港，实现远洋渔业生产、加工、配套、服务全流程覆盖，全面打造面向东南亚、深耕非洲、辐射太平洋的国际海洋产业合作新高地。完善省内远洋渔业基地布局，建设福州远洋渔业专业港，厦门欧厝、漳州东山、泉州祥芝—深沪、宁德三沙等远洋渔业基地港，构建“一专业港四基地港”发展格局。鼓励远洋渔业企业通过联合、兼并、重组等方式实现集团化经营，提高规模化、产业化、集约化经营水平。促进海外综合性渔业基地、水产养殖基地健康发展，重点扶持远洋渔业龙头企业在印度洋、非洲东部建设包括产、供、销、运、加工等较为完善产业链的区域性渔业综合基地，力争开发若干个新入渔国。

第三，做优水产品精深加工与流通。

大力培育水产品精深加工、水产冷链物流，制定水产品加工高质量发展行动方案及配套资金管理办法，重点支持企业引进信息化智能化生产线，购置先进设施设备，开展精深加工技术研发，提升水产品加工现代化水平。建设国家海水鱼类加工技术研发（厦门）分中心，打造国家级深海渔业精品加工基地，加快福清元洪国际食品产业园，建设做大做强连江、福清、东山等水产加工产业县（市、区），构建闽东、闽中、闽南三个水产品加工产业带，打造集中游高附加值水产品精深加工、下游冷链骨干基地建设为一体的国内知名水产加工产业链发展聚集区。推动水产品交易集散平台建设，做强福州海峡水产品交易中心、厦门夏商国际水产交易中心，支持厦门打造全国金枪鱼集散交易中心，优化漳州、宁德海峡两岸水产品集散功能。加快建设福州国家骨干冷链物流基地，打造“海丝”最大的水产品商贸流通枢纽平台和国际冷链物流枢纽。推动水产品电商发展，探索制定线上海产品交易、交收等标准，推动“互联网＋渔业”交易平台规范化建设运营，打造水产品现代物流体系。

构建水产品质量全过程追溯管理体系，实施品牌战略，推动水产业集群发展。做大做强大黄鱼、石斑鱼、对虾等优势特色品种产业链和特色水产品加工示范基地，形成水产千亿产业集群，支持创建区域性和全国性的知名水产品牌，打响宁德大黄鱼、福州鱼丸、莆田南日鲍、漳州石斑鱼、莆田花蛤、福州烤鳗、晋江紫菜、霞浦海参、漳州白对虾等系列区域特色品牌。大力拓展水产品国内外市场，积极发展电子商务、农商直供、加工体验、中央厨房等新业态，创新水产品直供社区销售模式。

二、集聚发展高端临海产业

福建临海工业条件和基础雄厚，以港口为依托，充分发挥深水岸线优势，大力引进和科学布局临海产业项目，以临海石油化工、临海冶金新材料、海洋船舶工业等产业为发展重点，完善产业链，建设多种产业一体的先进临海工业基地，积极发展临海集聚区和拓展区，打造独具特色的向海经济发展之路。

打造全国重要绿色石化基地。石化产业是福建三大支柱产业之一。福建积极布局建设湄洲湾、古雷两个国家级石化基地，已经形成具有一定规模和实力的石化产业集群，立足资源禀赋，择优集约发展临海石化产业，努力打造全国重要绿色石化基地。大力气优布局、补链条，突出基地化、大型化、一体化、精细化发展，推动石化产业集群式联动和全产业链发展。重点建设漳州古雷石化基地，湄洲湾石化基地，福清江阴化工新材料专区，泉港、泉惠石化园区，可门港经济区化工新材料产业园等石化工程，重点推进炼化一体化、烯烃、芳烃、己内酰胺等一批龙头项目建设，延伸拓展石油化工、盐化工产业链，加快重大项目落地和产业集聚。

高起点锻造临海冶金和新材料全产业链。加快宁德、福州、漳州等不锈钢主要生产基地建设，大力推进低能耗冶炼、节能高效轧制等技术应用，着力推进不锈钢冷轧及深加工、镍不锈钢深加工等一批重大项目，加快全产业体系布局。打造福州、宁德铜铝生产及深加工基地，着力推进特种合金铝新材料等重大项目建设，加快推进铜冶炼及精深加工集聚发展，培育千亿级铝基新材料产业园，形

古雷石化基地

成集研发设计、生产、深加工、物流仓储、贸易服务等为一体的全产业链发展格局。立足地区产业优势大力培育发展临海新型光电材料、稀土功能材料、新一代轻纺化工材料等新材料产业，积极发展新型墙体材料及深加工产品，建设光伏玻璃及新材料产业基地，打造海洋新材料产业集群。

持续壮大海洋船舶工业。加快新技术应用，提升设计、制造能力，加快海洋船舶制造业转型升级，推进高技术船舶及配套设备自主化、品牌化，并向高端化、智能化、集群化方向发展。扶持发展“专、精、特、新”的中小企业，不断延伸船舶工业产链。强化自主设计，加强关键共性技术开发，重点推进船舶性能优化、绿色高技术船型研制、节能与新能源、数字化建造、智能船舶、环保与资源综合利用等关键领域的技术突破。着力提升高附加值船舶开发能力，大力发展高端特种船舶和绿色智能沿海内河船舶产品，重点开发新型高性能远洋渔船、豪华客滚船、深海采矿船、汽车滚装船、邮轮游艇、海上风电运维船、电动船舶等高技术船舶产品，加快发展船舶设计和高附加值船用装备制造，发展交通船、辅助船、捕捞船、运动船等绿色智能沿海内河新船型。加强船舶关键配套系统和设备开发，重点发展满足国际新标准要求的柴油机、电池动力推进系统、智能化电控系统、大型及新型推进装置、高端船用发电设备等船舶动力系统，积极布局通信导航定位系统、电子电控系统等船舶机电控制技术和设备。发展船舶修造业，积极引进培育造船龙头企业，提升生产制造水平和核心竞争力，持续打造闽江口、三都澳、厦漳湾等船舶修造产业基地，促进修造船舶产业集聚发展，实现造船、修船、钢结构兼顾发展，完善产业布局和体系。

三、做大做强现代海洋服务业

作为海洋产业链的高端，现代海洋服务业充分发展是建立现代海洋产业体系的重要标志和特征，是福建海洋经济发展的新引擎。大力发展现代海洋服务业有助于优化海洋产业结构，有助于提高海洋产业的社会化和专业化水平。更新观念、创新模式，把海洋服务业作为海洋强省建设和海洋高质量发展的重要突破口。建立健全涉海政策规制体系，积极发展海洋金融、法律、科教、信息、管理等专业服务，全面优化海洋服务业发展生态，拓展现代海洋服务业价值链，建立健全现代海洋服务网络体系。重点发展海洋旅游、航运物流、海洋文化创意、涉海金融等服务业，加快标准化和品牌化建设，开发新业态和新模式，实现现代海洋服务业高质量发展。

第一，加快提升滨海旅游业。

滨海旅游业是沿海地区发展海洋经济的重要产业，福建具有发展滨海旅游业的独特优势。海洋旅游消费市场增长潜力和想象空间巨大，依托海岛、海滩等生态资源空间组合，坚持产业、文化、旅游融合发展的理念，强化资源整合和区域协作，主动适应居民不断升级的滨海旅游需求，深度挖掘海湾海岛资源，提升滨海旅游业品质，做强海洋旅游热点地区，着力打造丰富多元的滨海旅游产品体系，推进滨海旅游向海洋、海岛旅游拓展，促进蓝色旅游与绿色生态游、红色文化旅游的互动融合，推动全域旅游纵深发展。

着力培育海洋旅游精品，打造蓝色海丝生态旅游带，培育一批国家AAAA级以上重点滨海景区和度假区，设计推出特色滨海旅游精品线路。培育三都澳、坛南湾、晋江围头湾、莆田后海、东冲半岛、霞浦世界滩涂摄影基地、环崇武古城、漳浦火山岛等重点滨海旅游目的地。开发集观光旅游、休闲旅游、节事旅游、海洋文化旅游等专项旅游为一体的系列旅游活动，积极发展航海运动赛事、海洋主题旅游演艺、海洋运动、海钓休闲、远洋休闲观光等滨海旅游精品项目。大力建设休闲度假旅游岛，坚持一岛一景、连线成片，探索生态、低碳的海岛保护开发模式，抓好平潭岛、东山岛、湄洲岛、嵛山岛等重点海岛建设，探索有序推进无居民海岛开发，壮大海岛休闲旅游产业。大力发展邮轮游艇旅游，设计邮轮旅游精品路线，积极打造邮轮游艇旅游目的地。加快发展休闲渔业，建立产业结构完整、体制机制完善、区域特色鲜明、业态功能丰富的休闲渔业产业体系，推动渔业与旅游业有机融合。实施“水乡渔村”休闲渔业示范基地提升工程，举办“大黄鱼节”“海钓大赛”等特色渔业节庆和赛事活动，打造“休闲渔业＋”模式，提升休闲渔业与运动、科普、摄影、游艇、研学等融合发展。

第二，大力发展航运物流业。

以现代化智慧港口为平台，促进航运服务要素有效配置，规模化、专业化、标准化提升物流服务能力，打造国家物流枢纽。支持厦门东南国际航运中心、福州国际深水大港建设，推进泉州航运中心建设。支持福州布局建设国家大宗商品战略中转基地，拓展大宗散货接卸转运业务。支持厦门打造成为国际集装箱班轮公司在亚太地区的中转港。发挥湄洲湾、罗源湾大宗散货接卸转运中心作用，拓展铁矿石、煤炭等大宗散货中转业务。加强大宗商品电子交易平台、航运交易信息共享和服务平台建设。发挥厦门、福州港口型国家物流枢纽功能，推动厦门、福州、泉州、平潭国家物流枢纽承载城市建设，鼓励发展中转配送、流通加工服务，支持船公司、代理、运输、仓储等企业联动发展，探索“物流＋互联网”“物流＋总部”“物流＋金融”等特色模式，推广物联网、云计算、大数据、5G智能技术等先进信息技术在航运物流领域的应用，加快建设一批现代物流园区，打造港口总部经济产业带。培育引进海洋金融、航运保险、船舶和航运经纪、船舶管理、海事咨询、海事仲裁、海事审计与资产评估及其衍生业态。充分发挥衢宁、兴泉（在建）等干线铁路货运能力，大力发展海铁联运。加强陆地港、飞地港、物流园区等建设，构建港口与腹地物流合作平台。加快恢复闽江内河航运，构建以闽江高等级航道为骨架的江海联运体系。优化口岸营商环境，探索全省沿海港口通关一体化、便利化，实现“单一窗口”功能覆盖海运和贸易全链条。

推动海运企业规模化发展，延伸航运物流服务价值链。推动海运企业通过租赁、联合、兼并、收购等方式实现规模化发展，形成规模化竞争优势。积极吸引境内外大型航运企业落户，发展大型和专业运输船队，培育海运龙头企业和海运骨干企业。支持造船企业、航运企业和货主企业建立紧密合作关系。支持航运企业参与码头建设，推进航运与港口的战略合作。大力发展江海直达船舶，积极发展集装箱、滚装等运输船队，提高集装箱班轮运输竞争力。

第三，构建中国海洋文化创意产业高地。

积极探索海洋服务业融合发展模式，强化海洋文化与产业融合发展，以妈祖文化、船政文化、“海丝”文化、郑和航海文化、郑成功文化、南岛语族文化等特色海洋文化资源为依托，创新发展创意设计、文艺创作、动漫游戏、数字传媒等海洋文化创意产业。建设福州闽越水镇、平潭“68”文旅小镇、莆田两岸文创部落、厦门沙坡尾渔人码头、澳头渔港小镇等一批海洋文创基地园区。办好世界妈祖文化论坛、海上丝绸之路国际旅游节、海上丝绸之路国际艺术节、厦门国际海洋周等活动，支持世界妈祖文化交流中心、中国海上丝绸之路博物馆、马尾中国船政文化城、“海丝”数字文化长廊等公共文化设施建设。同时，加强海洋文化遗产保护与利用，加强妈祖信俗、传统滨海村落、海底遗迹、渔家传统技艺等文化遗产的保护与利用，挖掘文化内涵，制作以妈祖文化、“海丝”文化为主题的文化艺术产品，举办“妈祖下南洋”活动、“泉州：宋元中国的世界海洋商贸中心”申遗成功后的“海丝”文化传播交流合作系列活动，推进“海上丝绸之路·福州史迹”、福州近代西方国家领事馆建筑群申遗，开展平潭壳丘头史前遗址、海坛海峡水下文化遗产的发掘与展示，推进泉州后渚港、漳州月港等古港保护性开发。

第四，做大涉海金融服务业。

完善的金融服务体系是壮大海洋经济的重要保障。加快构建多层次、广覆盖、可持续的海洋经济金融服务体系，提高金融服务海洋经济的能力。鼓励开发性和政策性金融机构对海洋基础设施建设、海洋产业发展、海洋科技创新等方面重大项目，给予优惠信贷支持。鼓励金融机构采取银团贷款、联合授信等模式，积极推广“政银担”“政银保”“银行贷款＋风险保障补偿金”等模式。鼓励开发中小微涉海企业小额信用贷款模式。鼓励涉海企业开展直接融资，推动符合条件的涉海企业在主板、创业板、科创板及海外上市融资。支持涉海企业通过企业债、公司债、非金融企业债务融资工具等债务融资工具融资，拓宽直接融资渠道。

鼓励金融机构为涉海企业提供多样化的供应链融资服务，完善涉海产权登记制度，推广海域使用权抵押、养殖物抵押、“福海贷”等特色产品，鼓励发展以在建船舶、无居民海岛使用权、船网工具指标、海产品仓单等为抵质押担保的贷款产品。探索“信贷＋保险”合作模式，加强银行、保险信息共享，对已投保的涉海项目在信贷额度、利率、期限等方面予以倾斜。

大力发展涉海保险，扩大渔业保险覆盖面，促进政策性保险与商业性保险相结合，创新渔业保险险种，推广水产养殖保险。建立风险防范和赔付结合机制，完善渔业保险保费补贴标准及保费补贴模式，加强渔业保险再保险机制，充分发挥保险保障功能。积极发展物流金融、跨境电商、互联网金融等新业态，促进金融业与海洋产业融合发展。

四、培育壮大海洋新兴产业

海洋新兴产业以科技含量大、技术水平高、环境友好为特征，处于海洋产业链高端，引领海洋经济发展方向，是具有全局性、长远性和导向性作用的产业。大力培育和发展海洋新兴产业，是推动福建海洋经济高质量发展的重大举措。以科技创新为手段，促进关键技术突破引领产业转型升级，推动海洋信息、海洋能源、海洋药物与生物制品、海洋工程装备制造、邮轮游艇、海洋环保、海水淡化等新兴产业向纵深发展，实现海洋新兴产业发展能级新突破，延伸拓展产业链，加快培育壮大海洋新兴产业集群，打造具有重要影响力的“蓝色硅谷”。

第一，加快壮大海洋信息产业。

海洋信息产业是建设海洋强省的基础和支撑，加快推进“产业数字化、数字产业化”，以福建数字经济优势赋能海洋产业发展，加快壮大海洋信息产业。加快建设海洋信息通信网，完善海上移动通信基站、水下通信设施和海洋观（监）测站，打造海洋立体观测体系，构建海上卫星通信和海洋应急通信保障网络。围绕海洋渔业、海洋生态、海上交通、防灾减灾等需求，构建管理与服务数据综合资源库，提升海洋气象服务中心功能，搭建海洋云服务平台、大数据计算平台和云安全平台，构建省智慧海洋大数据中心。拓展卫星海洋应用服务，建设海洋卫星综合应用服务平台，加快“海丝”卫星应用技术服务中心等项目建设，实施“宽带入海”工程，打造卫星海洋应用福建示范基地。推进福州长乐卫星产业园、漳州卫星应用产业园、泉州石狮船舶卫星通信导航系统和雷达生产基地建设，实施基于通导卫星的“海联网”建设工程，打造以福建为枢纽辐射“一带一路”的卫星应用集群。积极发展“互联网＋海洋信息服务”，拓展海洋智慧旅游、智能养殖、智能船舶、智慧海上风电运维、智能化海洋油气勘探开采等设备制造和应用服务项目，加强数字福建（长乐）产业园、中国国际信息技术（福建）产业园等基地在海洋经济、海洋环保等领域的服务。

第二，培育海洋能源产业。

海洋能源具有储量大、清洁和可持续等优势，是未来能源发展的重要方向之一。发挥福建沿海港口和地质条件优势，有序推进漳州古雷、泉州泉港等地下水封洞库储油项目建设，提升石油储备能力，积极发展石油贸易。延伸海上风电产业链，有序推进福州、宁德、莆田、漳州、平潭海上风电开发，以资源开发带动产业发展，吸引大型企业来闽发展海洋工程装备制造等项目，不断延伸风电装备制造、安装运维等产业链，建设福州江阴等海上先进风电装备园区；规划建设深远海海上风电基地，构建覆盖全省的海上风电行业资源共享平台，推进海上风电与海洋养殖、海上旅游等融合发展。做大高效储能产业，加快储能专用锂电池的技术升级，研发推广钠离子电池、液流电池等储能技术，大力发展电池管理系统、储能变流器、能量管理系统等配套产业。发展氢能源产业，加强氢燃料电池生产技术的引进和消化吸收，推动制氢、储氢、加氢等配套技术研发应用，支持福州打造国家氢能产业示范基地和国家燃料电池汽车示范应用城市。利用海上养殖场水面，推动建设漂浮式太阳能光伏发电项目，实现水上发电、水下养殖“渔光互补”。发展天然气能源产业并延伸产业链，建设冷能利用、汽车（船舶）加气等示范项目和产业园区。

第三，积极发展海洋药物与生物制品产业。

作为国家战略性新兴产业之一，开发利用海洋生物资源、研制海洋生物药物与生物制品，在推动海洋产业转型升级、提升海洋科技创新能力的作用越来越突出。要将海洋生物医药产业作为优先发展的海洋战略性新兴产业，实施创新驱动发展战略，突破关键核心技术，壮大产业规模，形成富有竞争力的海洋药物与生物制品产业体系，建设“蓝色药库”载体平台，构建海洋药物与生物制品产业高地。完善基础资源平台，支持扩容完善海洋微生物菌种库、海洋药源种质资源库、海洋化合物库等资源平台，探索建设深海基因库，鼓励开展资源共享和产业开发。依托厦门大学、福州大学、集美大学、自然资源部第三海洋研究所、福建省水产研究所等涉海科研机构，加大原始创新技术储备。开发中高端产品，着力开发海洋靶点药物、医学组织工程材料、现代化海洋中药等医药产品，加快发展深海鱼油、海洋微藻DHA等特殊医学用途食品和功能性食品，鼓励开发海洋源农用生物制品，加快与个人健康护理、日用消杀清洁等相关的海洋日化生物制品的研发。加速产业集聚，加快建设厦门海沧生物医药港、福州江阴生物医药产业

2020年7月12日，国内首台10兆瓦海上风电机组在福清并网发电

园、福州仓山生物医药科技园、漳州诏安金都科技兴海产业示范基地、漳州东山海洋生物科技产业基地、泉州石狮海洋生物产业园等海洋生物医药产业园区，完善基础设施和配套服务体系，扶引龙头企业入园，打造海洋药物与生物制品产业集聚发展高地。

第四，壮大做强工程装备制造产业。

海洋工程装备制造业是高端装备制造业重要方向，是发展海洋经济先导性产业，也是福建省海洋经济强省战略中大力支持发展的支柱产业之一。重点突破深海装备关键技术，推动海洋装备产业向绿色、智能方向发展，着力打造中国先进的海工装备制造基地。大力发展新型船用装备制造业，着重布局船用电子信息设备、船舶电池动力推进系统及配套装备等领域，重点发展船舶导航智能终端、船舶供电智能装备、船舶动力管理系统等。做强发展海上风电装备制造业，依托福州江阴、漳州漳浦、莆田兴化湾南岸等海上风电装备重点园区基地，培育省内海上风电装备制造龙头企业，做大做强上游风电相关设备的设计、研发和制造及下游海上风电运维、服务，推动风电产业从装备制造到运维服务全产业链发展，打造世界级海上风电装备研发制造产业集群。稳步发展深远海养殖装备制造业，推动智能化深远海养殖平台等渔业关键装备研发与推广应用，探索集养殖、旅游、教育等功能于一体的多功能综合体平台研发。加强海洋观测装备制造业发展，加快海洋观测、监测、探测等自主先进设备的研制，推进海洋环境观测传感器和监测设备产业化发展。在海洋机械装备制造业方面，着力发展用于海底采矿、海上救援、海道测量、深水勘探等海洋重大装备，持续推动福州、漳州、宁德、厦门等海洋工程装备制造业基地的建设和发展。

第五，推进发展邮轮游艇产业。

游艇产业被誉为“漂浮在黄金水道上的巨大商机”，是最具发展潜力的新兴产业之一。伴随着福建游艇旅游产业的兴起，游艇制造业快速发展，诞生了一批优秀的游艇制造企业，以游艇制造为核心的产业模式已初具规模。福建推动厦漳泉游艇产业集群化发展，积极培育福州、宁德、平潭、莆田游艇产业，共同打造集游艇产品设计研发、制造加工、交易服务、休闲运动、观光旅游为一体的中国游艇产业重要基地。扩大邮轮港布局，做强厦门邮轮母港，推动福州松下、平潭金井、莆田东吴港区等邮轮始发港建设。完善邮轮物资供应、口岸联检、船舶维护等服务体系，推动邮轮游艇设计、制造、服务全产业链发展，支持厦门建设邮轮生产基地和游艇帆船国际展销中心，支持福州、漳州等地建设游艇工业园。加快建设福州中国邮轮旅游发展实验区，培育形成邮轮经济功能集聚区。完善多元化邮轮旅游产品，巩固拓展日本、东南亚航线，打造福建海洋文化主题航线，拓展邮轮旅游市场腹地。

第六，稳步发展海洋环保产业。

随着海洋生态系统保护和海洋污染防治的重视，以及科技创新力度不断加大，海洋环保产业展现出广阔的市场前景和经济带动性。福建发展海洋环保产业，针对港口、船舶、海洋化工、海洋工程、海岸工程、海上倾废、滨海旅游等污染防治，以及沿岸陆源污染治理需求，加快发展监测海洋环境、预防海洋污染、修复海洋生态的先进技术和装备。重点开发灵敏精准、稳定可靠的海洋环境监测传感器和成套设备，发展陆源入海水质在线监测、海洋离岸平台等在线监测系统平台。在海洋防污生物技术、海洋防腐新材料、环保节能材料等重点领域加快布局，推进船舶油污处理、海洋重金属污染治理、海洋漂浮垃圾收集处置等设施及关键技术研发。加快培育一批海洋生态环境治理咨询公司、创新研发企业和工程承包服务商，扶持生态海堤建设、滨海湿地修复、沙滩修复、海湾环境治理、海洋环保工程建设等工程服务市场发展。

科技兴海：激发海洋经济发展动能

习近平总书记指出："建设海洋强国，必须进一步关心海洋、认识海洋、经略海洋，加快海洋科技创新步伐。"科技创新是经略海洋的强劲动力，是建设海洋强省的根本支撑。福建深入实施创新驱动发展战略，聚焦海洋科技自立自强，面向发展前沿、面向海洋经济主战场，在强平台、抓主体、聚人才、促转化上寻求新突破，加强海洋研发创新能力建设，夯实海洋创新支撑体系，突破重点领域关键技术，创建产学研紧密结合的科技兴海新模式，加快海洋科技成果转化和产业化，释放海洋科技创新新活力，促进海洋经济高质量发展超越。

一、集聚海洋创新人才

海洋经济是科学技术密集型和人才密集型领域，人才培养和集聚是海洋科技转型和升级的基本支撑。科技兴海，必须依靠一大批一流的海洋科技人才。将招才引智作为海洋科技创新的突破口，加速海洋创新人才要素的集聚，激发创新动能。

提高海洋专业教育能力。科技兴海教育应当率先行动，发挥基础性、先导性作用，为海洋强省战略提供强大的人才支撑。充分发挥福建海洋学科教育优势，努力提高办学层次，培养造就一支规模宏大、素质优良的海洋人才大军。集中力量办好现有涉海高等院校，提高办学质量，完善学科体系，增强院校实力，重点支持厦门大学、福州大学、集美大学、福建农林大学、福建师范大学、闽江学院、泉州师范学院、宁德师范学院等做强特色优势涉海学科，建设一批涉海高峰高原学科，扩大招生培养规模，增强研究生教育实力。支持高校海洋学科和专业建设，谋划组建海洋类本科高校，鼓励面向学术前沿、面向国家重大战略需求、面向国家和区域经济社会发展，建设大海洋学科群，提高海洋学科教育的影响力。高质量发展海洋职业教育，紧密对接海洋产业转型升级和技术变革趋势，建设重点专业，不断创新和增强海洋职教能力，培养更多高素质技术技能人才、能工巧匠。支持厦门海洋职业技术学院、福建海洋职业技术学校、泉州海洋职业学院等扩大海洋产业技能教育种类和规模，主动适应海洋经济新设备、新材料、新工艺、新技术的应用，建设高技能人才培养示范基地，坚持走特色办学的“蓝色职教之路”。此外，鼓励和支持社会力量举办非营利性海洋学校，引导社会资金进入海洋教育领域投入项目建设，创新海洋教育投融资机制，鼓励社会力量对非营利性海洋学校给予捐赠，推广政府和社会资本合作模式，鼓励社会资本参与海洋教育基础设施建设、管理和提供专业化服务。

加强海洋科技人才队伍建设。提高海洋科技创新发展水平，适应海洋科技创新的新领域、新课题、新学科的挑战，加快海洋科技人才队伍建设是当务之急，是重中之重。把加快培育集聚海洋科技人才队伍放在优先位置，发挥政府政策性引导作用，探索致力于海洋科技创新、海洋科技人才队伍不断壮大的体制机制，完善和实施海洋科技人才发展战略规划，完善人才选拔和任用机制，引领海洋科技人才队伍建设工作协调发展，加强海洋人才梯队建设，实现海洋科技人才队伍总量稳步增长。积极引进培养引领海洋科技发展的高端人才，通过实施省引才“百人计划”、八闽英才培育工程和国家科技创新创业领军人才计划等引才引智项目，培养引进海洋“高精尖缺”人才和“蓝色工匠”，造就一批海洋领域战略科技人才、领军人才和高水平研发团队。鼓励涉海高校、科研院所开展人才引进计划和国外学者来闽开展海洋科学合作研究项目。加强国内外海洋科技合作交流，造就一大批能够把握海洋科技大势、通晓国际规则、掌握精湛技术的复合型高层次的海洋专业人才队伍。加强海洋技能型人才队伍建设，开展海洋职业技能培训、创新创业培训和高端技能人才培训，培养海洋应用型人才，支持建设海洋人才培养实训和实习见习基地，合作开展海洋技能人才定向委托和订单式培养，提升涉海人才综合素质。保护和激发企业家创新精神，培育造就一批优秀的涉海科技型企业家队伍，为海洋经济发展提供强有力的科技支撑。

激活科技人才创新创业动力。海洋科技人才不仅要“培养出”“引得来”“留得住”，更要“用得好”，才能发挥人力资本在海洋经济创新发展中的最大价值。以激活海洋科技人才的创新活力和创业动力为出发点，进一步优化营商环境，建立激励机制。对创新创业队伍加大政府补贴、政策优惠、资金支持和推介展示等配套服务，以创新能力、质量、实效、贡献为导向健全人才评价体系，加大知识产权保护和转化支持力度，完善充分体现创新要素价值的收益分配机制，鼓励海洋科技人员创新创业，支持涉海高校、科研院所科技人员到企业兼职，鼓励科研人员带技术、带成果“下海”创业，推动科研人员双向流动，激发创新创业活动。进一步完善和深入推进科技特派员制度，支持科技人员及其团队带项目服务企业，积极吸引省外高端人才和工程技术人才来闽创新创业。实施“师带徒”引凤计划，开展扶持青年创业创新等活动。引导和鼓励涉海高等院校统筹资源，支持大学生创新创业。

二、激发企业创新动能

企业是创新的主体，激发企业创新动力是把科技研发能力转化为经济发展实力，推动创新链和产业有效衔接的关键。福建着力强化涉海企业创新主体地位，促进各类创新要素向企业集聚，不断增强创新意愿和内生动力，形成以企业为主体、市场为导向、产学研用深度融合的海洋科技创新体系。

海洋科技型企业是推动海洋科技创新发展的关键力量。全力培育海洋科技型企业，完善涉海科技型企业成长加速机制，利用相关扶持政策鼓励涉海企业申报高新技术企业、科技“小巨人”企业。加大种子企业储备，畅通海洋科技企业投融资渠道，向企业开放科技创新平台、相关互联网平台接口等资源。鼓励海洋科技型企业与高校、科研机构产学研合作共建，促进创新要素向海洋企业集聚，加快培育涉海“独角兽”、专精特新企业，助推企业形成创新发展核心竞争优势，提高国际竞争力。壮大海洋科技型企业群体，构建以龙头企业为引领，中小微企业共同发展的海洋科技型企业集群结构。

强化涉海企业创新主体地位，支持涉海企业在优势领域争创国家、省级工程研究中心、企业技术中心、企业重点实验室等创新平台。引进和培育涉海企业研发中心、创新中心、孵化转化基地，集聚海洋科技成果资源。鼓励涉海企业进行海洋高端人才队伍、高水平创新团队建设，提高自主研发能力。创新扶持模式，大力支持“科学家＋企业家＋投资者”的研发形态，引导涉海企业和社会团体力量参与创新投入，以市场为导向，建立健全科技立项机制和科技投入长效机制，稳步提高海洋领域研发经费投入。鼓励支持企业积极申报国家级、省级涉海科学技术奖和创新人才项目，充分激发创新创业活力。

第三，支持企业争当标准领跑者。

参与相关领域顶层设计和标准制定，是海洋科技企业发挥创新主体地位的重要标志。重视标准化在海洋经济高质量发展中的基础性、引领性作用，围绕重点产业、重点领域，加快制定和实施先进适用的标准，用标准化提升创新能力，增强核心竞争力。鼓励海洋优势领域龙头骨干企业积极参与国家标准、行业标准、地方标准、团体标准等的研究制定，加快构建集认证认可、技术标准与质量管理为一体的标准支撑体系，鼓励标准化专业机构对公开的企业标准开展比对和评价，引导企业开展对标达标工作，争当标准领跑者。

第四，完善企业创新服务体系。

良好的营商环境和服务体系是企业发挥技术创新主体地位的重要客观条件，发挥政府引导作用，营造有利于涉海企业创新健康发展的政策环境和社会氛围，完善以企业为主体、市场为导向的海洋经济创新体系。实施海洋龙头企业“培优扶强”专项行动，支持海洋龙头企业、领军企业整合产学研力量，组建体系化、任务型的创新联合体，加强海洋产业共性技术平台建设，推动产业链上中下游、大中小企业融通创新。重点支持海洋龙头骨干企业联合科研院所、高校等组建区域性协同创新中心或海洋产业技术创新联盟，在前沿技术和关键共性技术的研究开发和商业化方面，形成协同创新的良性循环。培育以技术扩散和集成应用为主的应用技术研究机构和创新团队，强化涉海高校院所实验室技术向产品技术转化和集成应用，为企业提供问题诊断、技术咨询、系统解决方案设计、工艺优化等服务。鼓励产业园区、龙头企业建立海洋领域院士专家工作站，发挥高端智力资源的引领带动作用，面向企业开展技术创新活动。

三、提升海洋研发创新能力

海洋研发创新能力的提高是科技兴海的核心所在，全面提升海洋科技创新能力，需要在搭建创新平台和重点领域关键技术攻关上寻求新突破，培育海洋科技创新新优势，释放创新活力，充分激发海洋经济发展动能。

搭建高水平新型研发创新平台。加速科技要素资源的集聚与整合，是提升海洋科技研发创新效率的关键。围绕海洋产业重点发展领域，聚合优势资源，充分发挥研发创新力量，加快建设一大批海洋领域科学实验室、工程研究中心，依托骨干海洋企业建立企业技术中心、研究所，持续打造公共技术服务平台等新型创新载体。联合教育部、中国科学院自然资源力量，重点加强近海海洋环境科学国家重点实验室、大黄鱼育种国家重点实验室建设，推动自然资源部第三海洋研究所、自然资源部海岛研究中心等发展，争创海洋领域国家实验室“福建基地”。支持自然资源部第三海洋研究所海洋生态保护与修复重点实验室、福建农林大学海洋生物技术重点实验室、福建师范大学特色海洋生物资源可持续利用重点实验室、闽江学院海洋传感功能材料重点实验室等一批省级重点实验室建设。支持闽江学院海上福州研究院建设。持续推进多方共建以海洋智库为特色的多学科交叉科技平台。围绕海工装备制造、海洋新材料、海洋通信技术、深海科技等前瞻性、战略性领域，鼓励涉海高校院所内引外联，积极布局创新平台，支持自然资源部第三海洋研究所中国大洋样品馆生物分馆、大洋科考运维和保障基地、国家深海微生物菌种库、厦门大学联合遥感接收站、福州大学海洋制药研发平台等重大基础平台建设。支持境内外知名企业、大专院校、科研机构以及高层次人才团队来闽设立、共建海洋科技高水平研发机构。加强国际交流，鼓励支持涉海企事业单位与“一带一路”共建国家和地区合作，共建实验室、技术转移机构、科技园等对外合作科技创新平台，持续提高福建海洋研发创新的国际地位。

加快重点领域关键技术攻关。以国家战略性需求为导向，提升海洋科技基础创新能力。开展全球海洋变化、深海科学、极地科学等基础科学研究。强化基础研究和应用研究衔接融合，突出深水、绿色、安全等前沿科学，力争形成一批具有自主知识产权和重大应用前景的原始创新成果。争取国家在福建省布局建设水产种业重大创新平台和大洋生物资源勘探与开发、海洋碳汇、海洋卫星应用、海底科学观测等重大科技工程。鼓励牵头和参与海洋领域国家重点研发计划、国际海洋大科学计划和大科学工程。结合福建海洋经济发展实际，着力在重点领域关键核心技术上实现突破。研究制定水产种业、海洋资源综合利用、海洋工程装备、智慧海洋、海洋生态保护与修复、海洋防灾减灾等重点领域技术创新路线，明确技术创新的战略目标、关键共性技术和攻关路径，加大研发支持力度，组织实施重点科研项目，加快突破一批重大关键技术，引领海洋科技创新和产业高质量发展。在推动产业发展方面，重点开展水产养殖关键技术突破，在深水网箱、病害防控、新型饲料研发等方面实施关键技术攻关重大工程；围绕促进海工装备向研发设计和智能、安全方向升级，加快提高关键技术和重点装备自主创新能力，构建海洋高端装备设计、制造、试验以及定型考核的完整技术链条，突破智能防护材料新技术；突出技术与产品创新升级，推动海洋药物与生物制品产业向专精特新方向转变，重点在海洋创新药物、新型海洋生物医药材料、海洋微生物（微藻）发酵、海洋保健食品与化妆品、深海基因资源开发等领域进行创新突破；加强海洋电子设备和信息处理软件技术研发，构建海洋大数据平台，拓展海洋信息服务领域，推动构建完整的“装备研制—信息处理—应用服务”智慧海洋产业技术生态体系，加快培育壮大“智慧海洋”产业集群。在海洋环境治理与生态修复方面，围绕海洋生态文明建设需求，重点加强海湾污染物控制与治理、海岸带生态系统修复、海洋生态修复评价等应用技术研究，为蓝色海湾治理、生态海岸带建设提供强有力的技术支撑。着重突破河口海域环境综合整治技术集成研究，复杂环境下砂质海岸生态修复与管理技术、海洋生态修复基线构建及优先区选划技术，以及研发自动、大规模、大尺度和精细化的海洋生态修复成效监测和成效评估技术。在海洋前沿领域，紧跟国际科技前沿，重点拓展深海科技、海洋可再生能源等新技术的研发，加快新技术、新产品、新成果产业化应用，抢占未来产业发展制高点。

四、推动海洋科技成果应用转化

海洋科技成果应用转化是科技创新的“最后一千米”，是推动海洋经济高质量发展的重要举措。支持海洋科技成果转化过程的各主体，立足海洋产业战略性方向，探索海洋科技创新成果转化运行新模式，加快“政产学研金服用”融通创新，优化配置各类资源，在提升海洋科技创新水平的同时，畅通科技成果转化渠道，提高海洋科技成果转化的效率，推动一批满足福建海洋产业发展需求的科研成果“开花结果”，助力福建海洋经济高质量发展。

以科技成果转化服务平台为载体，畅通科技成果转化通道。鼓励高校、科研院所建立专业化技术转移机构，落实高校、科研院所对其持有的科技成果进行转让、许可或者作价投资的自主决定权。支持福建省科技成果转化创业投资基金发展，促进国家科技成果转化项目库中科技成果项目在福建省落地。培育海洋科技服务机构和新型研发组织、研发中介、研发服务外包等新业态，支持福州、厦门等科技资源优势地区设立海洋技术转移机构。构建成果转化孵化机制，鼓励建设一批海洋技术孵化基地、科技企业孵化器、众创空间、中试基地。发挥福建省协同创新院海洋分院的桥梁作用，充分利用中国国际投资贸易洽谈会、中国·海峡创新项目成果交易会、21世纪海上丝绸之路博览会、厦门国际海洋周、国家技术转移海峡中心、中国科学院科技服务网络福建中心等平台，推动海洋科技成果与企业的对接，促进海洋科技成果转化落地。

以海洋经济发展和市场需求为导向，以“用”为目的，推动科技、人才、产业、资本、政策等创新要素高效配置，完善“政产学研金服用”紧密合作的成果转化机制，促进优质项目成功落地。以重大项目为纽带，促进产业链和创新链的深度融合，提升企业科技成果转化能力。强化海洋科技创新与海洋经济发展政策、规划和改革举措的统筹协调与有效衔接。创新项目咨询机制，加强海洋重大科技项目主动设计，对重点项目从税收和政策方面给予优惠措施。健全科技成果转化管理制度，完善成果转化收益分配政策，发挥内部激励机制，提高科技成果转化效率。赋予科研人员职务科技成果所有权或长期使用权，破除职务科研成果转化障碍，激发科研人员积极性。加大对科技成果转化的财政金融支持力度。

海洋科技成果的转化是一个复杂的过程，包括科技成果所进行的后续试验、开发、应用、推广直至形成新产品、新工艺、新材料，发展新产业等活动。在这个过程中存在着技术、交易、市场等风险，因此加强海洋科技产业化服务体系建设是海洋科技成果有效转化的重要环节之一。引导建立一批职业化、专业化、系统化、市场化的科技成果转化服务机构，对海洋科技成果转化进行全过程服务。支持科技成果第三方评价、竞拍市场发展，培育海洋技术经纪人，支持发展技术专利注册申报、知识产权评价、科技成果咨询和评估等高端科技服务业。针对海洋科技成果转化的长周期和高风险问题，加快发展科技成果转化投融资中介服务，提供政策信息、项目评估、投融资等咨询代理的服务。创新发展海洋创投基金、海洋助保贷、科技贷等科技金融服务产品，加大海洋科技金融服务力度，为海洋科技成果转化提供支撑。

生态护海：建设“美丽海洋”

海洋是福建的特色，是资源富集的“聚宝盆”，生态护海是推动海洋经济高质量发展的根基。福建着力守护“蓝色家园”，加强海洋生态保护修复，强化海洋污染协同治理，完善全方位、全过程、全天候的海洋监测监管体系，实现海洋生态环境高水平保护。

一、打造海洋生态文明标杆

福建海洋资源得天独厚，海洋和海岸带生态系统丰富多样。在发展海洋经济的同时，实施“碧海工程”，持续推进海洋生态保护和修复，强化陆海污染联防联控，全面整治生态环境问题，提升海洋生态产品的供给能力，增强海洋环境风险防范能力，推进“美丽海湾”建设，建设碧海银滩、湾美岸绿、亲水乐游、宜居宜业的“美丽海岸带”，高站位打造全国海洋生态文明建设标杆。

第一，加大海洋生态保护力度。

加强海洋生态管理，维护生态系统稳定性，科学采取有效措施，对红树林、珊瑚礁、滨海湿地、海岛、海湾、入海河口、重要渔业水域等具有典型性、代表性的海洋生态系统加大保护力度，构建岸线防护、生态多样性保护和生态优化为一体的海洋生态安全格局。

加强海洋空间治理，优化海洋生态环境系统保护格局。对接第三次全国国土调查、海岸线修测、自然保护地整合优化成果，健全陆海一体国土空间用途管制和生态环境分区管控制度，构建陆域、流域、海域相统筹的海洋空间治理体系。组织编制修订海岸带保护与利用相关规划和条例，建设生态海岸带。严格落实海洋生态红线制度，加强海洋生态红线区管理和典型生态系统保护，严格保护深水岸线，制定岸线和海域投资强度标准规范，严格实行涉海开发利用活动相关管控措施，优化项目用海布局，促进“深水深用、浅水浅用”，合理高效利用海洋资源。保护提升海洋休闲娱乐区、滨海风景名胜区、沙滩浴场、海洋公园等重点功能区海岸带生态功能和滨海景观，保障公众亲海空间，促进滨海旅游等绿色产业高质量发展。以海湾（湾区）为基础管理单元，健全环境治理与可持续开发利用相协调的政策体系，构建陆海统筹、河海联动、系统治理的海洋生态环境管治格局。

建设海洋生态区、重点生态廊道，筑牢海洋生态安全屏障。通过实施生态修复、绿道及水利等工程，推进重点海洋生态区的保护和重点生态廊道建设。对沼泽、红树林等重要滨海湿地加大保护力度，提高海岸带、河口生态质量。全面维护生态系统稳定性和海洋生态服务功能，建成林城相融、林水相依、林田纵横、山海相连的生态安全屏障。加强海洋生态预警监测工作，对海洋生态系统分布格局、典型海洋生态系统现状与演变趋势、重大生态问题和风险加强监测。构建以海岸带、海岛链和各类保护地为支撑的“一带一链多点”海洋生态安全格局，打造“水清、滩净、岸绿、湾美、岛丽”的美丽海洋。

开展海洋生物多样性保护，促进人与海洋和谐共生。科学划定保护地功能分区，建设海洋自然保护区和自然公园，保护重点海洋生态系统、自然遗址、地质地貌、种质资源、红树林、珍稀濒危物种、滨海湿地等。加大对海湾、入海河口、海岛等典型生态系统的调查研究和保护力度，适时开展台湾海峡生物资源调查。推进水产种质资源保护区的调查研究与保护。保护珍稀濒危物种，加强对野生动物越冬场、繁殖地、栖息地的保护。严格控制海洋捕捞强度，对海洋生物资源进行科学增殖与保护，促进海洋重要渔业资源持续发展。

加强制度设计，完善生态保护补偿机制。推动制定生态保护补偿管理办法。加快建立上下联动的财政资金保障体系，完善转移支付制度，归并和规范现有保护修复补偿渠道，构建科学合理的差异化利益补偿标准，稳定国土整治修复专项资金投入，建立完善的上下游和行政区间的生态保护补偿机制。

第二，推进污染全面监管整治。

坚持陆海统筹、区域联动、综合施策原则，统一部署、协调流域—海湾环境的综合治理。聚焦入海排污口超标、入海河流水质不达标等问题，加强整改落实，改善入海河流水质，提升重点河口、海湾水质，提高污染源精细化管理水平，全面排查整治海洋生态环境风险隐患，创新环境监管机制，推进美丽海湾建设，实现人与自然和谐共生。

坚持陆海污染联防联控，推进陆海协同治理。加强重点流域、区域、海域污染防治，对入海河流、入海排污口的底数全面排查摸清，推进入海河流和排污口精准治理，加强船舶港口、海水养殖等污染治理。建立入海排污口“一口一档”动态管理台账，将之纳入福建省生态云平台，开展系统推进、分类整治和规范化管理。推进闽江、九龙江、晋江等主要入海河流污染治理和生态工程建设，加强入海河流污染源管控。对主要入海河流污染物、重点排污口和海漂垃圾加强监视监测和溯源追究，明晰责任、严格监督，推进涉海部门之间监测数据共享。完善船舶水污染物处置联合监管制度，实施船舶水污染物分类管理。

加快海洋生态环境监测体系建设，推动共建共治共享。整合海洋渔业、生态环境、自然资源等部门监测资源，打造陆海统筹监测一体化业务链，共建共享，利用大数据技术深度挖掘数据产品及应用，为海洋生态治理提供数据支撑。在三都澳、闽江口、江阴、湄洲湾等重要海域设置浮标或岸基自动监测站，构建海洋生态环境监视监管网络。推进地方与科研院所、高校共建共享海洋环境监测调查船，提升海洋环境监测能力。探索在重要敏感湾区建立海漂垃圾监控系统和重点临海石化基地突发海洋环境污染事故应急系统，提高应急响应能力。同时运用福建省生态云平台，加强海洋环境分析研判，聚焦问题、制定措施，精准科学有效治理海洋生态环境突出问题。

统筹推进海漂垃圾综合治理，建设美丽海湾。健全“岸上管、流域拦、海面清”的海漂垃圾综合治理机制，以渔排渔船渔港为重点，从源头上对海上垃圾进行管控减量，加强渔业养殖生产生活垃圾集中收治和渔港日常清理保洁，渔业船舶配置生活垃圾收集装置，加强垃圾集中上岸无害化处理。加快建设完善的海湾沿岸、河流两岸镇村垃圾收集、分类、处理设施，增强海域垃圾污染防治能力。加强重点海域海漂垃圾清理整治，建立海上环卫机制，组建海上环卫机构，推行企业化运营和专业化管理，配套建设环卫码头、海上环卫站，机械与人工打捞相结合，扩大打捞规模、加大打捞力度，实现海漂垃圾打捞清理全覆盖。积极推进入海河流河口区海漂垃圾清理，对垃圾入海及时拦截处置。推广海漂垃圾治理模式，建立海漂垃圾日常清理、转运、处置长效机制，积极探索海漂垃圾综合治理的“福建模式”，实现岸滩、河流入海口和近岸海域垃圾治理常态化，进一步打造整洁海滩和洁净海面。

实施海湾水污染治理和环境整治，改善滨海人居环境。在毗邻城市海湾实施水污染治理和环境综合整治工程，坚持“源头治理、统筹发展”，逐步优化滨海环境。以绿色发展理念推动生态优势向经济优势转化，优化投资环境，为优质产业发展腾出空间。在不断提升经济发展“绿色含量”的同时，推动产业升级，加速迈向精细化、智能化、绿色化。推动形成绿色发展方式和生活方式，实现人与自然和谐共生、经济发展与生态环境保护双赢。

第三，实施海洋生态修复工程。

坚持山水林田湖草沙系统治理，创新完善“流域—河口—海湾”综合修复模式，围绕典型生态系统，实施“蓝色海湾”综合整治和湿地修复工程，加强外来入侵物种防治，保持海洋生态平衡稳定。

实施海湾生态环境综合治理，提升海湾环境质量和生态功能。对海岸线一千米范围的滨海陆地和近岸海域，持续开展环境整治行动，在闽江口、九龙江口、敖江口和兴化湾、泉州湾、同安湾、东山湾等重点海湾河口，推动“蓝色海湾”整治行动项目、海岸带生态保护修复工程等重大工程建设，开展重要河口环境综合治理与生态修复。实施九龙江口—厦门湾生态综合治理攻坚战、闽江流域山水林田湖草生态修复攻坚战，推进福州、漳州等养殖集中区的绿色生态养殖转型升级工作，进一步推动漳州八尺门海域生态环境综合整治，促进厦门湾、闽江口、三都澳、诏安湾等重要海域生态环境质量改善。将福州滨海新城海域、厦门东南部海域、平潭东南湾区、漳州东山湾湾区等建设成为“美丽海湾”先行示范区。福州、厦门等基础条件较好的地区先行探索建立“湾（滩）长制”，沿海地区加快推行“湾（滩）长制”，落实海湾生态环境保护与治理责任，改善河口、海湾等生态系统的生态质量，建设美丽海湾。

加强滨海湿地调查监测，因地制宜开展滨海湿地修复工程。重点在泉州湾、厦门湾（含九龙江口）、漳江口等重点河口进行红树林保护与修复，进一步扩大红树林面积，有效保护红树林湿地资源。加强闽东沿岸、罗源湾、闽江口等主要海湾互花米草外来物种防治。对实施互花米草除治且适宜红树林生长的区域统筹候鸟栖息地恢复，科学种植红树林，推进红树林生态系统的保护恢复，提高红树林抵御风暴海啸等自然灾害的能力，充分发挥红树林的生态功效。开展红树林植被、底栖生物等变化趋势监测，制定湿地生态状况评定标准，开展重要湿地生态功能监测评价。通过湿地恢复、生态修复、景观提升及其对生物多样性的保护与管理，提高湿地周边水功能区的水质达标率，增强湿地生态功能。

开展受损海岸线整治修复，建设宜居宜业海岸带。对海岸线实行分类管理，对闽江口等具有典型地形地貌景观、重要滨海湿地景观的岸线严格保护。加强管理，清理非法占用生态保护红线区内岸线的活动。坚持自然恢复为主、人工修复为辅，加强岸线整治修复，实施岸线生态化工程、临海侧裸露山体修复工程、沙滩整治修复工程。加强对海岸侵蚀、海水入侵等生态脆弱区域的治理和修复，重点开展沙滩修复养护、近岸构筑物清理与清淤疏浚整治、海岸生态廊道建设等工程。科学规划，加强滨海沙滩保护和修复，打造一批美丽滨海沙滩。

加强海岛生态建设和整治修复，建设美丽海岛。有居民海岛整治修复以实施污染处理、饮水、供电及交通工程为主。加大无居民海岛保护区建设力度，设立海岛保护区保护海岛生态资源。对无居民海岛主要实施岛陆植被修复、淡水资源保护、潮间带生态修复等工程。建立全省生态岛礁工程项目库，实施开放式滚动管理。坚持自然恢复为主、人工修复为辅原则，继续推进牛山岛、琅岐岛、海坛岛、湄洲岛、惠屿和东山岛生态岛礁工程，对台山列岛、山洲列岛、大屿、南碇屿等海岛典型生态系统和物种多样性实施保护工程。

二、抢占海洋碳汇制高点

海洋是地球上最大的碳库，在全球气候变化和碳循环过程中发挥着重要作用。海洋碳汇，又称“蓝碳”，是指利用海洋生态系统内的生物和海洋活动，吸收大气中的二氧化碳，进而将其固定和清除的过程和作用机制。海洋碳汇是标志性的海洋生态产品，除对应对全球气候变化具有重要意义外，还兼具其他多重生态系统服务、社会和经济价值，提供包括过滤水源、减少海岸的污染影响、承担营养负荷、形成沉积物、稳固岸线、降低极端气候影响等在内的多项生态服务。发展海洋碳汇、提升海洋碳汇能力，是实现生态与经济发展双重效应的重要举措，更是提升海洋竞争能力，推动海洋经济高质量发展的必然选择。福建立足海洋优势，以海洋生态保护为基础，积极探索抢占海洋碳汇制高点，构建国际海洋碳中和先行示范区。

第一，提高海洋碳汇科学研究能力。

海洋碳汇是一个新兴领域，从理论到实践专业性强、涉及覆盖面广，提高海洋碳汇科学研究能力，为发展海洋碳汇提供理论指导和技术支撑。一是加强海洋碳汇科研机构建设。支持厦门大学碳中和创新研究中心建设，深化海洋人工增汇、拓展海洋“负排放”新思路和技术标准研究，推动国家重点实验室、海洋碳汇基础科学中心建设，探索开展海洋碳汇研究大科学装置可行性研究。支持厦门大学福建省海洋碳汇重点实验室建设，以台湾海峡及其周边海—流域为典型研究区域，宏观生态及微观生物结合，研究海洋碳库与全球气候变化之间的联系，探索建立海洋碳汇指标体系和陆海统筹的增汇模式。支持自然资源部第三海洋研究所福建省海水养殖碳中和应用研究中心建设，开发养殖碳汇监测技术体系及规

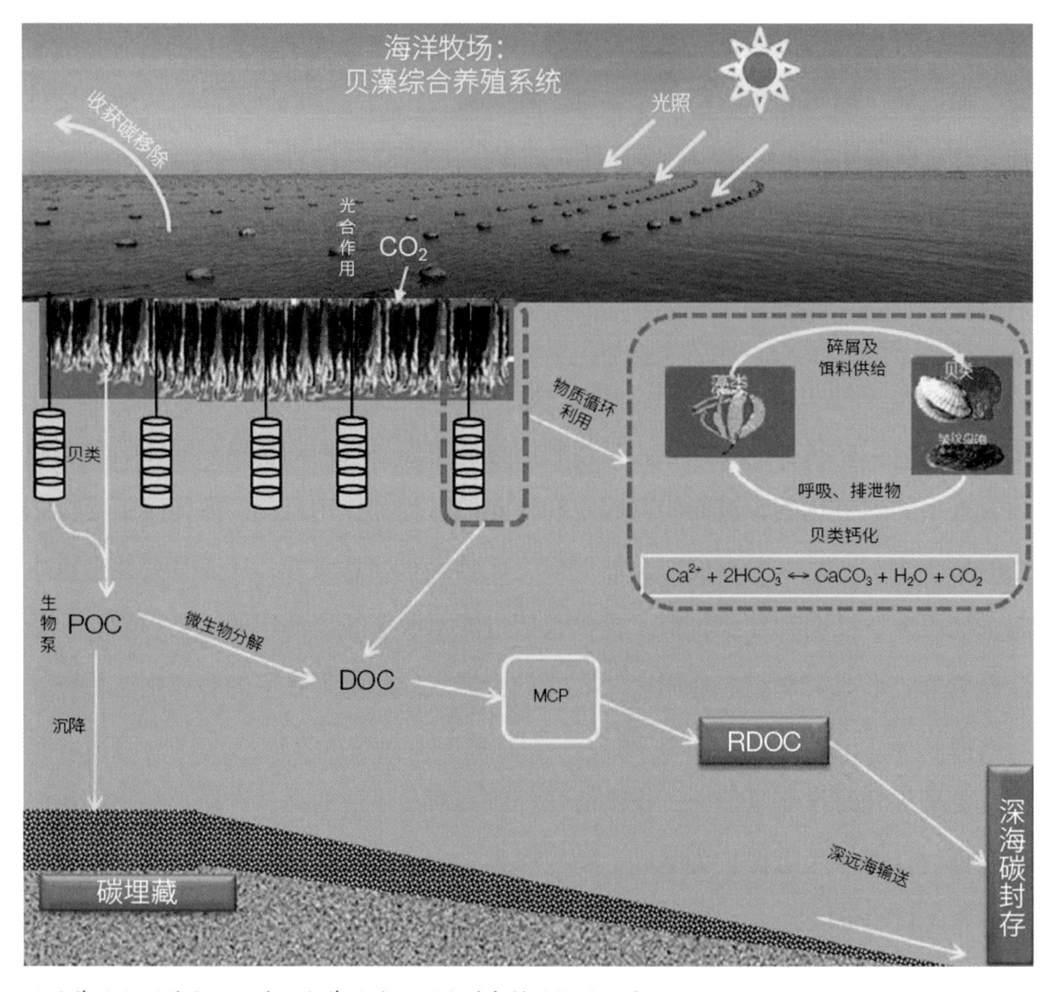

通过养殖大型藻类和贝藻综合养殖进行“海洋负排放”的示意图

程，探索建立海水养殖碳汇核算标准，开发海水养殖增汇技术。支持中国气象局温室气体及碳中和监测评估中心福建分中心建设，充分发挥气象部门在温室气体观测、数值同化等方面的优势，建立涵盖森林生态、重要城市、滨海湿地和近海海洋等典型和代表性区域观测类型齐全、具有福建特色的温室气体观测网，开展碳达峰碳中和监测评估研究和业务服务，为海洋碳汇加强科技支撑。二是建设高水平国际学术交流平台。鼓励举办参与国际国内蓝碳高端论坛，围绕海洋碳汇技术、海洋经济发展等议题开展专业研讨，与国内外海洋碳汇领域专家团队交流合作，引导专业化团队、机构对蓝碳项目进行辅导。积极开展海峡两岸蓝碳学术研讨，探索两岸海洋碳汇交流合作新的路径和机遇。三是加强海洋碳汇的监测与核算。从福建省海洋碳汇生态系统分布和碳库调查入手，开展海洋碳汇综合调查与评估，建立福建省海洋碳汇基础数据库，在研发海洋碳汇储量调查、监测、评估和海洋碳汇减缓、适应气候变化系列标准的基础上，建立海洋碳汇调查评估、监测、核算方法和蓝碳交易方法，查明海洋碳汇全生命周期和物质循环全过程的价值实现途径，提高海洋碳汇核算的技术规范、评价标准、认证认可等方面的研究水平，加强对海洋碳汇保护者和受益者良性互动的体制机制的探索。

第二，探索建立海洋碳汇产业价值实现机制。

坚持市场化运作，按照海洋碳汇价值实现途径和海洋相关产业分工，构建政府、企业、社区和个人共享的海洋碳汇价值合理持续回报机制。探索完善生态补偿机制，对海洋碳汇的交易模式、市场要素等进行分析规划，明确海洋碳汇交易的主客体、价格形成机制，多渠道进行海洋生态补偿。引入社会资本恢复和重建已经被破坏和退化的海岸带生态系统，保护盐沼湿地、红树林、海草床以及可持续性海洋牧场等海岸带生态系统结构与功能的完整性，恢复其海洋碳汇功能，增加海洋碳汇。构建实现生态保护修复和价值转化的应用示范，提升海洋生态系统碳汇能力，推进海水养殖增汇、滨海湿地和红树林增汇、海洋微生物增汇等试点工程。在连江等地开展海水养殖增汇试点，在泉州湾河口、九龙江河口、漳江口等地实施红树林和滨海湿地增汇工程。推广海产养殖关键技术，通过渔业生产活动、湿地和红树林、海洋微生物促进水生生物吸收二氧化碳，达到负排放功效，有效发挥湿地、海洋的固碳作用。延伸海上牧场和海洋碳汇相关产业，提高海洋固碳增汇能力，形成可复制、可推广的经验。

第三，探索开展海洋碳汇交易服务。

海洋碳汇潜力巨大，将海洋碳汇纳入碳交易市场尤为必要。全国首个海洋碳汇交易服务平台、全国首宗海洋渔业碳汇交易、全国首例双壳贝类海洋渔业碳汇交易等“蓝碳”实践在福建破冰，福建海洋碳汇走在全国前列。福建着力积极

2022年5月19日，莆田市秀屿区依托海峡资源环境交易中心完成了全国首例双壳贝类海洋渔业碳汇交易

探索海洋碳汇交易，以海洋碳汇交易服务平台为依托，用好政策优势和先行先试的碳汇交易经验，加大推动海洋碳汇交易基础能力建设，加大海洋碳汇的产权研究，建立与之相关的计量监测体系，构建海洋碳汇数据库，为海洋碳汇交易摸清底数。积极开展和参与海洋碳汇标准和规则制定，制定更为科学明晰的交易规则、监督规则和法律法规。有序开展海洋碳汇交易服务创新，探索海洋碳汇投融资方式，鼓励政策性银行、商业银行、基金、保险机构发展海洋碳汇领域绿色金融及其衍生品，探索建立海洋碳汇投融资标准规范，填补海洋碳汇投融资标准国际空白，为福建省应对气候变化、发展低碳经济、保持高质量发展、引领海洋碳汇发展提供技术和管理支撑。逐步探索建立陆海联动增汇模式，激活海洋生态价值，打造国家级蓝碳交易市场试点、蓝碳经济发展示范区，助力海洋经济高质量发展。

三、完善海洋综合治理体系

随着海洋及沿海地带开发日益频繁，海洋和海岸带面临前所未有的压力和冲击。生态护海，迫切需要完善海洋综合治理体系。福建着力完善海洋综合治理体制机制，提升深度参与全球海洋治理能力和水平，以打造海洋综合治理“福建样板”。

第一，完善海洋治理体制机制。

构建现代化海洋综合治理体系，围绕海洋资源优化配置和节约集约利用，健全基于生态系统的海洋综合管理体制机制，用系统的、综合的治理方法实现有效治理海洋，实现经济社会发展和海洋生态保护的双重目标。推进海域资源市场化配置，健全海洋自然资源资产产权制度，加快海洋资源调查评价监测和确权登记。完善海域、无居民海岛有偿使用制度，健全海域海岛资源收储和交易制度，推进海域使用权转让、抵押、出租等改革创新，完善海砂采矿权和海域使用权“两权合一”招拍挂出让制度，探索海洋排污权、海洋碳汇、海洋知识产权等市场化交易机制。探索海域使用权立体分层设权，优化海域资源配置和协调机制。

加强海洋开发利用管理，完善海洋空间规划体系，坚持依法管海用海，统筹划定海洋生态空间和海洋开发利用空间，构建陆域、流域、海域相统筹的海洋空间治理体系。推动建立湾区跨行政区域协同发展推进机制和利益共享机制，统筹构建闽东北、闽西南、厦漳泉金等区域协同治理机制。合理规划海洋产业布局，适时启动深远海养殖发展规划编制，指导深远海养殖的规范化发展。健全环境治理与可持续开发利用相协调的政策体系，完善海洋经济高质量发展的政策措施。健全陆海一体国土空间用途管制制度，加强围填海管控，加快推进围填海历史遗留问题处理。完善海洋资源节约集约利用机制，完善差别化用海供给机制。提高海洋资源开发保护水平，严格海岸线分类管控，完善项目投资额与占用岸线、海域面积挂钩制度，推进岸线自然化和生态化。加强海域海岛精细化管理，规范无居民海岛开发利用，逐步完善海域海岛资源的利用标准和用途管制审批制度，加快建立闲置用海盘活机制。优化项目用海审批流程，做好用海服务与要素保障。

第二，提高海洋风险防控和安全应急处置能力。

加强涉海部门之间的协调配合，建立健全陆海统筹、权责明晰、统一高效的跨部门海洋综合执法体制机制。全面提升海洋与渔业综合执法管理工作的信息化和执法装备现代化水平，推进执法信息化、执勤码头、执法船艇及无人机等基础设施项目建设，探索整合共享涉海部门数据系统，强化动态监管的技术支撑，实现近海岸线全覆盖，做到“天上看、海上查、网上管”，有效打击涉及海洋资源开发利用、海洋生态环境保护等的违法犯罪活动，提高执法效能。紧盯海上险情事故多发易发的重点时段、重点水域、重点工程和重点船舶，开展风险隐患排查整治和联合执法行动，逐步完善疏堵结合的监管措施，有效减少商渔船碰撞、非法采运砂、非法渡运、非法倾废、偷排污水、非法捕捞、海上危化品运输、新业态海上安全风险等对海上安全形势的不利影响，遏制海上重特大险情事故的发生。

实施海洋环境风险处置工程，增强海洋环境风险防范和灾害应对能力，健全突发环境事件风险动态评估和常态化防控机制。推进完成全省海洋灾害风险普查，摸清海洋灾害风险隐患底数，形成省、市、县三级海洋灾害风险评估和防治区划，科学划定灾害重点防御区。加强对海洋船舶污染、码头污染、养殖污染、海洋倾废和赤潮灾害的监测防治，建立赤潮高发区、油气储运、危化品港口码头与仓储区、海洋生态敏感区等重点区域涉海风险源清单和管理台账。

进一步完善省、市、县三级海洋安全应急机制，深化应急、水利、生态环境、海洋渔业、气象、海事、海警等部门协同合作，细化落实防灾减灾各项措施，形成应急处置合力。进一步加强国产卫星在海洋风险监测领域的应用，建立健全多方联动的海洋环境突发事件应急响应协调机制。加强重点海域、重点区域、重大项目和重要目标安全应急管理标准化建设，开发湄洲湾、古雷、江阴等重点临海石化基地突发海洋环境污染事故应急系统，完善应急物资装备储备及保障体系，提高应对海洋公共安全突发事件的应急反应和快速处置能力。建设生态海堤，提升抵御台风、海雾、风暴潮等气象、海洋灾害能力，筑牢海上安全防线。坚持应急预案动态管理，及时修订台风、风暴潮、海啸、赤潮等各类灾害和危险化学品泄漏事故应急预案。加强宣传教育、技术培训和应急演练，增强广大群众防灾减灾意识和自救互救能力。

第三，积极参与全球海洋治理。

立足福建优势和定位，紧密围绕国家深远海发展战略需求，服务21世纪海上丝绸之路建设，积极参与全球海洋治理，推动构建海洋命运共同体。

加强国际合作，携手维护海洋生态安全。在海洋生态保护修复、海洋空间规划、蓝色经济等领域开展科研项目交流合作、国际交流培训和产业对接；在海洋防灾减灾、海上搜救、海上安全等方面，加强涉外海事管理和服务能力建设；推进与国际组织和周边国家共同开展海洋综合管理能力建设、海洋保护地网络建设等合作示范项目；支持自然资源部第三海洋研究所、自然资源部海岛研究中心、厦门南方海洋研究中心等海洋科研机构与“海丝”沿线国家和地区合作，促进“海丝”核心区对外交往。

积极参与全球海洋治理进程，为海洋治理贡献福建智慧。支持专业化对外合作机构或交流平台建设，构建全球海洋治理共享平台，打造深度参与全球海洋治理的海洋特色智库。提升参与全球海洋治理的科技实力，在气候变化、海洋酸化、海洋微塑料、深海资源开发和极地治理等全球重点领域发挥影响力。鼓励高校、科研机构和社会力量参与发起重大海洋国际科学合作计划和项目，体现责任与担当。支持涉海科研机构和企业开展智慧海洋、蓝色碳汇、深海开发等海洋新兴领域标准化研究，参与国际涉海组织事务、涉海条约、国际行业标准与行动准则的制定修订，鼓励涉海企业进行国际标准认证，支持企业申请国际知识产权，抢占技术规则先发优势。坚持高水准打造中国（福州）国际渔业博览会、厦门国际海洋周，定期举办有影响力的国际海洋高端论坛，为推动全球和区域海洋命运共同体建设发出“福建倡议”、分享“福建经验”、贡献“福建方案”，提升在国际海洋事务中的影响力。

开放向海：打造海洋命运共同体

“我们人类居住的这个蓝色星球，不是被海洋分割成了各个孤岛，而是被海洋连结成了命运共同体，各国人民安危与共。”2019年4月23日习近平总书记提出的海洋命运共同体理念，为实现海洋可持续发展指明了前行方向。福建是古代海上丝绸之路的东方起点，是21世纪海上丝绸之路核心区，福建开放向海先行先试，立足“山海亚侨特台”“多区叠加”等优势，拓展对内联结、对外开放的空间，在更大范围、更宽领域、更深层次推进海洋开放合作，不断拓展开放交流、互利共赢的向海发展之路，增强海洋战略保障能力，在加快构建以国内大循环为主体、国内国际双循环相互促进的新发展格局中发挥重要作用，更好地服务构建海洋命运共同体、服务国家重大战略实施中彰显福建担当、展现福建作为。

一、加快“海丝”核心区建设

共建21世纪海上丝绸之路，是在“和平与发展”的海洋文化理念下，沿线各国各地区开展海洋经济开发、海洋贸易交流、海洋环境保护和海洋文化发展的重要契机。建设21世纪海上丝绸之路核心区，既是福建向海发展的重要历史机遇，更是中央赋予福建的重要历史责任。福建紧抓21世纪海上丝绸之路核心区建设、《区域全面经济伙伴关系协定》（RCEP）签署的良好契机，加快向海进军步伐，发掘海上丝路的价值和优势，积极拓展对外开放与合作共赢新空间。推进与“海丝”沿线国家政策沟通、设施联通、贸易畅通、资金融通、民心相通，建设互联互通的重要枢纽、经贸合作的前沿平台、体制机制创新的先行区域、人文交流的重要纽带。

2020“丝路海运”国际合作论坛

全力打造“海丝”大通道。“海丝”建设交通先行。围绕“一带一路”倡议提出的六大国际合作经济走廊和“海丝”核心区建设重点合作方向，加快建设海洋港口、交通干线、物流基地和口岸通关设施，完善海陆空联运交通网络。以海港和陆地港为基础，大力实施“丝路海运”，加强“丝路海运”标准体系和综合信息服务平台建设，完善港口和联运基础设施建设，打造服务全国、面向世界的规模化、集约化、专业化港口群，实现“丝路海运”航线覆盖海上丝绸之路沿线主要港口。同时加快与中欧班列有效衔接，加快实现陆海内外联动、东西双向互济效应，优化“海丝”和“陆丝”无缝对接。加强与“海丝”沿线港口对接与航运合作，建设港口联盟，打造高效畅通的海上运输网络，全方位融入全球航运体系。实施“丝路飞翔”工程，推进福州、厦门机场扩建，增加国际和港澳台空中线路。同时加强“海丝”信息建设，全力打造海上、陆上、空中、信息“四位一体”的海丝大通道。积极挖掘南太岛国基础建设领域的国际合作需求，支持企业参与空港、海港及综合型渔港等重大基础设施的建设与运营。加强省内港口、航运、旅游和物流重点企业与东南亚合作，增开和加密福建与菲律宾、印度尼西亚、马来西亚等国海上直航航线。完善港口海运现代化技术，加强与东南亚、南亚、东北亚、大洋洲、欧洲、非洲、美洲地区的海上互联互通，畅通对外开放通道，打造高效率的对外开放服务体系。推动省内港口与“海丝”沿线国家港口友好合作，支持“海丝”沿线国家及地区港口企业参与省内港口建设经营。

深度参与国际海洋竞争合作。多举措推动与“海丝”沿线国家和地区海洋经济交流合作，在水产养殖加工、远洋渔业、海工装备制造、海洋药物与生物制品、海洋新材料等领域进行交流合作，推进经济合作园区和远洋渔业基地等建设。与东南亚国家开展渔业产业合作，共建渔业产业合作园，推进现代海水养殖、水产品深加工及冷链物流等领域合作。积极参与海外重要渔港建设，打造集捕捞、养殖、加工、运输、销售为一体的综合性远洋渔业基地，提高参与国际渔业资源配置能力。大力开拓海外市场，扩大传统优势海洋产品以及高技术、高附加值产品出口，推动航运、养殖、修造船等劳务技术输出。《区域全面经济伙伴关系协定》（RCEP）的签署，为海洋经济合作带来新机遇。树立“蓝色发展理念”，推动共建海洋产业园区，探索实施蓝色经济合作示范项目。充分发挥自由贸易试验区、国家级新区涉海功能，建设漳州招商局经济技术开发区、东山经济技术开发区、福清江阴经济开发区、连江经济开发区等涉海经济开发区，打造向海开放高地。以厦门建设金砖国家新工业革命伙伴关系创新基地为契机，推进数字化、工业化等领域合作，打造面向金砖国家的高水平开放经济示范区。提升自贸试验区示范效应，加强与“海丝”沿线国家和地区相关制度创新合作，建设国际先进水平的国际贸易“单一窗口”，提高投资贸易便利化水平，形成“海丝”共商共建共享新局面。

以平台为载体拓展国际交流合作。搭建涉外海洋专家智库交流合作平台，加快推进厦门市海洋国际合作中心建设，支持福建海洋可持续发展研究院运作，推进自然资源部第三海洋研究所亚太经济合作组织（APEC）可持续发展研究中心、东亚海岸带可持续发展地方政府网络（PNLG）秘书处、厦门大学中国—东盟海洋学院、中国—东盟海岸带可持续发展能力建设与交流平台（厦门大学）等专业化对外合作机构或交流平台建设，增强海洋国际交流中的政策研究、业务咨询、研

厦门大学“海丝学堂”承担多学科海上综合考察任务，开展海洋科研和教学实习以及开放、合作的海洋科学教育访问等活动

讨培训、对话磋商、项目策划等多领域支撑功能，推进福建与APEC和PNLG成员之间海洋领域务实合作。搭建涉外海洋专家智库平台，推动建立面向“海丝”沿线国家和金砖国家的海洋智库合作联盟和协同创新机制，为福建对外开放发展贡献力量。推动福建与共建“海丝”国家友城官方互访、企业和民间友好往来，举办双方经贸、旅游、人文和海洋经济对接会，办好21世纪海上丝绸之路博览会、丝绸之路（福州）国际电影节、中国（泉州）海上丝绸之路国际品牌博览会、海上丝绸之路（福州）国际旅游节、海上丝绸之路（泉州）国际艺术节、世界妈祖文化论坛（莆田）、“丝路海运”国际合作论坛、中国（福州）国际渔业博览会、厦门国际海洋周、中国（厦门）国际休闲渔业博览会等活动，推动建立平潭国际海岛论坛的持续性、常态化机制，打造服务“海丝”沿线国家和地区的国际化、专业化、便利化平台。依托“海丝科技创新联盟”，支持企业、高校院所与“海丝”沿线国家共建联合实验室、科技创新园和技术转移中心，推动共建海洋

科考合作平台，探索建立联合仲裁机制。以跨境电商综合试验区为载体，推动线上平台建设、线下园区集聚、服务体系提升等重点工作，深化跨境电商监管中心建设，拓展新业务模式。推动21世纪海上丝绸之路海洋和海洋气候数据中心建设，加强与“海丝”沿线国家在防灾减灾、海上应急救援、海洋公共安全等公共服务领域的交流与合作。

二、深化闽台海洋交流合作

党的十八大以来，在“两岸一家亲”理念引领下，一系列惠及广大台胞的政策措施在福建先行先试，闽台经济文化交流合作不断加深，为深化闽台海洋融合发展奠定了坚实的基础。向海图强，在创建海峡两岸融合发展示范区的背景下，以两岸经贸合作畅通、基础设施联通、能源资源互通、行业标准共通为着力点，以通促融、以惠促融、以情促融，进一步优化闽台涉海基础设施联通，强化闽台海洋经济合作，共建海洋生态文明，增进海洋文化交流和情感认同，以实现闽台海洋经济一体化协同发展。

优化闽台港航互联互通。做好以“通”促融，闽台港航联通是海洋融合发展的条件和重要组成部分。积极拓展闽台直接“三通”，健全闽台客滚运输健康长效发展机制，加密海峡两岸航线航班，构建更加密集、更加便捷的两岸往来海上主通道。规范两岸客货运输市场，便利客船进出港手续，提高客滚班轮准班率，提高对台服务水平，打造“三通”服务品牌。推进福建沿海地区与金门、马祖通水、通电、通气、通桥等“小四通”项目建设，加快应通尽通。强化港口航线的国际地位，拓展闽台集装箱班轮航线、滚装航线，推动闽台航线与“丝路海运”及中欧班列对接，打通闽台欧海铁联运物流新通道，打造全球物流中心。探索推进厦金旅游自由行试点直航。

拓展闽台海洋产业融合发展。依托临港工业区，加大闽台海洋产业融合发展力度，在石化、电子信息、船舶、游艇、海工装备、海洋药物与生物制品、海洋能源、医疗康养、金融服务、水产品加工和远洋捕捞等重点领域加强产业合作，建设专业园区基地。积极发挥海峡两岸（福建东山）水产品加工集散基地、霞浦台湾水产品集散中心、泉州惠安台湾农民创业园、福建漳浦台湾农民创业园渔业产业区、平潭闽台农业融合发展（农渔）产业园等平台作用，做优闽台渔业合作。加强福州（连江）国家远洋渔业基地与台湾地区在渔获交易、冷链物流、水产品精深加工等领域开展合作。做大做强厦门对台邮轮始发港，推动福州邮轮旅游发展实验区、平潭对台邮轮挂靠港建设，为闽台产业融合发展提供便利化条件。充分挖掘台湾海峡“黄金水道”潜力，持续发展对台大宗散货中转运输，推动两岸运输业合作，依托商贸航线，提升对台贸易便利。推动平潭离岛免税政策落实，推动平潭与台湾地区在医美、康养、影视、文化等业态融合发展。

推动闽台海洋科技创新合作。推进闽台科技协同创新，支持闽台海洋科技创新及公共服务平台建设，鼓励开展海洋信息、生物技术、新材料、新能源等重大科研领域联合攻关，强化海洋经济发展科技基础，构建优势互补的海洋科技协同创新体系。以海洋科研项目为载体，建立灵活机制，建设闽台科技合作基地，努力打造闽台海洋科技教育、海洋科技创新服务及成果转化等合作研究中心，推进闽台（福州）蓝色经济产业园海洋研发中心建设。以产业发展为导向，推进海洋科技与海洋产业升级紧密结合，促进海洋科技成果转化和产业化，做大做强一批闽台创新型涉海企业。

共建闽台海洋生态文明。发挥对台独特优势，加强海洋资源开发、海洋环境协同保护、海洋综合管理等领域交流合作，共建海洋生态文明。推动台湾海峡资源调查、环境监测、增殖放流活动、“两马”海域海漂垃圾治理和生态环境综合整治等方面紧密合作，维护台海捕捞、运输等生产秩序，为闽台海洋经济可持续发展创造良好条件。推进闽台海洋生态环境及重大灾害动态监控数据共享平台建设，加强在灾害预警、防范、营救等方面的交流合作，建立突发事件沟通协调和联合救助机制，提升海上搜救能力。打造两岸气象融合发展先行区，强化“海上福建”气象保障服务，提高气象防灾减灾救灾能力，加强台风、海上大风、海上强对流、海雾等海洋气象灾害实时监测预报和风险预警，提高海上风电、海洋生态环境保护、海上救援和海上重点工程精细化服务保障能力。

深化闽台海洋文化交流和旅游发展。

闽台两岸同根同源，以闽南文化、妈祖文化、关帝文化为主题的闽台海洋文化交流日益活跃。深化民间基层交流，充分挖掘两岸海洋文化合作潜力，加强宗亲、乡亲、姻亲、民间信仰交流。不断拓展闽台海洋文化交流的广度和深度，除巩固传统的海洋信仰、民俗交往优势，在海洋旅游、海洋文学、海洋文艺娱乐等领域，多层次开展文化交流。持续办好闽台重大交流活动，深化海峡两岸文博

平潭国际南岛语族水下考古遗址公园规划图

会、海峡两岸民俗文化节等重大节庆会展平台影响力，举办海峡两岸书院论坛、闽台同名村镇续缘之旅活动，不断丰富和深化“福建文化宝岛行”内涵。依托两岸文博会、海丝博览会、海峡两岸文创园、台湾科技企业育成中心等平台载体，对接台湾创意设计、演艺娱乐等优势产业，深入推进闽台海洋文化产业领域合作。推进闽台文旅合作先行先试，合作开发渔村旅游试点、休闲渔业旅游试验基地、文创旅游合作示范区等，推进壳丘头考古遗址公园、南岛语族文化村、海坛海峡考古遗址公园建设，加强与台湾文旅相关产业的合作交流。推进闽台青年文化交流，促进亲情、乡情在青年一代扎根延续，扩大闽台海洋文化交流覆盖面和影响力。加强与台籍师生集中的高校合作，共同开展文创赛事、创建“双创”空间以及拓展文化创意、文化艺术等人才培训，提升闽台海洋交流合作水平。

三、拓展海洋开放合作格局

以开放包容、合作共赢的海洋发展理念，在推进海洋国际合作的同时，加强区域合作，拓展开放的广度与深度，在国内大循环为主体、国内国际双循环相互促进的新发展格局中发挥重要作用。立足福建向海优势，服务国家重大战略实施，加强跨省交流合作，积极参与泛珠三角区域合作、闽浙赣皖区域协作，推进区域内山海协作，打造国内大循环的重要节点，构建海洋经济高质量发展新格局。

打造向海开放高地。提升自由贸易试验区、国家级新区涉海功能，建设漳州招商局经济技术开发区、东山经济技术开发区、福清江阴经济开发区、连江经济开发区等涉海经济开发区，扩大鳗鱼、大黄鱼、鱿鱼、虾等传统优势海洋产品出口，推动航运、养殖、修造船等劳务技术输出，加快建设以涉海高新技术产业、海洋战略性新兴产业和现代海洋服务业为支撑的滨海新区和蓝色经济密集区。

发挥国内大循环重要节点功能。发挥区位和资源优势，优化出闽大通道建设，积极融入长三角一体化发展，全面对接粤港澳大湾区建设，扎实推进与京津冀的合作交流，构建国内大循环的重要节点、重要通道，在促进市场循环、产业循环、经济社会循环中发挥更大作用，更好地服务国家重大战略实施。加快建设温福高铁，推进国省干线通道建设，加强福建与长三角地区在涉海基础设施、海洋人才、海洋创新技术和海洋产业等领域对接，开展更加紧密的海洋领域区域合作与融合发展。推动漳州至汕头高铁建设，深度融入粤港澳大湾区建设。积极推动内地与香港、澳门关于建立更紧密经贸关系的安排（CEPA）中货物贸易、投资系统协议在福建落地实施，打造海运物流等对接平台。进一步发挥泛珠三角区域合作机制、香港特别行政区政府驻福建联络处作用，加强基础设施建设，发展多式联运体系，有序承接海洋产业转移，完善贸易物流及涉海金融服务体系，推动福建与粤港澳大湾区实现优势互补、资源共享、成果共用。推进与京津冀的合作交流，进一步完善与北京大学、天津大学等高校合作机制，着力挖掘京津冀旅游市场拓展旅游产业，推动中央企业加大对福建海洋产业发展的支持力度，提升参与海洋经济合作和竞争的新优势。

推进山海一体化区域发展。加强港口功能建设，强化出海通道功能，提升江西、湖南、三明、龙岩、武夷山等陆地港服务功能，支持内陆省份在福建省建设“飞地港”，鼓励中西部省份经福建省港口发展对外贸易，拓展港口发展腹地。推进山海区域协作，深化闽东北、闽西南两大协同发展区建设，充分发挥福州、厦门龙头带动作用，重点完善福州—宁德—南平—鹰潭—上饶发展轴、厦门—漳州—龙岩—赣州发展轴、泉州—莆田—三明—抚州发展轴，开展基础设施建设，促进生产要素自由流动，推动海洋产业合理布局，拓展海洋产品消费市场，健全海洋生态跨地区利益分享和补偿机制，构建高质量的山海一体化区域发展格局，实现优势互补和合作共赢，共同为构建海洋命运共同体贡献智慧和力量。

福建建设海洋强省的名片：“海上牧歌”

海洋兴则福建兴，海洋强则福建强。福建是全国海洋经济大省，也是海洋经济发展试点省份，在建设海洋强国战略中肩负着重要的责任和使命。血液中流淌着“海洋因子”的福建人，不断增强海洋意识，认真做好“海”的文章，着力打造区域发展蓝色增长极。地处沿海的福州、厦门、漳州、泉州、莆田、宁德、平潭六市一区及所属沿海县（市、区），抢抓机遇，积极探索，立足自身优势，深耕蓝色海洋，着力打造“海上福建”重要标杆，唱响了一曲曲绚丽多彩的“海上牧歌”。

福州：奔腾的海洋经济“发动机”

海上福州，是一张高瞻远瞩的宏伟蓝图。20世纪90年代，时任福州市委书记习近平提出了建设“海上福州”战略构想。1994年，福州市委市政府出台《关于建设“海上福州”的意见》，在全国沿海城市中率先吹响“向海进军”的号角。

海上福州，是一种接续奋斗的精神传承。20多年来，历届福州市委市政府一以贯之推动“海上福州”建设。2021年1月，福州出台《坚持“3820”战略工程思想精髓加快建设现代化国际城市行动纲要》，提出打响“海上福州”等五大国际品牌。

海上福州，是一股推动发展的澎湃动力。在“海上福州”建设的持续推动下，福州先后荣获国家海洋经济发展示范区、国家级远洋渔业基地等“国字号”荣誉。2020年，全市海洋生产总值达2850亿元，占地区生产总值比重达28%，水产品产量和产值居全国地级市第一位。

2021年7月9日，福建省推进海洋经济高质量发展会议召开，“海上福州”被新时代赋予新使命。

一、创新驱动、科技赋能，海洋传统产业大步升级

“海上福州”建设之初，最先发力的是渔业养殖、远洋捕捞等海洋传统产业。连江县作为福州市水产养殖的重要区域，一直以建设“海上福州”排头兵为使命。多年来，在“海上福州”建设的强力带动下，连江县海洋经济不断迈上新台阶。

盛夏的福建，随时面临台风的袭击，传统渔业养殖“看天吃饭”。而在连江县筱埕镇定海村的青屿海域，自从一件“养鱼神器”到来后，当地渔民对台风不再“畏之如虎”——这便是2019年4月正式下水的大黄鱼深海养殖平台“振渔一号”。

虽然用途没有航天、深潜那么“高大上”，但“振渔一号”同样堪称“大国重器”，能顶住12级台风的袭击。该平台由上海振华重工集团研发建造，是世界首个深海绿色自动旋转海鱼养殖平台，总投资1500万元，正式下水进行大黄鱼养殖试验后，预计年产大黄鱼100吨，一个平台年产值可达1200万元。

“振渔一号”是福州引入科技力量、创新驱动传统海洋产业升级的缩影。如今，仅仅在连江县，就有“振渔一号”“振鲍一号”等智能化机械化深海养殖项目落地。随着沿海产业发展和海洋生态保护力度加大，近海养殖空间日益缩小，这些让渔业养殖走向深海的大型平台，出现得恰逢其时。

目前，上海振华重工集团在福州专门成立了振华重工海上福州建设有限公司。该公司负责人介绍，已制定“百台万吨”计划，即建造100台“振渔”系列平台，实现10000吨类野生大黄鱼的年产量。可以预见的是，已经成为全国水产第二大县的连江，在推动渔业养殖向深远海进军后，将迎来新的腾飞，为福州国家级海洋经济示范区建设创造新亮点。

炎热七月，在连江县粗芦岛，福州（连江）国家远洋渔业基地正在加快推进。这是继浙江舟山、山东荣成之后，农业农村部批复建设的第三个国家远洋渔业基地，充分体现了福州远洋渔业发展的雄厚基础。实际上，福州远洋渔业的发

展，与"海上福州"战略息息相关，并且随着"海上福州"建设的深入推进，不断成长壮大。

福州宏东渔业是全省远洋渔业的龙头企业。截至2020年底，福建远洋渔业外派渔船总数为600余艘，其中宏东渔业的船队规模达到170多艘。"习近平总书记在福州工作时提出了'海上福州'战略，鼓励有条件的地方发展远洋捕捞。我就是趁着这个东风，在20世纪90年代成立了宏东渔业。"宏东渔业董事长兰平勇原来从事贸易行业，自转型远洋渔业后，在"海上福州"建设的支持下，一步一个脚印，不仅船队规模大，总投资3亿元的宏东海洋生物产业园也已经竣工投产，主要用于海洋生物制品的研发、生产与检测。

战略引领、政策支持、科技助力、创新驱动，让海洋传统产业加速转型升级，推动福州从"海洋资源大市"向"海洋经济强市"跨越。"海上福州"办公室相关负责人介绍，福州将全面做优、做强海洋传统产业，培育宏东、宏龙等海洋经济骨干企业50家以上，打造国家级深海渔业精品加工基地，力争到2025年，全市水产品加工业产值突破700亿元。

二、项目带动、临港崛起，海洋经济实力"强筋壮骨"

随着时代车轮滚滚向前，"海上福州"不再局限于养殖、捕捞等第一产业，开始向工业全面发力，大力发展临港产业。优越的港口条件，成为制胜的关键。

在福建最大的港湾兴化湾北侧，有一个被誉为"全国少有、福建最佳"的天然深水良港——福清江阴港。在"海上福州"建设战略中，打造江阴深水大港，大力发展临港产业，始终是一种必然选项。

2020年3月，万华化学福建MDI产业园落地江阴港城经济区。这是福州市近年来引进的最大化工产业项目，由全球第一大MDI供应商、我国唯一拥有MDI制造技术自主知识产权的万华化学集团投资建设，投产后将补齐福建化工产业短板。

目前，万华项目正在加速建设中。如果从空中俯瞰江阴港城经济区，这种如火如荼推进项目建设的场景，一眼望不到边：投资50亿元的思嘉新材料科技产业园项目落地后，正在建设全球最大规模空间气密新材料智能制造基地，该项目将大量利用万华化学福建产业园的PVC、MDI、TPU等化工新材料，强强联合，打造化工新材料下游终端应用产业链；由三峡集团和福州市共同投资建设的福建三峡海上风电国际产业园，全面达产后年产值预计可达150亿元，带动我国海上风电装备制造水平和创新能力的全面提升，是“海上福州”先进制造业的代表……

将视线北移，同样具备优越港口资源条件的连江可门港，同样掀起了项目强有力带动、临港产业大发展的热潮。由化工新材料行业龙头企业恒申集团在连江可门经济开发区建设的申远新材料一体化产业园项目，总投资400亿元，一期年产40万吨己内酰胺，已经于2017年7月全面建成投产；2018年，启动二期年产40万吨聚酰胺一体化项目建设，达产后将进一步巩固申远全球最大的己内酰胺、聚酰胺一体化生产基地地位。

作为壮大福州临港工业的抓手，申远新材料一体化产业园以商招商，已吸引多家产业链关联企业落户，包括绿色纺织产业园、电子特气、锂电池电解液添加剂等项目。“这批项目落地后，我们将建成以申远年产100万吨己内酰胺一体化项目为中心，产业链上下游同步发展的综合生态园区。”申远公司相关负责人表示。

梳理“海上福州”的临港产业家底，一个个千亿产业集群正在崛起，为海洋经济发展“强筋壮骨”，培育雄厚实力。按照规划，福州市将依托福清江阴港打造世界一流的千亿级化工新材料专区，力争到2025年全市化工新材料产值突破1000亿元；依托连江可门港，打造高端新材料产业基地，力争到2025年产值突破500亿元；依托罗源湾、长乐松下港区，打造绿色高端钢铁产业基地，力争到2025年全市钢铁产业产值突破1500亿元。

2020年以来，福州按照“扶引大龙头、培育大集群、发展大产业”的思路，围绕“百亿企业、千亿集群”目标，为“海上福州”再添新动力。“我们的目标就是做大做强海洋经济。”“海上福州”办公室相关负责人表示，今后将重点培育一批标志性海洋产业、临港先进制造业集群，力争到2025年全市海洋生产总值突破4300亿元，海洋经济综合实力跻身全国前列。

三、内外联动、融入"海丝"，"海上福州"搭建开放合作平台

迈进新时代，"海上福州"建设踏上新征程：2020年，福州GDP突破万亿元大关，为"海上福州"建设提供了更为生机勃勃的腹地资源；2021年1月，福州出台《坚持"3820"战略工程思想精髓加快建设现代化国际城市行动纲要》，提出打响"海上福州"等五大国际品牌，为"海上福州"建设带来了更具含金量的政策支持。

最早从"海上福州"发展战略中受益的宏东渔业，扛着远洋渔业的大旗，成为打响"海上福州"国际品牌的先行军。宏东渔业董事长兰平勇说，"一带一路"倡议给宏东带来了新的发展机遇，企业又迎来了新的春天。

2018年9月7日，中国与毛里塔尼亚签署共建"一带一路"合作文件。宏东渔业在毛里塔尼亚建起了中国最大的境外远洋渔业基地。在这里，码头、冷库、水产加工厂、修船厂、制冰厂等一应俱全，提供了2000多个就业岗位，宏东渔业也成为当地最大的外企。此后，宏东渔业把"毛塔模式"复制到南美洲的圭亚那，投资2500万美元在圭亚那建设了一个集水产品捕捞、加工出口、冷藏及转口贸易于一体的多功能综合产业园区，直接为当地创造300多个就业岗位，同时解决了当地渔民的渔货加工和出口问题。

开放的新时代，"海上福州"将承担起构建蓝色经济大通道、打造开放合作大平台的新使命。近日，海陆马士基"海陆明城"轮在福州江阴港区顺利靠泊，江阴港区再添"海丝"新航线。至此，福州港"海丝"航线已达10条。依托"丝路海运"建设，福州江阴港正朝着国际航运枢纽大港目标迈进，助力打响"海上福州"国际品牌。

"海上福州"建设的国际化，正在为福州海洋经济发展催生出对外合作新业

态、新机遇、新项目。2021年1月，商务部、福建省政府和印尼海洋与投资统筹部正式签署“两国双园”项目合作备忘录。其中，中方以福州元洪投资区为主体，印尼方采用“一园多区”模式，促进以海洋经济、食品轻工等为主的国际产业链分工合作，打造RCEP合作示范区，共建“一带一路”。

7月13日，中印尼“两国双园”贸易先行首批三个海产品冻柜正式运抵福州港江阴港区。这标志着印尼·雅加达—中国·福清“两国双园”海上大通道正式开通。两天后，“两国双园”全球招商推介会举行，共签约16个经贸合作项目，签约金额达922亿元人民币。“海上福州”建设，通过内外联动，迎来史无前例的高光时刻。

（文章来源：《海峡通讯》2021年第8期，作者：卞军凯）

厦门：抢占海洋碳汇制高点

2021年7月，厦门产权交易中心成立了全国首个海洋碳汇交易服务平台，与国内海洋碳汇领域的院士团队合作，将有序构建海洋碳汇方法学体系，创新开展海洋碳汇交易，打造两岸海洋碳汇交流合作的新平台、新机制。

海洋碳汇，又称“蓝碳”，已成为全世界减缓和适应气候变化的重要战略。作为海上花园城市，厦门敢闯敢试，深耕蓝色海洋。厦门产权交易中心还与兴业银行合作，设立“蓝碳基金”，探索开展蓝碳金融业务，进一步发挥海洋经济与绿色经济融合发展的叠加效应，积极探索抢占海洋碳汇制高点。

一、率先迈步，瞄准碳中和下一个风口

盛夏的厦门翔安下潭尾滨海湿地公园，郁郁葱葱的红树林随着海浪静静摇曳。这里是固碳释氧的“城市绿肺”，也是金砖国家领导人厦门会晤碳中和项目所在地。

2017年8月，金砖国家领导人厦门会晤碳中和项目启动，项目通过在下潭尾滨海湿地公园开展红树林造林580亩，在未来20年完全“吸收”厦门会晤期间产生的二氧化碳排放，从而实现零排放目标。这也是金砖国家领导人会晤历史上第一次有计划地实现“零碳排放”。

“厦门市碳和排污权交易中心参与制订了金砖国家领导人厦门会晤碳中和项目方案，这是我们在海洋碳汇方面的首次尝试。”厦门产权交易中心（厦门市碳和排污权交易中心）董事长连炜介绍说。

因海而生，向海图强。厦门拥有海域面积355平方千米、海岸线194千米、

海洋生物近2000种。长期以来，厦门秉持“保护海洋就是保护未来”理念，在加强海洋生态治理方面创造了许多成功经验，在海洋碳汇方面特色鲜明、优势明显。在建设国际特色海洋中心城市的征程中，厦门提出将“率先开展海洋碳汇交易”。

“海洋是地球上最大的碳库，被认为是碳中和的下一个风口。”厦门大学环境与生态学院教授陈鹭真说，人类活动每年排放的二氧化碳以碳计约为55亿吨，其中海洋吸收了人类排放二氧化碳总量的三分之一左右。

2009年联合国《蓝碳：健康海洋固碳作用的评估报告》指出，红树林、盐沼和海草床这三大滨海湿地生态系统在碳中和中扮演着重要角色，具有高效的“增汇”潜力。这三大生态系统的覆盖面积不到海床的0.5%，但其碳储量却达海洋碳储量的50%以上，而且蓝碳的储存周期可达千年之久。

二、敢于创新，“蓝碳+绿碳”释放叠加优势

立足优势，抢占风口。如果说金砖国家领导人厦门会晤碳中和项目是厦门在海洋蓝碳领域的一次试水，那么全国首个海洋碳汇交易服务平台的设立，则是厦门向海洋蓝碳领域迈出的坚实一步。

“厦门市委市政府高度重视这一项工作，金圆集团也给予了全力支持。海洋碳汇交易服务平台设立目的在于集聚要素。”连炜表示，作为厦门先行先试的创新探索之举，平台以金融赋能，推动落地应用，创新开展蓝碳交易，实践开发蓝碳投融资产品，通过绿色金融理念与海洋蓝碳经济的融合，争取打造加快实现双碳目标的新平台、新机制。

加速海洋碳汇交易，首先是推动标准的制定。目前，海洋碳汇交易服务平台正与国内海洋碳汇领域的院士团队合作，积极开展海洋碳汇标准制定工作，陆续构建红树林、海草床、盐沼、渔业等海洋碳汇方法学体系，逐步探索建立陆海联动增汇模式。

在连炜看来，日益火热的蓝碳风口下，厦门主动作为、敢闯敢试，跻身国内海洋碳汇探路者“第一梯队”的底气和竞争力，来自多年来在绿色低碳产业发展、财政金融政策创新方面的先行先试。

2021年，在联合国《生物多样性公约》第十五次缔约方大会（COP15）执行委员会指导下，由生态环境部宣传教育中心等单位主办的联合国生物多样性COP15平行活动在厦门举行，厦门产权交易中心（厦门市碳和排污权交易中心）对本次活动进行了碳中和，成功实现了国家“双碳”战略与联合国生物多样性工作融合发展。

“厦门在全国碳中和领域走在前列，已经创造了多个‘第一’。”世界自然基金会高级顾问丁莹说。

建设低碳发展“试验田”，厦门发起设立了全国首个绿碳财政金融服务联盟，从“政策端＋资金端＋资产端”出发，打通“投资＋融资＋交易＋服务”各环节，为绿色低碳产业链全流程提供财政金融综合服务；组建全国首个海洋碳汇交易平台；设立全国首个碳中和集成服务平台；签订全国首个跨区域碳中和服务合作协议；发布全国首份《个人助力碳中和行动纲领》；设立全国首个“蓝碳基金”，用于引导企业与个人客户践行碳减排，推动海洋经济发展，通过蓝色碳汇助力碳中和。

如今，厦门在探索绿色低碳财政金融扶持体系方面的起跑优势已然显现，“绿碳”携手“蓝碳”，将释放出更多叠加效应。

三、用足优势，贡献蓝碳经济厦门力量

以绿色金融为切入点，以全国首个海洋碳汇交易服务平台为核心，进一步提升与金融机构的集成合作，厦门于近日发布《绿碳联盟三年行动纲领》，提出将发挥厦门海洋经济优势，探索创新金融服务，助力厦门蓝碳经济发展。

连炜表示，发展蓝碳是实现碳达峰、碳中和目标的需要，可以推动海岸带保

护修复工程和生态海堤建设，同时促进海洋经济的创新发展，也是贯彻落实省委省政府关于探索海洋领域如何发展绿色金融，做好金融服务海洋绿色产业发展指示的具体举措。

推动海洋产业低碳发展，厦门开启了由厦门金融局、人行厦门中心支行、厦门银保监局、厦门证监局四个部门共同支持的绿色融资企业（项目）建库认证工作，该项工作由厦门产权交易中心承担标准编制、建库认证，预计于2021年底完成，将通过认证引导更多企业和资源进入海洋碳汇交易领域。

下一步，厦门探索海洋碳汇的步子还将迈得更实。厦门产权交易中心将举办蓝碳高端论坛，围绕海洋碳汇技术、海洋经济发展等议题开展专业研讨，为蓝碳经济贡献“厦门智慧”。同时，还将开展海峡两岸蓝碳学术研讨，探索两岸海洋碳汇交流合作新的路径和机遇。

“碳达峰、碳中和目标的实现离不开财政和金融的支持，气候投融资是实现双碳目标的重要动能，也是我国产业结构化转型中协同增效的重要抓手，希望形成财政金融领域助力双碳目标的长效机制与厦门样板。”生态环境部宣传教育中心副主任何家振建议，依托厦门市碳交易中心构建区域性气候投融资产业促进中心，并建立全市统一的企业碳账户集中登记体系。同时希望厦门充分发挥海洋经济区位优势，进一步推动全国首个海洋碳汇交易平台的发展，在蓝碳交易领域先行先试，构建具备国际水准的海洋碳汇方法体系。

（文章来源：《海峡通讯》2021年第8期，作者：林丽明、廖丽萍）

漳州：“漳州造”驶向“深蓝”

近年来，依托海域面积广、海岸线长、海洋资源丰富的优势，海工装备、海风装备产业在漳州加快崛起。随着海洋经济进入新发展阶段，“漳州造”正积极拓展“蓝色经济”新空间。

一、依海而兴，海工崛起

2021年12月，全世界最大的用于海上风电安装的3000吨绕桩式起重机成功交付启东中远海运海洋工程有限公司，待在风电安装船上完成集成安装后，将出口欧洲投入运营。而这一起重机就出自位于漳州开发区的豪氏威马（中国）有限公司。

豪氏威马（中国）有限公司是世界海工巨头豪氏威马集团全球最大的生产基地，主要生产海上起重机、海底铺管设备、海上石油钻井设备等产品，在漳州扎根17年以来已累计交付近300台套海工及其他特种设备。“海工装备产业依海而生，漳州有天然深水良港，而且地处东南沿海航运要道，目前我们拥有380米的长码头及2600吨码头移动式起重机，海船可以直接抵达生产基地，使我们设计建造的海上工程设备在船上更快捷地完成安装调试，也方便出口。”该公司销售总监介绍，目前公司订单充足，生产线正加足马力生产。

绵延28千米的海岸线、17个码头泊位、近20条国内外货运航线，年吞吐能力达4600万吨以上……依托港口优势，漳州开发区吸引了豪氏威马、中信重工等知名海工企业落户，并向高端化、定制化不断迈进。福建省最大的集装箱设计及制造基地——漳州中集集装箱有限公司也在此积极向海探索。“在自身生产经验、技术优势的基础上，我们研发出作为海上石油钻井平台生活区的模块建筑产品，可在工厂预制后进行搭积木式组装，好比在海上建一套房子，并配备内部地板、保温材料、管路、水电、家具等，满足海上作业人员的生活需要，可直接拎包入住。”漳州中集集装箱有限公司总经理说。

该公司是中国国际海运集装箱（集团）股份有限公司的全资子公司，有近20年的集装箱生产经验。因受货物进出口业务波动影响大，公司从2016年开始在原有标准集装箱业务的基础上，通过生产线改造、技术人才培养等软硬件提升，探索特种集装箱、集成装备的研发生产，成为拥有各类定制化产品的“集装箱超市”。在2021年投入2000万元的基础上，该公司2022年计划继续投入6000万元用于技改升级。

“海工生活区模块建筑产品的需求是个性化的，对安全性要求也高，如需要具备抵御海上大风、地震、高盐雾等自然灾害的侵蚀等功能，完成产品研发、方案设计、生产制造等环节，至少要8个月到1年，技术难度更大，但相较于传统集装箱业务，效益翻番。”据介绍，近两年，漳州中集自主研发制造的海工生活区模块建筑产品远销俄罗斯、马来西亚等地，也标志着公司实现向高端“智造”突破升级。

二、海上风电，觅得良机

近年来，随着海上风电产业加快崛起，不少先进制造业企业利用技术优势，大力挺进海上风电市场，将装备制造能力应用到海上风电装备制造上，觅得新机。

走进位于漳浦县六鳌半岛的福建福船一帆新能源装备制造有限公司，工人忙着为4月至10月的海上风电设备安装作业黄金期赶制订单。在公司的码头堆场上，一根根长达100米、直径8米多、重逾1600吨的单桩已组装完毕，待交付后，将被打入距海平面几十米的海底深处，使风力发电机组牢牢扎根海床。“海上风电整机主要包括风电主机、叶片、塔筒及桩基础等大型构件，其中，塔筒及重型钢结构制造是我们的主营业务。这一业务拓展与我们原有造船业的技术、人才、管理经验能更好地衔接。”该公司副总经理介绍说，福船一帆是福建省船舶工业集团有限公司的权属企业，公司前身主要建造船舶分段模块及其相关配套产品。前些年船舶市场持续低迷，公司开始筹划转型升级。因看好福建海上风电产业的发展前景，公司引入央企三峡集团助力，通过增资扩股、技改升级，建成总投资13亿元的福建海风装备制造基地及配套重装码头，年产能达25万吨。目前，公司以海上风电金属构件制造为主、陆上风电塔筒制造为辅，同时承接船舶分段模块、化工装备压力容器、海工起重装备主结构等多元业务，已成为我国东南沿海最大的海上风电重型装备制造企业，产品辐射周边，并远销海外。2021年，公司实现产值17亿元。

在豪氏威马（中国）有限公司，海上风电相关业务也在快速增长。近年来，海上风电产业加快崛起，海上风电装机容量、尺寸、自重越来越大，市场对于海上风电专用安装设备的需求急剧增加，要求也越来越高。豪氏威马紧跟市场需求，不断对产品进行更新迭代，自2015年以来，全球最大的海上风电安装起重机都在这里设计、建造，且可实现全自动、数字化操作。在海上风电产业快速发展的推动下，目前海上风电安装起重机占据该公司起重机业务约80%的份额。而订单情况显示，在“双碳”机遇下，近两年，国内市场对于海上风电安装起重机的需求也在上涨，业务量占比由过去的不足5%逐步上升到约10%。

三、打造国内最大的海马养殖基地

漳州东山处于东海与南海交汇处、闽南渔场的中心，特别适合海水养殖业的发展。目前，东山加快养殖结构调整，逐步开发湾外10—30米浅海区域。扶持和引导企业向深水网箱养殖发展，加快海水养殖方式转型升级，养殖走向高大上。

海马是一种很名贵的中药材，传统海马来源一直是靠捕捞获取，伴随着野生资源日益减少，海马已被列为国家二级保护动物。为了满足市场对海马的需求，东山县加大力度扶持海马养殖业，协调金融部门对海马养殖户发放低息贷款，扶持养殖户采用钢架大棚进行养殖。

“我们公司最早引入400对海马进行养殖技术研究，东山县给出优惠的扶持政策，并协助引进技术人才。目前公司成立由5名博士组成的科研团队，2017年实现年产海马干制品一吨，销售额超过600万元。”绅蓝生物科技有限公司董事长兼东海水产研究所研究员介绍说，现东山县已发展海马养殖户共25家，养殖池690个左右，成为国内最大的海马养殖基地。

一直以来，东山的水产养殖户注重打造质量品牌，东山逸源水产科技有限公司董事长介绍，他所选送的石斑鱼多次获得漳州市举办的鱼王赛“鱼王”称号，产品畅销国内外，供不应求。2016年，公司养殖的一批货值7.37万美元，约2.1万尾珍珠龙胆石斑鱼鱼苗在东山检验检疫局监管下，由活水运输车运往越南，踏上“一带一路”之旅，成为全国首次出口石斑鱼鱼苗的企业。

（文章来源：《福建日报》2022年3月29日，作者：黄如飞、苏依婕、许小燕、柯智勇）

泉州：宋元中国的世界海洋商贸中心

2021年7月25日傍晚，福建福州，随着第44届世界遗产大会审议现场落锤声响，“泉州：宋元中国的世界海洋商贸中心”正式成为中国第56处世界遗产。

泉州，位于我国东南沿海，与海相伴，向海而生，有着上千年的海外交通史，是古代海上丝绸之路的起点之一。10至14世纪，中国历史上的宋元时期，泉州港以“刺桐港”之名驰誉世界，成为与埃及亚历山大港媲美的“东方第一大港”。

历经千年，宋元中国世界海洋商贸中心遗存在泉州仍然得到精心呵护，活化利用。进入新时代，“一带一路”倡议赋予这些遗存新的活力，也给泉州带来新的机遇。“宋元时期，多种文明在泉州交流碰撞，交流互鉴，和谐共生，美美与共，这对于今日的世界仍然是重要启示。”泉州申遗文本负责人傅晶说。

一、梯航万国的刺桐古港

洛阳桥，耗银千万两的宋代超级工程至今人来人往，显示出交通运输的畅通；尾林窑址，山坡上层层叠叠的古代瓷片，可以管窥生产规模的庞大；草庵摩尼光佛，世界海洋贸易中心强大的文化包容力跃然纸上……

走进泉州22个遗产点，至今能触摸到宋元泉州从生产运输到销售贸易、从山区腹地到沿海平原、从多元社群到城市结构的多元繁荣景象。

“这些遗产点构成了一个复合型系统，在10至14世纪是世界上非常先进的。”傅晶说。

走进泉州石狮市的石湖码头遗产点，岸礁上千年前挑夫搬运货物的石阶依然清晰可见。不远处，高约36米、为宋元时期泉州港“潮声帆影”指引方向的六胜塔傲然耸立。它们共同见证了古代泉州港最为繁盛辉煌的时刻。

“当时泉州市场的消化能力、转运能力、辐射能力都很强，客商在这里可以采购到任何他需要的货物。”泉州石狮市博物馆馆长李国宏说。

据记载，元代时与泉州通航贸易的国家与地区近百个、进口商品种类达330多种。在泉州这个国际商贸中心，商人们来时装载香料、药材、珠翠、布帛等大量“蕃货”，去时还可载满陶瓷、丝绸、茶叶、铁等“中国制造”，往返贸易，利润往往十分可观。

著名旅行家马可·波罗在游记中对当时泉州港的繁荣赞叹不已，还在书中专门计算了泉州港的贸易收益问题。

有人销售，有人购买。有人运输，有人管理。“涨海声中万国商”的盛景背后，是国家和地方对海洋贸易发展的重视，是强大的制度保障、生产基地、运输网络与多元社群共同作用的结果。

北宋中央政府在泉州设立了市舶司，也就是海关，泉州成为国家级对外窗口。中外商人在泉州做生意得到制度和法律的充分保障。

“比如，外国商人在交易或生活过程中发生什么意外状况，可以得到外商财产保全等涉外法律的保驾护航。”李国宏说。

在他看来，“中国人走向深蓝，探索未知世界，走出去请进来，泉州不是最早的，但在宋元时期是做得最成功的”。

历史悠久的世界海洋贸易，在10至14世纪迎来了又一次异彩纷呈的繁荣期，形成了大航海时代前的“首个世界体系”。

身处这一体系中的泉州，是其中的佼佼者。它不仅仅是一座繁荣的海港城市，更是当时世界各国人民共建共享的世界级城市平台。大批来自阿拉伯、波斯、印度等地的商旅、使者陆续定居泉州，呈现出“市井十洲人”的繁荣景象。不同习俗和文明和谐共存、相互交融，也造就了泉州开放、多元、包容的城市气质。

傅晶表示，宋元泉州最独特的价值，就是形成了一种区域整合、多元繁荣的独特发展智慧和卓越成就。这种杰出的社会发展智慧让泉州成为国际学术界广泛认可的10至14世纪能够代表世界的典范城市。

二、历久弥新的半城烟火

泉州古城，中式古厝与南洋骑楼交错林立，充满了浓郁的闽南风情。这里也是泉州遗产点分布最为密集的区域。此次6.41平方千米的古城全部作为遗产保护缓冲区，这在全国文化遗产项目中并不多见。

“这意味着，整个泉州古城内新建、扩建、改建项目都将受到严格限制。”泉州市申遗办副主任吕秀家说。

此前，国际专家来现场考察时，感叹泉州古城很宝贵，格局肌理很完整、遗产非常丰富，建议把古城全部纳入缓冲区，以便让古城今后可以更好地保护下去。

这番建议得到泉州市委市政府积极响应。

“泉州的老百姓从古至今都有爱护遗产、保护遗产的自觉性。”吕秀家举例说，泉州府文庙在清代就立了示禁碑，不允许摆摊设点；洛阳桥同样也立有示禁碑，要求附近的窑厂不能靠近开挖。

泉州的城市更新，也在小心呵护古城这难得的烟火气。

为了提升泉州古城人居环境，近年来，泉州对多条街巷实施改造提升，改善居民生活环境却不过多影响他们，不采取大拆大建或盆景式开发，而是大力推行“微改造”，让古城“见人、见物、见生活”。

泉州古城办项目建设组副组长谢永明说，古城原来的建筑，有的基础设施老化，有的存在功能缺失，改造主要是提升古城的排水排污、电力电线、立面改造等基础设施，让古城更宜居。“对城市建设者来说，这种‘微改造’属于‘自讨苦吃’，却保障了城市文脉的活态传承。”

最早示范“微改造”的金鱼巷，效果已经显现：街道两侧的建筑风貌保持不变，但密如蛛网的电线下地了，地下管网铺设了，功能设施焕然一新。

“我在古城长大，夏天喜欢坐在戏院门口柱子的莲花瓣上，很清凉。戏院对面的屋顶开满蓝花楹，跟花的毯子一样。”谢永明说，改造后的老城，依然带着温馨的旧时模样。

文化遗产保存的完整性是成为世界遗产的一个必要条件，获评世界遗产又会进一步增强本地居民的文化自豪感。泉州市文旅局文保科副科长李庆军认为，这种自豪感会加强社会凝聚力，有利于让文化遗产保护得更好。

三、美美与共的千年回响

泉州涂门街，这条长约千米的古街上，清真寺、关岳庙、文庙比邻而居。很多外地人初到泉州，往往诧异于这一文化上的和谐。而泉州本地人对此却习以为常。

“10至14世纪，泉州创造了一个多元、开放、共享的典范城市。如今，多元、开放、包容依然是泉州这座城市的底色。” 泉州海外交通史博物馆副馆长林瀚说。

“宋元时，来自阿拉伯、波斯、印度等地的外国人不仅仅做贸易，他们对泉州这座国际化港口城市也有很深的认同感。”泉州晋江市博物馆陈埭回族史馆馆长丁清渠说，创造泉州港奇迹的、讲述泉州港故事的，不仅仅是泉州人、中国人，千年前所有居住在泉州的人都是泉州荣耀的参与者。

在泉州海外交通史博物馆，一幅大型手绘《刺桐梦华录》生动再现了宋元泉州港的多元共融景象：熙熙攘攘的码头上，身着各色服饰、不同容貌的商旅百姓，或忙碌或游戏，和谐交融。

这一繁荣景象，如今仍在延续。站在六胜塔旁眺望，不远处便是泉州港石湖码头，港区的保税物流中心（B型）7月初刚刚封关运营。这种比保税仓库、出口监管仓库开放性更强的监管方式，将有力提升泉州港的贸易便利化和国际竞争优势。

作为联合国教科文组织确定的古代海上丝绸之路起点城市，泉州市正在全力推进21世纪海上丝绸之路先行区建设。2021年上半年，泉州市外贸进出口1248.1亿元，同比增长55.3%。“十四五”期间，泉州将建设“公铁海空”一体的海丝国际物流中心，连接中国中西部地区和“一带一路”共建国家和地区。

（文章来源：新华网2021年7月25日，作者：郑良、邰晓安、许雪毅）

莆田：扬帆深蓝，耕牧海洋

莆田市湄洲湾北岸经济开发区集中开展海上养殖转型升级行动，建立“一品一码”可追溯机制和赋码销售体系，推动传统零散养殖向规模化设施化智能化养殖转变，以海洋经济赋能乡村振兴。

伏季休渔期结束。连日来，北岸经开区各渔港码头恢复了忙碌景象，一批批新鲜的水产品陆续上岸，采购海鲜的商贩和市民们纷至沓来。

近年来，北岸经开区依托丰富的海洋资源优势，精心谋划经略海洋这篇大文章，加快实施海上养殖设施升级改造行动，落实落细渔业安全生产举措，推动渔业绿色健康高质高效发展，实现渔业多产、渔民增收、渔村添彩。

一、升级渔业设施，推进绿色养殖

2021年8月31日，罗屿海域海面上，蓝黄相间的全塑胶养殖渔排、深水抗风浪网箱和筏式吊养浮球集中连片，为平静的海面增添了生趣，这是莆田市盛宏养殖技术有限公司的海上三倍体生蚝养殖实验基地。2020年12月，这批环保渔业设施全新亮相，替代了原有的海产养殖设备。

该公司主要从事鲍鱼、三倍体牡蛎、海参等水产品养殖、批发、零售、初加工及生物研究，在罗屿海域建设三倍体生蚝实验基地项目，建有10口深水抗风浪养殖网箱、500口全塑胶养殖渔排和4.15万粒筏式吊养浮球，总投资3100万元。

科技兴渔、质量兴渔。2021年7月，《北岸经开区海上养殖转型升级行动方案》出台。该方案提出，在全区集中开展海上养殖转型升级行动，到2022年底，通过全面淘汰传统养殖浮球，将全区670公顷贝藻类筏式养殖泡沫浮球升级为环保型塑胶浮球，将1万口传统养殖渔排升级为环保型塑胶养殖渔排或深水大网箱。2021年底前完成总任务数的40%以上。

“传统养殖设施多由泡沫、木板打造，在渔业生产运输过程中，容易产生大量海漂垃圾，难以整治。”区海洋与渔业局负责人介绍，2021年以来，该区持续优化渔业产业结构，促进渔业产业转型升级、提质增效。在全区2家渔业企业试点建设的基础上，持续加大设施渔业项目投入，全面推广水产养殖设施升级改造。同时，强化近岸海域污染防治和海漂垃圾综合治理，全面开展水产养殖入海排放口核查，统筹推进执法巡查和清理整治，推动实现渔业绿色健康发展。

二、形成工作合力，强化安全监管

2021年8月底，北岸经开区海洋与渔业局、农业农村局拉网式检查水产养殖领域，集中查处生产、进口、经营和使用伪劣水产养殖用兽药、饲料和饲料添加剂等违法行为，保障产地水产品质量安全。该区加强部门联动，形成工作合力，持续强化海洋渔业安全监管。

渔业安全生产，事关渔民群众根本利益和社会发展稳定大局。2021年以来，北岸经开区坚持渔业船舶（企业）经营者自查、行业检查、政府督查，强化安全生产监管执法，开展全区水产养殖用投入品专项整治三年行动，推动船东（长）和渔业企业落实主体责任，构建风险分级管控和隐患排查治理双重预防工作机制，健全完善水产养殖用投入品监管机制，建立“一品一码”可追溯机制和赋码销售体系。目前，已组织开展7次渔业船舶安全大检查大督查行动，对全区82艘渔船全覆盖检查，发现隐患4条，整改4条，整改率100%。

数字化改革为渔船出海作业装上了“防护网”。为解决海上商渔船碰撞“难防”问题，区海洋与渔业局开展防范商渔船碰撞专项攻坚行动，加强与海警、海事等相关部门沟通合作，采取针对性的措施遏制商渔船碰撞事故发生。该区要求辖区渔船严格落实GPS、AIS和北斗卫星系统等定位设备始终开启并正确使用，同时把好船员关，招聘合法持证且具有基本海上应变、求生能力的船员上岗，要求所有船员熟练掌握船用气胀式救生筏、紧急无线电示位标和搜救雷达应答器等救生设备，筑牢海上作业安全之基。

三、创新特色模式，助推乡村振兴

2021年8月19日，集美大学水产学院教授翁朝红、谢仰杰等组成的专家服务队来到北岸经开区开展水产养殖调研及现场技术指导，这是2021年省科技特派员再次到该区“传经送宝”。

近年来，北岸经开区坚持把科技特派员制度作为科技创新人才服务乡村振兴的重要工作之一，坚持人才下沉、科技下乡、服务“三农”，通过科技特派员深入基层开展产业调研及技术服务活动，帮扶合作社、养殖户（企业）掌握科学技术，推广科技成果。目前，该区共有各级科技特派员27名，其中省级科技特派员6名、市级科技特派员6名、区级科技特派员15名。

丰富的海洋资源优势，成为推动北岸经开区经济社会发展的重要引擎。该区聚焦乡村振兴大局，依托生蚝、鲍鱼、对虾、牡蛎、紫菜、海带等特色产业，着力培育现代渔港经济区，引导养殖户发展附加值高的特色养殖业，大力打造紫菜、美国帘蛤等特色养殖品牌。其中，美国帘蛤出口量、出口产值均位居全省第一。

聚焦新型农业经营主体培育和现代种业创新，该区实施吉城海区应用环保型塑胶养殖渔排及网箱升级，利用物联网、云计算、大数据等高新技术武装水产养殖，推动传统零散养殖向规模化设施化智能化养殖转变，激活沿海乡村振兴“大动脉”。

（文章来源：《湄洲日报》2021年9月3日，作者：陈祖强、陈琛、陈强）

宁德：建设"水清滩净、鱼鸥翔集、人海和谐"海湾

福建省宁德市海域面积4.45万平方千米，海岸线长1046千米，约占全省三分之一。近年来，宁德市十分重视生态环境保护，注重社会、经济、生态三者效益的协调。宁德市在"开发三都澳、建设新宁德"过程中，大力探索海洋环境综合治理新模式，由单一行政手段向综合运用法律、政策、经济、行政手段转变；由单个部门"条块分割"向多个部门"齐抓共管"转变；由单一注重环境质量改善向协同促进社会经济高质量发展转变，走出了一条产业发展与生态环境保护协同并进的新路子，海上养殖综合整治被列为中央生态环保督察"督察整改看成效"典型案例和全国水产养殖高质量发展绿色典型案例，销声匿迹近30年的中华白海豚再现宁德海域，"水清滩净、鱼鸥翔集、人海和谐"的"美丽海湾"逐步呈现。

一、强化顶层设计，下好海洋环境保护"先手棋"

宁德市以高度的政治站位和强烈的责任担当，奋力推进海洋生态环境保护。

一是突出党政主抓，坚持高位推动。市党政"一把手"一线部署攻坚，现场协调解决难点热点问题；将海洋环境保护指标纳入地方党政领导生态环保责任书，严格考评约束；市生态环境、海洋渔业、自然资源等部门建立常态化沟通会商机制，实行"四不两直""十天一通报"等制度增强工作合力。

二是建立风险清单，划定责任边界。市委市政府出台宁德市《领导干部履行经济及生态责任主要风险防控清单》，细化八大类风险类型、69个责任事项和206个常见问题，涵盖领导干部履行经济和生态责任多发易发风险点，明确"哪些可

为、哪些不可为”，明确划出履责警示线。

三是注重依法行政，强化制度保障。市人大颁布实施三都澳海域环境保护条例等地方性法规，市政府印发海上养殖设施升级改造实施方案、海水养殖水域滩涂规划、专项资金管理办法等一系列制度规范，明确“哪里可以养、养什么、怎么养”，为规范水产养殖、保护海洋环境夯实制度基础。

四是细化网格管理，实施精准管控。建设全市海上养殖网格化管理系统，实施养殖属性和空间信息“一张图”管理，划定县、乡、村三级网格，确保权责清晰、责任到人；开展军地联合监督，海事、港口、海洋渔业等部门联合驻地海军部队对港口、航道、军事用海区域实行常态化、不间断管控。

二、强化系统治理，打好海洋综合治理“组合拳”

宁德市实施三都澳海域环境综合整治“1＋N”工作方案，系统推进海洋环境治理。

一是推进海上养殖综合整治，奏响“海上田园”新乐章。做好“控、清、转、管”：“控”就是依法关停非环保养殖设施生产企业，源头阻断非环保养殖设施下水；“清”就是开展“千人作战”“百日攻坚”，全部清退禁养区内的养殖设施；“转”就是规范持证养殖，将“泡沫浮球＋木板”养殖设施全部升级改造为环保塑胶养殖设施；“管”就是坚持网格化管理，实行县级日巡查、市级周巡查，全年不间断、海域全覆盖。综合整治以来，累计投入资金47.72亿元，清退和升级改造渔排142.7万口、贝藻类养殖55万亩。

二是强化海漂垃圾治理，建立“海上环卫”新机制。实行“源头减量—海上清理—堆场转运—岸上处置”全链条治理，建立海上养殖区生产生活垃圾收集转运制度，定点设置垃圾集中回收设施，统一收集垃圾上岸，新建垃圾转运堆场27个。由市属国有企业成立专门海上环卫机构，配备人员180余名，船只32艘，统一负责清理打捞海漂垃圾。对打捞垃圾实行回收再利用为主、无害化处理为辅。

三是开展入海排污口排查整治，建立排污监管“一张图”。坚持“有口皆查、有水皆测”，采用无人机航拍初排、徒步踏勘核验等方式，对全市1046千米岸线和必要的上溯范围全面排查，排查总长度约5000千米，摸排出各类入海排污口2308个，绘制排污口“一张图”，为开展入海排污口分类整治、规范管理夯实基础。

四是强化海上综合执法，构建海洋生态环境“安全网”。出台《进一步加强协作配合依法保护环三都澳近岸海域生态环境的意见（试行）》等制度，设立海上违规养殖举报中心，建立常态化巡查监管、联合执法和办案机制。实施“蓝剑”“亮剑”等专项执法行动，2020年查处渔业及非法倾废案件17起，核查海域使用疑点区域21个，有效推动问题整改。

三、注重渔旅结合，念好海洋经济发展“山海经”

宁德市围绕推进“渔旅结合”新业态，全力念好“山海经”，种好“山海田”，画好“山水画”。

一是突出规划先行。制定《宁德市三都澳海上渔业与旅游融合发展规划》，深入挖掘浓厚的旅游特色文化，充分利用提升改造后的养殖设施，建设生态休闲渔业示范区、“休闲渔业＋生态旅游”乡村振兴富民实践区。

二是打造特色品牌。大力建设集海水养殖、渔耕体验、海洋观光、科普教育为一体的休闲海洋渔业示范综合体，将丰富的海洋旅游资源和浓厚的渔业文化内涵相结合，形成以霞浦为主的国际滩涂旅游摄影品牌，打响“中国十大风光摄影胜地”“中国最美滩涂”等品牌。

三是典型示范带动。福安市建设宁海村、北斗都村“海上田园，多彩渔村”，福鼎市建设小白鹭海滨度假村，霞浦溪南七星海域新型“海上牧场”成为2020“我们的中国梦”文化进万家——中央广播电视总台“心连心”宁德慰问演出地。

四是延展产业链条。在全国率先出台港湾塑胶养殖设施建设工程技术规范，构建港湾塑胶养殖设施技术体系。在全省率先组建塑胶产品质量检验中心，促成36家新型养殖设施生产企业落地。在全国率先推出海上养殖设施险和产品质量险，构建金融信贷、渔业保险、质量管控、验收管理等服务保障体系，不断做大做强上下游产业链条。

（文章来源：人民网2021年10月15日，作者：林燊、魏然）

平潭：“海上风电”让电从海上来

习近平总书记在福建考察时强调，要坚持系统观念，找准在服务和融入构建新发展格局中的定位，优化提升产业结构，加快推动数字产业化、产业数字化。

风能是平潭的优势资源。近年来，平潭综合实验区“化风为宝”，积极抢占行业“新风口”，紧紧抓住风能资源禀赋，精准定位、就地开发，加快促进风电项目落地，培育壮大风能产业链，初步形成了以海上风电开发项目为龙头、拓展风力发电上下游产业、完善风能产业配套的风能产业链体系。平潭还积极推广风运动产业，举办国际风筝冲浪节等大型赛事，探索风电旅游开发和风运动产业融合发展新路，积极打造“海西风能之都”。

一、因地制宜，培育产业链

漫步平潭长江澳风车田，一台台巨大的风力发电机矗立在山峦之中，远远望去，犹如白色风车随风转动，场面蔚为壮观。

这是长江澳风电一期项目，装有10台来自西班牙的600千瓦风力发电机组，于2000年10月投产，开创了福建省风力发电商业化运行的先河。2007年，项目二期工程向丹麦引进的50台2000千瓦风力发电机组全部建成并投入运行，年均发电量3亿千瓦时。

长江澳风力发电，是平潭全方位开发利用风能资源的生动例证。目前，平潭已建成长江澳风电一期、长江澳风电二期、平潭青峰风电场等4处陆上风电场，总装机容量21.88万千瓦。

平潭地处台湾海峡与海坛海峡之间的突出部，“狭管效应”显著，这为平潭“刮”来了取之不竭的风能资源。据统计，平潭多年平均风速每秒可达8.4米以上，年有效风速每秒4.5—25米，且每年长达200多天风力达7级以上，是当之无愧的“风能宝地”。

眼下，全球风电产业步入发展黄金期。如何将资源优势转化为产业发展优势，实现“驭风”而行？

瞄准行业“新风口”，平潭有着更为生态、更为智慧的发展思路——坚持以创新、协调、绿色、开放、共享五大发展理念为核心，推动风能产业由资源换资金的短期模式向资源换产业的长远方向转变，借助大型国企、社会资源、龙头企业等优势，不断加大开发力度，做足风电产业链大文章。

在发展陆地风电的同时，平潭还将目光投向更宽广的“深蓝”，在建包括长江澳海上风电、大练海上风电等4个海上风电项目，合计拟安装102台风电机组，总装机容量达45万千瓦。此外，平潭外海海上风电场一期（10万千瓦）项目，也已列入2021年预备重点项目。“上述项目建成后将填补平潭海上风电的空白，实现风电产业海陆齐发。”平潭综合实验区经济发展局发改处负责人郭子圣说。

创新引领产业发展。在平潭，发展风电装备制造业成为推动风电产业高端化、集群化发展的有力抓手。

就在前不久，通尼斯风力发电机研发生产基地一期厂房建成，预计项目一期可在2022年下半年投产。项目一期投资3.8亿元，主要建设6兆瓦风电试验机、实验室及海上型风力发电机中试车间、生产基地等，一期项目达产后，预计年产风机20台，年产值可达6亿元。

据通尼斯新能源科技有限公司董事长张远林介绍，公司已与50余家企业达成合作，由公司开发的V型海上风电机组已获得国家专利40余项，10兆瓦级垂直轴海上风电机组已列入国家能源局第一批能源领域首台（套）重大技术装备项目名单和国家开发银行的调研推动计划项目，目前已在青岛开展风机试验，将推动平潭海上风电走向深远海。

二、以“风”引“凤”，搭建大平台

2021年8月16日，在国家税务总局平潭综合实验区税务局办税服务厅，中闽（平潭）风电有限公司财务人员陈灯辉正在办理增值税税收优惠政策。“2020年以来，公司减免增值税750万余元。此外，公司还享受所得税‘三免三减半’优惠，平潭青峰风电场一期、二期项目累计减少缴纳企业所得税6800多万元。”陈灯辉说。

由中闽（平潭）风电有限公司负责投资建设和运营管理的平潭青峰风电场，项目一期共24台单机容量2兆瓦的并网型风力发电机组、二期18台单机容量3.6兆瓦的并网型风力发电机组，均已投产发电，投产以来每年上网电量近4亿千瓦时。

近些年，平潭高度重视风电产业发展，力图将风电打造为新的产业名片，加快发展风能产业。引风必先筑巢。平潭综合实验区先后出台《鼓励扶持产业发展的实施办法》《关于加快风能产业发展的实施意见》等文件，从财税优惠、创新奖励、扶持上市、用地保障、人才支持等方面加大风能产业发展的扶持力度，助力风电产业“迎风而上”。

得益于政策的精准发力，平潭风电产业规模平稳增长，技术和商业模式稳中有进，突出问题有序解决。数据显示，仅2020年，平潭风电产业产值3.4亿元，同比增长51%；年发电量约7.03亿千瓦时，同比上升54%。

“在服务配套领域，我们还积极引进中船黄埔正力海上风电施工运维基地、风博物馆等一批产业层次高、带动能力强的项目，瞄准东南沿海海上风电运维市场，致力于将平潭打造成为区域海上风电运维基地。”郭子圣说。

根据规划，至“十四五”末，平潭将完成投资200亿元，建成总装机容量达100万千瓦的风力发电场，实现年税收10亿元以上，打造产业链配套完善，产业融合颇具特色，形成区域性乃至全国性的风能产业服务中心。

平潭亦有意借助风电项目建设促进文化旅游资源的开发，实现二、三产业联动发展：积极开发风电与旅游相融合的旅游产品，大力引进风力发电研发、设计、试验、运维、人才培训等风电服务型企业；挖掘风文化资源，推广风运动产业，举办国际风筝冲浪节、国际帆船赛、全国风筝精英赛等大型赛事，打造“海西风能之都”品牌，助力平潭国际旅游岛建设。

（文章来源：《福建日报》2021年8月21日，作者：王凤山、张哲昊、林霞）

马尾：“蓝色聚宝盆”

春节临近，马尾名成水产品批发市场进入节前繁忙阶段，种类繁多的海鲜大量上市，不少市民“组团”前来“淘海鲜”。水产批发商们忙碌着制作订单、打包装箱，冷藏运输车运载着一箱箱海鲜前往全国各地。这里是亚洲最大的水产品批发市场，水产品种类达300余种，年交易量超300万吨，年交易额超300亿元。

因海而荣，拓海而兴，马尾扎实推进国家骨干冷链物流基地建设，深入实施“海上马尾”海洋经济高质量发展三年行动，向海图强，打造“蓝色聚宝盆”。

2020年7月，马尾区入选国家骨干冷链物流基地建设名单，是首批17个国家骨干冷链物流基地之一，福建省唯一，更是全国仅有的3个水产品类的骨干冷链物流基地之一。这份“国”字级荣誉缘何花落马尾？今后这个基地将如何打造？对于马尾高质量发展有何重大意义？记者带着这些问题进行了调查。

位于闽江入海口的马尾，自古就是福州的水上门户，傍水而生，依水而兴。新中国成立后，省海洋渔业公司、水产公司等都设立在马尾。发展至今，马尾在全区已初步形成覆盖上、中、下游的完整冷链产业链。举个例子，马尾人在印度洋打捞起一条鱼，回到马尾有专用的远洋渔货装卸码头卸货，经马尾海关检验检疫通关后，入冷库冷冻，进行精深加工，再放到市场批发交易，全过程辅之以冷藏车运输。马尾在远洋捕捞、海关检验检疫、入冷库冷冻、精深加工、批发交易、冷链物流运输全过程中，都有傲人的优势。

一、远洋捕捞：拥有全球最大的远洋渔业捕捞船队，年捕捞量世界第一

马尾拥有全球最大的远洋渔业捕捞船队——福州宏龙海洋水产公司船队，以

及福建省平潭县远洋渔业集团有限公司等多家远洋捕捞龙头企业注册在马尾。马尾远洋渔船遍布各大洋——在非洲海域，马尾人建起我国在海外占地面积最大的渔业基地；在印度洋，马尾人开着渔船捕捞深海鱼……其船只数量、吨位、年捕捞量均为世界第一。

“马尾还是闻名全国的远洋渔货集散地和远洋渔需物资补给地，在马尾注册的远洋渔船占全国的十分之一，全国70%以上远洋渔船在这里卸货、停泊、修理和补给。”马尾区发改局相关负责人介绍。

二、口岸设施及通关服务：拥有省内唯一的专业远洋渔货装卸码头、一流的海关检验检疫能力

马尾依港兴区，千年古港马尾港为国家一类开放口岸，现有码头泊位23个，其中万吨级码头泊位12个，航运直航30多个国家和地区。2020年建成投用的闽安山水码头能够靠泊5000吨级的船舶，成为省内唯一已建成的专业远洋渔货装卸码头。

马尾区在古代、近代、改革开放这三个时代，都是引领开放之先，特别是改革开放以来，马尾区外向型经济迅速崛起，外资外贸一度占全市之首。马尾海关处在改革开放的最前沿，经过30多年的发展，已具备成熟的通关检验能力，沿海省份渔船在境外捕捞的渔获都喜欢经马尾海关通关，顺利便捷进入国内市场。

2020年12月，马尾设立了全市唯一的进口冷链食品监管仓，对从福州各港口码头提柜离港并在福州辖区内存储、销售、加工的进口冷链食品集中进行外包装消杀和抽样核酸检测，为全市冷链食品进口企业提供一站式便捷防疫服务。

在福清经营一家水产品公司的余老板和记者算了一笔账：“我们捕捞船在太平洋捕捞回来的鱿鱼，在江阴港卸货后，要通过陆运运往马尾批发，再运回福清。5吨的货车来回160千米要花费近千元，成本暴涨。”相较之下，马尾通过又方便，青州港距离批发市场不足两千米，就连亭江的闽安山水码头距海关也仅有

7000米，货运成本的差异一目了然。

三、冷藏设施：拥有近百万吨冷库库容，占全市70%、全省35%

近年来，马尾大力推动冷库设施连片布局，已建成冷库28座，总库容84.1万吨，2021年新增库容8.7万吨，目前已有近百万吨冷库库容，占全市70%、全省35%。

近日，记者获悉，马尾重点冷链物流项目——正福超低温冷库项目（一期），经过一年多的建设，顺利通过马尾海关验收，拿到了项目运营的最后一个通行证，将于春节后正式启用，最低温可达到零下70℃，可年储藏、加工超低温金枪鱼等高端水产品近万吨，是现有国内第二大超低温冷库，福建省内现有最大最先进的超低温冷库。

超低温冷库最大可能地保证了高端食材的口感。“为确保营养成分不大量流失，金枪鱼、剑鱼这类鱼捕获后必须在船上现杀，并采用零下60℃立刻冻结。像正福这类的超低温冷库将让马尾福州市民今后尝鲜中高端海产品变得越来越便捷。”据上述区发改局负责人介绍，马尾正致力建设一批多层低温全智能化、具备国际领先标准的冷库，加快在马尾形成规模化、智能化冷藏设施集群，正福超低温冷库项目（一期）、中交—汉吉斯冷链枢纽暨跨境电商项目等低温冷链项目备受瞩目。

四、精深加工：拥有省内最大的鱿鱼加工基地，日加工近百吨水产品

鱿鱼头、鱿鱼须、鱿鱼圈、泡椒鱿鱼……你可能注意不到，平时我们购买的鱿鱼系列产品，可能都出自马尾企业——福建坤兴海洋股份有限公司，坤兴海洋如今已是福建省最大的鱿鱼加工基地，其生产加工车间具备日产系列产品近百吨

的能力，以冰鲜水产品和水产深加工制品为主的两大系列产品达70多个品种，畅销国内外。

在马尾，水产品产业实现一产接二连三。以名成、百鲜、坤兴、东盛等龙头企业为主体，集聚了海文铭等规模以上水产品加工企业17家，年产值超80亿元。其中，闽洋深加工的即食海蜇不用冲泡，开袋即食。海文铭研发了即食佛跳墙，公司的自动化生产线，将鲍鱼、海参、墨鱼等食材通过加工变成半成品，年产300万份冷冻佛跳墙，产品销往海外市场。

马尾持续推动华冷冷链加工二期、深海时代二期等一批水产加工项目建设，下一步将大力推进水产品一二三产品牌建设，至2023年，创建名优品牌30多个，拓宽水产品加工的广度和深度。

五、商贸流通：拥有亚洲最大的水产品交易市场、集散地

前两日，在三明永安包办乡村酒席生意的厨师老郑，夜半时分驱车300多千米来到亚洲最大的水产品交易市场——马尾名成水产品批发市场，购买了十几箱的海鲜，清晨返回准备当天的喜宴。像这样的往返，老郑一年里要跑至少几十趟。让他不辞辛苦奔波的理由只有一个："马尾的水产新鲜又便宜，很值!"

在连江养殖鲍鱼的黄老板，每天一车一车将收成的鲍鱼运至名成市场交易，记者问其缘由，他说："马尾名成市场的名号响亮，货品在这里卖得好。"

据统计，在名成批发市场内交易的水产品种达300余种，年交易量达300多万吨，年交易额超300亿元人民币，占全国海洋渔业生产总值的9%，规模位居全国前列，可保障福建省70%以上的水产品消费需求，辐射全国多个省份及东南亚市场。

马尾名成水产批发市场还建成全省首个水产品安全"一品一码"可视化追溯平台，实现水产品"源头可溯、去向可追、风险可控、公众参与"的安全追溯，打通了水产品监管"最后一千米"。

六、物流运输：拥有全省最多的冷链运输车辆，配送网络辐射全国

一辆辆冷链运输车从马尾出发，运送着马尾的水产品前往全国各地。

马尾汇聚了一批冷链物流配送企业，形成辐射全国冷链物流配送网络。目前区内拥有冷链物流配送企业42家，冷链车辆近2000辆，运输物品以海鲜类冻品、活鲜为核心，涵盖家禽、肉制品、果蔬类农产品等。

值得一提的是，马尾区企业——福建省正福冷链物流有限公司目前正在研发超低温冷藏运输车，当前在测试阶段，预计2023年推出。此项研发将填补国内超低温运输的空白，完善高端水产品运输链条，促进冷链产业进一步发展。

（文章来源：福州新闻网2022年1月28日，作者：章盈旖）

连江：连海连世界，向洋向未来

作为中国水产第二大县、中国鲍鱼之乡、中国海带之乡，国务院首批沿海开放县份之一，坐拥238千米绵长海岸线，连江的发展与海洋密不可分。进入新时代，海洋更是推动连江高质量发展超越的强劲引擎。

近年来，凭借得天独厚的海洋资源，连江推动一二三产融合发展，蓝色经济助推城市发展高颜值，更刷新着连江向海而行的新高度："振渔1号""福鲍1号""泰渔1号""定海湾1号"等深远海机械化养殖平台助推现代渔业升级；全国第三个国家级远洋渔业基地落户，当前正在粗芦岛紧锣密鼓建设中；可门港港区拟打造千亿产业集群、千亿港口，以申远新材料为龙头的临港产业群挺起发展脊梁；环马祖澳滨海旅游区加速崛起，筱埕镇入选2020年福建"全域生态旅游小镇"，闽台旅游产业合作再添新亮点。

"十三五"期间，连江立足现有资源禀赋，不断夯实发展支撑、增强发展后劲，在推动高质量发展上闯出新路子；进入"十四五"，连江以更加坚定的担当作为，夯实海洋经济底盘，倾力打造"海上福州"桥头堡。

听！在连江广袤的海洋新牧场上，耕波犁浪新牧歌正唱响……

一、创新驱动，现代渔业提质增效

连江海域面积达3112平方千米，水产品总量居全国第二、全省第一。如何打好渔业牌？连江首先以创新驱动高质量发展，引领渔业机械化革命作答。

乘着"海上福州"的东风，连江向海淘金，"振鲍1号""振渔1号""福鲍1号"相继启用，开拓了全省海洋养殖产业高质量发展的新路径，也为中国渔业现代化提供基层实践论证。

风从海上来，创新因子向内扩散。连日来，连江黄岐镇福建鑫丰船业公司内，机器轰鸣、焊花四溅，连江县本土企业研发的深远海海鱼机械化养殖平台——“定海湾1号”即将完成浮箱合龙和桁架建设，待调试好通信、电路、电气及监控设备后，即可入海造“牧场”。

2020年11月中旬，连江首个本土企业自主研发的深远海养殖平台“泰渔1号”建造完成并下水，接下来还将有7个养殖平台陆续在定海湾和黄岐湾海域安家。

创新驱动，让连江渔业从近海走向远海、从粗放走向精细，高效智慧的养殖方式和广袤的发展空间让连江海上“良田”愈发肥沃，前景一片光明。

在粗芦岛，福州（连江）国家远洋渔业基地核心区母港一期项目正在加紧建设，朝着建设三产融合发展的千亿现代渔业产业集群的目标迈进。

福州（连江）国家远洋渔业基地2019年6月获得农业农村部批准建设，是继浙江舟山、山东荣成之后全国第三个国家级远洋渔业基地，为连江全力打造服务全省、辐射全国乃至世界的远洋渔业集散地又打开一扇门。

“基地总体建成后，可实现总产值约200亿元。”基地建设指挥部负责人表示，力争经过9年建设发展，年靠泊服务远洋渔业及相关船舶达600艘，远洋生产量40万吨，远洋渔获进关量100万吨，实现福建省远洋渔业产量、产值新突破，助推全省远洋渔业全产业链高质量发展。

做好经略海洋这篇“大文章”，连江还着重培育海洋战略性新兴产业，进一步增强海洋科技创新能力。

“开工喽！”生产的号角吹响，充溢着大海味道的胶原蛋白粉从全自动生产线输送下来。2020年5月，一度因疫情沉寂的宏东海洋生物产业园重现活力。

宏东海洋生物产业园为宏东远洋渔业产业园一期项目，位于连江浦口镇东浦工业园区，总投资3亿元，对海洋资源进行高值化开发，研发、生产海洋硫酸软骨素保健品、鱼油制品、磷虾制品、生物钙及其他海洋多肽和多糖类等。“一期全部投产后，将年产100吨硫酸软骨素和200吨胶原蛋白。”宏东海洋生物产业园有关项目负责人陈燕介绍，硫酸软骨素、源丰鲍鱼精深加工两个项目已投产。其中，硫酸软骨素项目为海洋经济创新发展区域示范项目，主要利用软骨鱼鱼骨，研发生产海洋硫酸软骨素及胶原蛋白，实现蓝色海洋产业链的延伸；源丰鲍鱼精深加工项目主要是帮助解决连江鲍鱼产业发展的瓶颈和短板问题，主要加工产品为冻鲍、干鲍和休闲食品，全面投产后可以解决连江20%的鲍鱼加工需求，提高连江鲍鱼产业的定价权和话语权。

未来，宏东计划整合远洋渔业资源，整合周边较为松散的水产业供应链资源，形成强有力的现代渔业产业集群，助力连江渔业产业实现转型升级。

二、全域视角，滨海旅游方兴未艾

连江向海、碧海银滩，238千米海岸线串起定海湾山海运动小镇、黄岐国家中心渔港、安凯奇达摄影基地等滨海风光；马祖环海、海天一色，36个美丽岛礁串起南竿聚落、北竿壁山、东莒灯塔及蓝眼泪、地中海岸等海岛风情。

“到连江走走，去马祖逛逛，4.8海里，25分钟！”2015年12月底开通以来，“黄岐—马祖”航线成为环马祖澳旅游区的纽带。短短25分钟航程，为两岸人民探亲访友、旅游观光搭起一座便捷的桥梁，推动两岸共建“一日生活圈”。

从福州市区出发，沿着滨海大通道一路驰骋，约1小时后便来到“福州最美海湾”——连江筱埕镇定海湾。渔夫集市是筱埕非常具有滨海特色的交易市场。这里每天营业额达2万元，是当地村民的“钱袋子”，也是游客喜爱的海鲜集市。

前不久，筱埕镇入选2020年福建“全域生态旅游小镇”，这意味着，“吃、住、行、游、购、娱”在这个滨海小镇可轻松实现：白天，游客可以在“牡蛎之乡”蛎坞村，当个惬意的“海钓客”；或到“中国水下考古摇篮”定海村，逛逛富有福建特色的定海古城。傍晚，到“中国海带之乡”官坞村，体验灯光诱捕鱿鱼；或到定海的海鲜大排档，品尝现捞现煮的海鲜。夜晚，休憩在定海湾山海运动小镇或者渔夫岛的特色民宿。返程之前，在蛎坞渔夫集市采购新鲜上岸的生蚝和小鱿鱼。

在连江县大力支持下，筱埕以滨海特色旅游为突破口，加快建设高端滨海度假旅游区、海洋体验休闲旅游区、古城文化旅游区、滨海农业观光旅游区、海洋特色商贸旅游区，全力推动全域旅游发展。

窥一斑而知全豹。当前，连江以入选首批省级全域生态旅游示范县为抓手，积极整合黄岐半岛和闽江、敖江入海口沿线旅游资源，打造环马祖澳滨海旅游区，建设海洋特色小镇，打造融“游马祖、逛黄岐、赏茶山、观闽江、泡温泉”于一体的旅游名县及“海洋会客厅”，助推全域旅游迸发蓬勃生机与活力。

三、“链”式效应，临港产业筑起生态圈

连江龙头产业脉搏强劲，临港产业集群成链，通过激发“链”式效应，可门港区已建成全球最大的己内酰胺生产基地，千亿级园区“航母”蓄势崛起。

在连江可门经济开发区申远新材料一体化产业园，申远二期年产40万吨聚酰胺一体化项目正在加紧建设，其中1条年产20万吨己内酰胺生产线已投产。

龙头舞，龙身动。申远的稳定生产带动上下游产业链协同发展。距离申远二期不远，申马环己酮二期项目建设现场一派火热景象。该项目是延伸申远己内酰胺产业链的重要环节，亦是申远产业园的重要组成部分。项目现场负责人介绍，申马二期2020年6月正式动工，截至目前已完成桩基建设，进入土建施工阶段。生产己内酰胺下游产品聚酰胺的聚合装置已于2020年四季度投产，绿色纺织产业园项目即将动工……一环紧扣一环，产业园内，整条产业链在加速奔跑。

通过大项目带动大产业，恒申在推进项目建设的同时，以商招商，吸引上下游多家企业落户园区，为连江“抓龙头、铸链条、建集群”提供强大引擎。日前，恒申集团代表15家全球重要合作伙伴与长乐区、连江县签订10个重点产业项目组团投资协议，总投资达160亿元，项目建成投产后，恒申集团将新增产值247

亿元。

“这批项目落地后，我们将建成以申远年产100万吨己内酰胺一体化项目为中心，产业链上下游同步发展的综合生态园区。”恒申集团相关负责人表示，集团将实现从单个产业链到产业生态圈建设，从单打独斗到携手全球合作伙伴共同投资，从化工化纤到高端新材料发展的转变，力争在“十四五”期间实现产值破千亿、市值破千亿、营收破千亿的“三个千亿目标”，助力福州市产业转型升级。

蓬勃的发展力量也在连江西北经济区涌动。路网、水网、电网、防洪排涝网等基础设施建设大会战如火如荼，力求在最短时间内补齐短板，吸引更多大项目、好项目落户。

连江经济开发区管委会常务副主任叶万斌介绍，园区内产业大道、区间路、兰云路、沿溪大道等路网正加速推进，同时打造一座日供水量2.5万吨的水厂、6千米长的污水管网、一座220千伏变电站，整治建设7条河道溪流，以及平整7500亩土地等。

连江西北经济区地理位置优越，南北端分别设有飞石互通、丹阳互通，南靠福州绕城高速、东靠沈海高速，新、旧104国道过境。黄金位置发挥“黄金”效应，园区已吸引正祥农产品现代物流园、普洛斯（连江）物流园等5个物流项目落地，福州物流城也有望落户，为连江布局现代物流产业再添浓墨重彩的一笔。

（文章来源：人民网2021年1月5日，作者：林文婧、叶建隆）

石狮：破局港口生态体系建设

以项目为抓手，以政策为牵引，石狮多年接续推动完善港口生态体系。

一、做大港口经济，以港促产兴城

挖掘港口优势，更好经略海洋，壮大港口经济。2021年以来，石狮抢抓"双循环"、"一带一路"、RCEP市场开放等机遇，放大市场采购、预包装食品出口、保税物流、跨境电商政策叠加效应，立足"大交通、大港口"发展思路，加快构建"产业—物流—港口—航运—市场"全链条生态体系，聚力推动"港产城"融合发展，赋能"现代化商贸之都"建设，助推石狮高质量发展。

二、项目攻坚，提升港口发展能级

近年来，石狮始终高起点规划、大手笔建设，推动港口泊位扩容，不断完善港口集疏运通道，全力提升泉州港中心港区的战略地位和能级。

目前，石湖港5号、6号泊位项目中，5号泊位水工主体已完工，6号泊位水工主体将于2022年3月底完工；华锦码头4号泊位扩建工程，计划2022年第二季度开工建设。同时，以"一省一港"为契机，石狮正积极对接、推动省港口集团入股并参与石湖7号、8号、9号泊位项目建设及运营，目前已达成合作意向。

以解决外贸企业转关申报、二次运抵及"同关区转关"货物种类限制和二次查验等问题为抓手，2021年以来，石狮交通港口、商务、海关等部门还强化联动，谋划打造泉厦"组合港"，并协调海关探索优化监管流程，推进"陆改水”、内外贸“同船运输”等业务模式，着力打通出口“最后一公里”，带动更多“泉州货走泉州港”。

近三年来，石狮还投入近50亿元，先后建成泉州一重环湾快速路石狮连接线（一期）、共富路、锦蚶路、锦江外线、锦尚外线等港口集疏运通道，实现港口与主要工业区、开发区、科技园区顺畅连接，推动港城联动发展。

三、精准扶持，壮大港口物流经济

近年来，石狮始终强化政策引领带动，扶持外贸航线培育、鼓励水运企业扩大运力规模，做大做强港口物流经济。

外贸航线培育方面，从2019年起，石狮每年投入3200万元，推出“一线一策”个性化扶持措施，培育壮大菲律宾（马尼拉）、越南、泰国等东南亚近洋航线和对台直航航线，加快融入“丝路海运”，扩大“一带一路”外贸“朋友圈”。同时，优化监管方式，对海关查验未发现问题的外贸企业予以免除吊装移位等仓储管理费用。2020年以来，在抓好港口疫情防控工作的基础上，石狮持续巩固培育成果，推动航线运营稳步提升。2021年，全市外贸集装箱吞吐量达6.66万标箱，同比增长29.7%；其中出口3.74万标箱，同比增长41.2%，外贸集装箱吞吐量、出口量均创下历史新高。

新增运力方面，石狮持续鼓励水路运输企业将外挂船舶回迁该市、壮大企业发展规模。2021年，全市新增水路运输企业2家，新增水路运输船舶19艘/43.02万载重吨，总投资12.36亿元，位居泉州各县、市第一位。2022年新春伊始，又有3艘共20.1万载重吨的散货船下水，实现一季度航运业“开门稳”“开门红”。

四、集聚发展，完善港后服务配套

多年来，石狮还围绕打造智慧港口生态体系，积极布局港后物流园区，完善提升港后综合服务配套。

目前，石湖港保税物流中心（B型）已正式封关运营，可发挥保税仓储、国际物流配送、进出口贸易和转口贸易、出口退税等九大优越功能；泉州港石狮航运中心春节前夕裙楼已封顶，建成后将引导区域口岸管理部门入驻集中办公，为港区物流企业提供“一站式”便捷服务，提高通关效率。此外，石湖港区停车场、港区配套加油站分别计划于2022年一、二季度开工建设。

（文章来源：《泉州晚报》2022年2月25日，作者：康清辉、李荣鑫）

诏安：探索牡蛎产业“生态＋”模式

牡蛎是福建省最大宗的水产养殖优势特色品种。2019年，全省牡蛎养殖产量201.3万吨，位居全国首位，占全国牡蛎总产量的38.5%。然而，在牡蛎养殖业发展过程中，牡蛎壳固体废物未能得到有效处理等问题，也严重影响牡蛎产业的绿色高质量发展。

作为诏安县的特色产业之一，该县积极探索牡蛎产业“生态＋”模式，破解牡蛎壳处理难题，大力发展牡蛎壳回收再利用产业，探索出了一条资源化利用、生态化发展的可持续发展道路。

近年来，诏安县牡蛎产业加快发展，已经成为重要的特色产业，但牡蛎产业在带来经济效益的同时，每年产生多达15万吨以上的牡蛎壳，既占用农村土地，也严重影响人居环境。为此，诏安县积极探索牡蛎产业“生态＋”模式，大力发展牡蛎壳回收再利用产业，促进牡蛎产业接二连三发展，探索出一条资源化利用、生态化发展的可持续发展道路。2020年9月，诏安县成功获评“中国生态牡蛎之乡”。

一、化零为整，集中式转运

诏安县政府出资在沿海乡镇规划建设35个牡蛎壳集中收集转运点，再根据各镇村牡蛎加工点集散程度的不同，因地制宜采取定点收集和零散收集相结合的方式，最后统一转运到牡蛎壳综合利用加工企业。比如四都镇全额出资，对牡蛎壳采取定点堆放，再统一转运；梅岭镇加工点较为分散，当地政府与牡蛎加工点分别出资，统一聘请第三方公司零散收集后再行转运。通过集中转运处置，较好地解决废弃牡蛎壳随地堆积、直接焚烧、倾倒入海而造成的环境污染问题，也大大减少占用土地及海域面积。

截至目前，诏安全县已成功处理牡蛎壳固废垃圾30余万吨，有力保障乡村生态振兴。

二、变废为宝，资源化利用

按照生态化发展要求，诏安全力打造牡蛎壳资源化利用产业，实现对牡蛎壳的生态化再利用。积极促成相关企业与中国科学院、自然资源部第三海洋研究所、日本东京大学等高校和科研机构进行技术合作，让牡蛎壳作为原料转化成土壤调理剂，变废为宝，改变长期以来牡蛎养殖产业伴生的脏、乱、差窘境，彻底解决牡蛎壳污染问题，成功探索出一条牡蛎壳生态化再利用道路。同时，利用牡蛎壳制成新型生物源土壤调理剂，近年来已累计修复国内酸性土壤、受重金属污染耕地面积近150万亩。

2021年诏安全县继续加大推进牡蛎壳生态化再利用项目，将全县废弃牡蛎壳处理能力提升至25万吨，将可以吸纳周边地区的废弃牡蛎壳转运进来利用处理，为区域性生态环境保护贡献力量。

三、接二连三，融合性发展

诏安全县牡蛎养殖面积4.8万亩、年产量31.6万吨，产量居全省第一，年产值达20亿元以上，小牡蛎正在逐步孕育出大产业。

诏安按照工业化理念产业化思维，大力发展牡蛎加工业，目前全县有牡蛎加工企业118家，加工能力30万吨以上。特别是引进的福建玛塔生态科技公司，2019年产值达0.56亿元，累计贡献税收840万元，已成为国家高新技术企业。

牡蛎产业的发展壮大也带动了相应服务业发展，目前，诏安已成功举办了“牡蛎文化节”系列活动，设计出“蛇美丽”“蛙强壮”等文创产品，以及“印象牡蛎湾”等网红打卡地，进一步延伸牡蛎产业链，有力增强牡蛎文化底蕴。

（文章来源：东南网2021年4月8日，作者：诏安县融媒体中心）

秀屿：用好海资源，做好海文章

莆田市秀屿区做大做强现代渔业，注重绿色发展，开展海上养殖设施升级改造行动。2020年渔业经济总值超过65.844亿元。

2020年，全区水产品总产量达57.7985万吨，比增4.3%；渔业产值63.2515亿元，比增4.5%；加上渔业服务业收入，2020年渔业经济总值超过65.844亿元，完成“十三五”规划的65亿元目标……数据显示，秀屿区渔业经济发展迅速，继续保持全市第一。

近年来，秀屿区充分发挥区位资源优势，大力发展安全、生态、高效、优质、品牌渔业，调优渔业经济结构，保护海洋资源环境，推进海洋渔业经济与海洋生态文明协调发展。

一、推进现代渔业建设，大力构筑“蓝色粮仓”

秀屿区海域面积2800平方千米，海产品养殖面积201平方千米，是海产品养殖大区，是全省鲍鱼、海带、龙须菜的主要养殖基地。截至目前，该区有鲍鱼养殖约3万口，共3亿粒左右，产量8860吨，占全省10%；海带养殖面积40.2平方千米，产量80万吨，占全省的25%；龙须菜养殖面积20.1平方千米，产量13.5万吨，占全省30%。建成汇龙、海发2个省级鲍鱼养殖标准化示范区，引进“鲁龙1号”龙须菜、巨藻、绿盘鲍、三倍体牡蛎、斑石鲷等新品种。

平海湾是莆田市唯一独立拥有的大型海湾，水质优良，沿岸滩涂多为沙质，适宜在沿岸建设标准化育苗场、繁育名优双壳贝类苗种。依托这一优势，该区将平海湾建成全国双壳贝类主要育苗基地，发展贝类育苗场9家，育苗面积4万多平方米。

发挥靠海优势，该区积极打造渔港经济示范区。建好平海一级渔港，打造集休闲垂钓、特色餐饮、观光旅游等为一体的“渔人码头”。2021年，平海渔港入选全国文明渔港，为全省唯一。

该区还组织实施省级海洋产业发展示范县项目43个，分3年实施，涉及养殖海域环境整治、海产品加工、海洋养殖、海洋捕捞和美丽渔村建设等领域。

为拓展深海养殖空间，该区水产技术推广站和省水产研究所合作建设全国首座小型全潜式可升降刚性深水网箱项目，在南日岛东岱码头及附近海域下水，有效解决传统海上养殖装备抗风浪性能低、人工喂养成本高、养殖作业效率低等痛点，实现养殖生产的集约化、装备化。“目前已在该深水网箱内投放5000公斤大黄鱼，探索仿野生养殖模式，从目前试验情况看，成效明显。”秀屿区海洋与渔业局水技站站长严志洪介绍，今后3年内计划再建设30座深水网箱，发展深远海绿色养殖，实现水产养殖提质增效和渔业现代化。

值得一提的是，该区在全省首创建设南日北港风电养殖融合发展项目，既有助于解决渔民群众失海再就业问题，也将助推南日海洋牧场生态养殖基地的建设。

二、引进新技术新模式，发展绿色高效产业

记者昨在秀屿区埭头镇武盛村的鸿康水产科技有限公司水产养殖基地看到，工人们忙着将活鳗鱼装箱发往客户手中。

该基地引进全省首个可控生态水产精养新技术项目，通过改善鳗鱼养殖设施，构建良性循环的养殖水体，解决传统鳗鱼养殖过程中出现的水环境质量恶化、病害频发等问题，达到节水节能、减少用药或不用药的绿色生态养殖目标。

据鸿康公司负责人陈文太介绍，该项目是福州大学生物科学与工程学院应用生物技术研究所教授、硕士生导师、博士袁重桂团队的研发成果，已取得多项国

家发明专利和实用新型专利证书。公司引进该技术，就是希望能彻底改变传统水产养殖靠天吃饭的模式，提高水产养殖的科技含量和经济效益。该项目自投入以来，陆续投放了40万尾鳗鱼苗。从目前长势来看，预计首批可产成鱼100吨，每公斤售价80元，实现一年回本创收。

"这个项目采用新技术，既节水又高产，其工厂化、集约化的管理模式值得推广。"采访中，严志洪表示，各地对生态环境保护工作日益重视，产业绿色发展成为一个绕不开的话题。而水产养殖业是用水大户，水产养殖尾水排放问题也备受关注。在保证生态效益的前提下，将水用好、用活，是当下渔业转型升级绿色发展中一项任务。

为此，秀屿区积极引导养殖户探索循环水节能养鱼模式，还指导海清水产养殖有限公司引进石斑鱼循环水育苗养殖技术，利用高位池塘养殖石斑鱼。目前，一期已建成一座1200平方米现代化养殖工厂。

"工厂里安装了一套价值800万元的全自动循环水处理设备，可以对水质实现过滤净化、自动消毒、自动检测的功能。"昨日，海清水产养殖有限公司负责人陈国藏介绍，工厂化循环水养殖中的废水，可以通过净化后再返回养殖区使用，实现养殖废水的零排放，也避免了传统池塘养殖造成的水污染。

该公司于6月中旬先行投放了2万尾石斑鱼苗进行试验养殖，通过循环水养殖，如今石斑鱼已长至6厘米以上，成活率达到95%。陈国藏说，公司已订购了首批4公斤约40万粒的石斑鱼卵，计划于7月上旬到货，后续也将陆续引进多批鱼卵进行育苗。预计一年用水仅400吨，将大大节约用水成本。

三、启动升级改造，打造海上"绿水青山"

连日来，秀屿区沿海各镇渔业站组织人员进渔村、上渔排，开展海上养殖设施升级改造行动再宣传，讲解政策法规。与此同时，结合前期两轮摸底调查，该区组织人员加快对全区海上养殖设施现状信息核查，并对升级改造需求情况进行统计、录入。

为推进水产养殖业绿色高质量发展、保护海洋生态环境，围绕省、市部署，秀屿区第一时间行动起来，起草《秀屿区海上养殖转型升级行动方案》，广泛征求意见，计划于近期出台。

据秀屿区海洋与渔业局局长吴惠雄介绍，过去，由于养殖设施的落后和无序养殖，带来了养殖密集、空间挤压和环境污染等问题，养殖业面临转型升级。2021年起，全区集中开展海上养殖转型升级行动，计划将2.77万口传统养殖渔排升级为环保型塑胶养殖渔排或深水大网箱，将32700平方米海域贝藻类筏式养殖泡沫浮球升级为环保型塑胶浮球。其中2021年完成总任务数的40%以上；2022年全面完成升级改造总目标任务。

实施海上养殖设施升级改造，既是产业转型升级的必然要求，也是生态环境保护的现实需要。早在2019年，秀屿区就开始在南日海域推广塑胶渔排，取代传统的泡沫塑料渔排。塑胶渔排不仅环保，还耐用、抗风浪，为海上养殖打造了一个个坚固的“避风港”。截至目前，已在该海域完成980口传统养殖渔排改造。

该区还引进国家重点龙头企业海源实业有限公司在埭头镇箬杯岛海域投资建设约10平方千米三倍体牡蛎（生蚝）养殖科技示范基地，浮力设施全部使用塑胶浮球。和传统的泡沫浮球相比，这种塑胶浮球利用环保绳索组成浮筏，让生蚝生长在较浅的海水中，以浅表藻类和浮游生物为食物，可以避免投喂带来的二次污染。

吴惠雄表示，接下来，该区将把养殖设施升级改造作为养殖业转型升级的突破点，引导养殖户主动改造塑胶养殖设施，推动海上养殖实现绿色、健康可持续发展。

为打造海上“绿水青山”，建设海洋生态文明，近年来，秀屿区加快推进南日海洋牧场项目建设，其中人工鱼礁（1—7期）项目已全部完工，累计投资4600万元，投放礁体构件7.39万空立方米，使用海域面积7.24平方千米。在鱼礁区及周边海域持续增殖放流鲍鱼、双线紫蛤、石斑鱼、黄鳍鲷、黑鲷等种苗1200万尾，鱼礁区生物多样性水平明显提高，社会和生态效益逐步显现。2018年，南日岛海洋牧场获批成为全省首个国家级海洋牧场示范区。

该区还积极开展海洋生态修复工作。2016年以来，共下达海漂垃圾清理整治资金208万元，对石城和平海一级渔港及南日镇的重点养殖区开展环境整治清理工作，优化提升渔业环境。由海洋渔业、生态环境、海警、海事等执法机构联合加强岸线和海域突出生态环境问题专项排查整治，促进水产养殖绿色健康发展。

（文章来源：《湄洲日报》2021年7月2日，作者：林英、吴志军）

霞浦：海带苗成“网红新宠”

在福州的超市和农贸市场，产自霞浦的海带苗以优质的口感和丰富的营养，受到广泛欢迎。

近年来，霞浦县着力进行农业供给侧结构性改革，海带苗产业迅速崛起。2021年，霞浦海带苗产量（盐渍）2.5万吨，产值约3亿元。

一、从网红新宠到新兴业态

海带苗又叫海带芽、小海带，原是养殖户用来培育大海带的，分苗后用不完的就拿去喂养鲍鱼或销毁。2019年，部分养殖户尝试将剩余的海带苗作为食材进行加工，并在网上出售，一经上架即被一扫而空，成了网红直播新宠。越来越多海产品加工厂、养殖户加入其中，快速形成了海带苗生产和贸易新业态，激发出巨大的市场空间。

从事海带销售的霞浦县盐田乡人苏林森告诉记者，作为火锅绝配，海带苗在西南、西北一带卖得很火。2019年，他专门承包了300亩海域，养起了海带苗。“我们的海带苗主要销往四川、重庆、陕西等内陆地区的火锅店，价格在每吨1.8万元左右，2019年共收入2000多万元。”苏林森说，他还带动当地100多户养殖户一起养殖海带苗，并以高出市场价1元的价格进行收购。

为促进生产，在霞浦县政府的支持下，福建一嘉海带苗业有限公司与中国海洋大学、集美大学、省水产技术推广总站、省水产研究所等科研院校签订战略合作协议，试点推行育种技术革新。2019年底，他们在全国首次突破了良种海带冬苗苗种繁育和养殖技术，填补了国际海带产业在冬季进行规模化苗种繁育的空白，在霞浦县快速形成了海带苗生产和贸易新业态。

“目前，我县小海带共有三种种养模式。”霞浦县水产技术推广站技术员蔡珠金说，一是小海带加小海带，即浅海内湾养殖两季小海带，一般每年11月往暂养区下夏苗，经过40多天的生长周期，12月中下旬开始采收，可以收两三水，直到翌年1月，接着投放冬苗进行第二轮养殖，至4月上旬收成结束；二是大海带加小海带，12月中下旬将暂养区的小海带一次性采收回来，主要用于培育大海带，等到翌年1月中下旬，再下冬苗养殖小海带；三是紫菜加小海带，即外海紫菜复种，利用10万亩悬浮式紫菜养殖区紫菜收成后的空档期养殖海带冬苗。

海带苗的养殖大大增加了养殖户的经济收入。当下，盐渍海带苗1公斤可卖到20元左右。2019年至今，霞浦县盐渍海带苗产值增长近20倍。据业内人士预算，海带苗的市场前景十分广阔，未来市场空间可达12万吨以上，产值可达14亿元以上，将成为霞浦县的重要支柱产业。

二、从民间首创到政府护航

霞浦县是著名的“中国海带之乡”。2020年，霞浦县把海带苗养殖作为海洋经济发展和乡村振兴的重要内容，全力推进海带苗养殖朝着规模化、产业化、规范化方向发展。

2021年7月，以“生态海洋·共商未来”为主题的海带新产业发展论坛在霞浦县举办。来自全国各地的专家、技术人员、业界人士等齐聚一堂，为新产业的可持续健康发展出谋划策。其间，与会人员围绕海带新产业的命名、海带种苗繁育如何降成本、养殖过程中病害防控、标准制定和加工质量问题、产业全链条发展的可行性及合作意向等展开研讨并达成共识。

霞浦县海洋与渔业局渔业股负责人陈梅芳介绍，为了区分食用海带苗与海带苗种，并最终确定海带新产业名称，经认真研讨，当地正式将其命名为“海带苗”。

作为海带苗的原创地和原产地，要想在市场中始终保持领先地位，必须在产品质量上下功夫。2021年9月14日，霞浦盐渍海带苗团体标准通过专家审定。该团体标准的制定与实施，将有利于实现对霞浦盐渍海带苗生产加工过程的品质管控，进一步提升海带苗的养殖加工技术水平，从而提高销售终端的产品质量，增强市场竞争力。

与此同时，霞浦县设立乡村振兴基金，撬动4.5亿元资金投入乡村振兴，试点开展生产要素抵押贷款，有针对性地推出“海带苗仓单质押贷”，为海带苗养殖、加工、销售等各环节提供金融服务，增强产业发展底气。

霞浦县委书记郭文胜说，海是霞浦县最大的优势所在、潜力所在和希望所在。霞浦县将高标准编制海洋经济发展规划，加快推进四个特色水产品加工“小微园”建设，发挥群众首创精神，推动霞浦县由海洋资源大县向海洋经济强县转变。

（文章来源：《福建日报》2022年4月6日，作者：庄严、颜晨曦）

福鼎："海上田园"代言"水上人家"致富

2021年2月2日，乘车从刚通车不久的福鼎沙埕湾跨海高速公路通过，坐落于大桥附近的海上田园综合体引人注目。只见周遭分布着一座座黄色的木屋，不少网箱渔排簇拥在一起，大桥、渔排、岛屿、红树林、民房等共同将这里编织成一幅富有情趣的"水上人家"景象。

"这个项目与腰屿岛旅游开发、安仁高速公路服务区等规划项目相融合，共同构成'安仁海湾休闲圈'，未来有望成为佳阳乃至周边的网红打卡地。"福鼎市佳阳畲族乡党委书记何晨旭说。

这个"海上田园"综合体规划用海面积2万平方米，计划投资1亿元，以木屋和深水塑胶网箱为主，地面用木地板、木桥连成一体，与周边优美的环境、开阔的视野形成整体。

该综合体项目负责人卓招衡说，项目配有海上游客接待中心、海上高端民宿、游客餐厅、海上休闲观光广场、海陆浮桥、集散中心、酒店、游艇等旅游配套设施，将打造成福鼎首家集养殖、垂钓、住宿、采购于一体的海上休闲旅游综合体。

福鼎地处沙埕湾区，海域面积14959.7平方千米，海岸线长432.7千米，共有大小岛屿81个，依山成湾，漫长的海岸线零落分布着许多大大小小、风景宜人的美丽渔村。"十三五"期间，福鼎共投入5亿元进行海上综合治理，在沙埕湾区的近433千米海岸线，共建成深水和塑胶渔排大网箱1万多口，"海上田园"风光初具规模。2019年，福鼎被福建省确定为十个全域生态旅游示范县市之一。

2021年1月18日，福鼎沙埕湾跨海高速公路通道正式建成通车，串联闽浙沿海，为沙埕湾区提速发展再添动力。乘势而上，福鼎市将目光投向"渔业＋旅游业”的叠加效应，加强旅游规划，鼓励社会资本参与，因地制宜发展渔旅产业，确立宁德大湾区沙埕湾生态临港产业城市发展战略。

“我们希望能深入挖掘环沙埕湾渔文化、茶文化、畲族文化、民俗文化、美食文化等内涵，做大休闲度假产业。”福鼎市文旅局相关负责人介绍，目前当地已出台《环沙埕湾旅游规划》，力争将沙埕湾打造成省级生态旅游示范区、宁德市乡村振兴示范点、闽浙边界最具渔家风情的山海交融海湾旅游区。

政府有规划，民间有响应。位于福鼎市沙埕港附近海面上的一座被称为“海上KTV”的海上民宿也吸引了不少人的眼球，这是沙埕镇渔民郑顺利对渔排进行升级改造的成果。“这些房屋全部使用太阳能、电能，用于照明、供热，房屋设计成落地窗结构的星光房，晚上游客可以畅享星空美景。”郑顺利说，民宿周边设有聚餐区、KTV娱乐区、养殖区、垂钓区等，还可以体验帆船表演、快艇海上观光、海洋科普教育等。

在海上休闲渔业旅游方面，除了海上民宿项目外，当地企业闽威实业将鲈鱼文化、商业和休闲旅游相结合，引进皮划艇、鱼餐厅、鱼米博物馆、轻钢别墅、渔排垂钓、海上露营等项目，多角度展示“中国鲈鱼之乡”的生态美。

而在沿海渔村旅游方面，沙埕镇加快基础设施规划建设，不断提升投资发展条件，推进渔村旅游业发展。目前，小白鹭、大白鹭、官城、黄岐、台峰等村落积极引进社会资本和乡贤人才，利用当地特色资源，发展石头屋民宿、滨海度假村、渔村美食、风光摄影等项目，取得初步成效。

海上民宿、渔村风情、渔旅文化……随着一个个项目的落地实施，一个新兴的渔旅产业逐步露出水面。“随着沙埕湾跨海公路通道工程、纵一线、沙埕湾生态产业园等项目的落地，旅游元素进一步丰富，‘十四五’期间沙埕湾区将成为一片新的发展热土。”福鼎市政府相关负责人表示。

（文章来源：《福建日报》2021年2月5日，作者：范陈春、廖诗雄、王婷婷）

后　记

2021年以来，福建省委党史方志办聚焦省委提出的发展“海洋经济”战略，组织编纂“蓝色福建　向海图强”丛书，全方位展示福建海洋历史发展、现实状况和未来战略的图景。丛书分《航海福建》、《海上福建》（上下）、《蓝海福建》三种。其中，《蓝海福建》深入贯彻落实习近平总书记关于建设海洋强国的重要论述，力图通过分析总结世界临海国家海洋发展战略、大国海洋安全战略的特点，梳理分析我国沿海省市“十四五”时期海洋经济发展战略，以及福建省海洋经济发展战略及规划，为加快建设“海上福建”以至建设海洋强国，提供重要的经验借鉴和现实启示。

本书的编写由福建省委党史方志办室务会议统筹规划和组织协调，黄誌牵头负责，钟健志具体负责，研究一处具体组织实施。具体编撰工作分工如下：杨占城负责第四、六部分及后记，李莉负责第三部分，曾永志负责第一、二部分，关艳丽负责第五部分。全书由杨占城负责统稿，由陈晶负责提供图片。

特别鸣谢福建省财政厅、福建人民出版社给予的大力支持和帮助。

限于我们的学识和编写水平，本书难免有疏漏之处，敬祈读者批评指正。

本书编写组

2023年12月